C语言

趣味编程100例

贾蓓 郭强 刘占敏 等编著

清华大学出版社

北 京

内 容 简 介

本书讲解了 100 个各种类型的 C 语言编程趣味题的求解过程，旨在帮助读者培养编程兴趣，拓宽 C 语言编程思维，提高 C 语言编程能力，掌握用程序设计解决实际问题的方法与技巧。本书取材注重趣味性与实用性，内容涵盖了 C 语言编程的基础知识和常用算法，讲解时给出了实例的详细代码及注释。本书附带 1 张光盘，收录了本书配套多媒体教学视频及实例源文件，以方便读者高效、直观地学习。

本书共分 12 章。第 1 章介绍了 10 个趣味算法入门实例；第 2 章介绍了 11 个趣味数学实例；第 3 章介绍了 10 个趣味整数实例；第 4 章介绍了 8 个趣味分数实例；第 5 章介绍了 7 个趣味素数实例；第 6 章介绍了 8 个趣味逻辑推理实例；第 7 章介绍了 8 个趣味游戏实例；第 8 章介绍了 10 个趣味数组实例；第 9 章介绍了 7 个趣味函数递归实例；第 10 章介绍了 6 个定理与猜想实例；第 11 章介绍了 8 个趣味图形实例；第 12 章介绍了 7 个综合性较强的其他趣味实例。

本书适合高校、职业技术院校及社会培训学校的学生阅读，也适合 C 语言编程爱好者阅读，还可作为各级程序设计选拔赛和全国青少年信息学奥林匹克竞赛的参考书。

图书在版编目（CIP）数据

C 语言趣味编程 100 例/贾蓓，郭强，刘占敏等编著. --北京：清华大学出版社，2013(2025.5重印)
ISBN 978-7-302-33808-6

Ⅰ. ①C… Ⅱ. ①贾… ②郭… ③刘… Ⅲ. ①C 语言-程序设计 Ⅳ. ①TP312

中国版本图书馆 CIP 数据核字（2013）第 212254 号

责任编辑：夏兆彦
封面设计：欧振旭
责任校对：胡伟民
责任印制：沈　露

出版发行：清华大学出版社
　　　　网　　　　址：https://www.tup.com.cn, https://www.wqxuetang.com
　　　　地　　　　址：北京清华大学学研大厦 A 座　　　　邮　　编：100084
　　　　社　总　机：010-83470000　　　　　　　　　　邮　　购：010-62786544
　　　　投稿与读者服务：010-62776969，c-service@tup.tsinghua.edu.cn
　　　　质　量　反　馈：010-62772015，zhiliang@tup.tsinghua.edu.cn
印　装　者：涿州市般润文化传播有限公司
经　　销：全国新华书店
开　　本：185mm×260mm　　　　　　印　　张：21.75　　　字　　数：543 千字
　　　　（附光盘 1 张）　　　　　　　　　　　　　　印　　次：2025 年 5 月第 12 次印刷
版　　次：2014 年 1 月第 1 版
定　　价：49.80 元

产品编号：054557-01

前　　言

　　本书以通俗易懂的语言详尽地介绍了使用 C 语言编写的 100 个实例，实例的选取兼顾了趣味性和实用性。通过这些实例的讲解，可以极大地提高读者的学习兴趣，拓宽 C 语言编程思维，提高编程能力，体会程序设计中的乐趣。

　　本书对每个实例都按照先分析问题再设计算法的步骤进行介绍，根据前面的分析和设计进一步确定程序框架，最后给出完整的代码及程序的执行结果。对于一些实例还特别进行了深入的分析和拓展，以开阔读者的思路，加深对问题的理解。在介绍每个独立的趣味问题时，将涉及的 C 语言中的知识点也都详尽地进行了解说，使读者在解读程序的同时能够对 C 语言的常用语法做到融会贯通，牢固掌握。

　　本书中每个实例代码都给出了详细的注释，方便读者快速地理解代码的含义。而且为了让读者更加高效、直观地学习，作者专门为本书录制了配套的多媒体教学视频辅助读者学习。相信通过演练本书中的实例，你的 C 语言编程能力会有很大的提高，并对相关的算法也将有更进一步的理解，为进一步的实战开发奠定坚实的基础。

本书特色

1．实例丰富

　　本书以通俗易懂的语言，深入、细致地介绍了使用 C 语言编写的 100 个实例，在介绍实例的同时将程序开发的基本原理、基本方法和基本技术融入其中。

2．趣味性

　　本书在选取例题时注意到了其趣味性，可以极大地提高读者的学习兴趣，使读者体会程序设计中的乐趣。

3．注释详尽

　　本书代码注释详尽、流程图画法规范，所有的示例均通过测试可运行，对读者有很好的参考价值。

4．讲解透彻

　　本书内容按照不同类型的趣味问题进行分类，力求将每一类问题都讲解透彻并总结出解决该类问题的通用的、一般的规律。

5．注重基础

本书在注重趣味性的基础上还加强了 C 语言语法知识的学习，将解决问题时所涉及的 C 语言中重要的知识点也进行了详尽的解说。

6．视频教学

本书中的实例都提供了对应的多媒体教学视频，读者可以先阅读本书内容，再结合多媒体教学视频进行学习，高效而直观，可以获得更佳的学习效果。

本书主要内容

全书共分 12 章。

第 1 章趣味算法入门，通过一些典型算法的介绍，带领读者走进计算机算法的世界，学会使用 C 语言来实现一个算法。

第 2 章趣味数学问题，从与生活相关的一些小例子中抽象出数学公式，再用 C 语言将这些模型化的数学问题表达出来。

第 3 章各种趣味整数，对各类整数问题进行了详细地讲解。

第 4 章趣味分数，讲述了各类与分数相关的趣味问题。

第 5 章趣味素数，介绍了判别素数的方法以及几种特殊素数的验证。

第 6 章趣味逻辑推理，提供了几个有趣的小故事，引导读者进行分析判断并使用 C 语言来实现。

第 7 章趣味游戏，使用 C 语言编写了几个小游戏，通过趣味小游戏来学习编程可以激发读者的学习兴趣。

第 8 章趣味数组，讲解了 C 语言中数组的使用方法。

第 9 章趣味函数递归，深入阐述了 C 语言中递归的概念，将递归融入各个问题的讲解中。

第 10 章定理与猜想，使用 C 语言对常用的一些定理和猜想进行了验证。

第 11 章趣味图形，演示了如何使用 C 语言画一些简单的、常用的图形。

第 12 章其他趣味问题，介绍了一些综合性较强的编程问题。

适合阅读本书的读者

本书内容全面，可读性强，适合阅读的人员有：

❑ C 语言编程初学者；
❑ C 语言编程爱好者；
❑ 普通高校本、专科学生；
❑ 职业技术院校的学生；
❑ 程序设计爱好者；
❑ 各级程序设计选拔赛学员；
❑ 青少年信息学奥林匹克竞赛人员；
❑ 有一定开发经验的读者。

本书作者

本书由贾蓓、郭强和刘占敏主笔编写。其他参与编写的人员有韩先锋、何艳芬、李荣亮、刘德环、孙姗姗、王晓燕、杨平、杨艳艳、袁玉健、张锐、张翔、陈明、邓睿、巩民顺、吉燕、水淼、宗志勇、安静、曹方、曾苗苗、陈超。

编者

目　　录

第1章 趣味算法入门

算法是解决特定问题的方法，是程序设计的基础，是程序设计的灵魂。作为一个算法，应具备 5 个特性，即有穷性、确定性、可行性、输入和输出。计算机算法可分为两大类，分别是数值计算算法和非数值计算算法，数值计算的目的是求解数值，例如求方程的根；非数值计算算法主要用于处理事务领域的问题，如排序、查找等。本章旨在通过一些典型算法的介绍，引领读者走入计算机算法的世界，了解算法设计，学会用 C 语言来实现一个算法。本章主要内容如下：

- ❑ 百钱百鸡问题；
- ❑ 借书方案知多少；
- ❑ 打鱼还是晒网；
- ❑ 抓交通肇事犯；
- ❑ 兔子产子问题；
- ❑ 牛顿迭代法求方程根；
- ❑ 最佳存款方案；
- ❑ 冒泡排序；
- ❑ 折半查找；
- ❑ 数制转换。

1.1 百钱百鸡问题

1. 问题描述

中国古代数学家张丘建在他的《算经》中提出了一个著名的"百钱百鸡问题"：一只公鸡值五钱，一只母鸡值三钱，三只小鸡值一钱，现在要用百钱买百鸡，请问公鸡、母鸡、小鸡各多少只？

2. 问题分析

用百钱如果只买公鸡，最多可以买 20 只，但题目要求买一百只，由此可知，所买公鸡的数量肯定在 0~20 之间。同理，母鸡的数量在 0~33 之间。在此把公鸡、母鸡和小鸡的数量分别设为 cock、hen、chicken，则 cock+hen+chicken=100，因此百钱买百鸡问题就

转化成解不定方程组 $\begin{cases} cock + hen + chicken = 100 \\ 5 \times cock + 3 \times hen + \dfrac{chicken}{3} = 100 \end{cases}$ 的问题了。

3. 算法设计

对于不定方程组，我们可以利用穷举循环的方法来解决，也就是通过对未知数可变范围的穷举，验证方程在什么情况下成立，从而得到相应的解。因公鸡的取值范围是 0～20，可用语句 for(cock=0;cock<=20;cock++);实现。钱的数量是固定的，要买的鸡的数量也是固定的，所以母鸡数量是受到公鸡数量限制的，同理，小鸡数量受到公鸡和母鸡数量的限制，因此我们可以利用三层循环的嵌套来解决：第一层循环控制公鸡的数量，第二层控制母鸡的数量，最内层控制小鸡的数量。

4. 知识点补充

结构化的程序设计包括 3 种基本结构，即顺序结构、选择结构（分支结构）和循环结构（重复结构），利用这 3 种基本结构可以解决很多复杂问题。

顺序结构：一种简单的程序设计，按照程序中语句的顺序依次执行，每条语句都能被执行且只执行一次。

选择结构：包括简单选择和多分支选择结构，可根据条件，判断应该选择哪一条分支来执行相应的语句序列。简单选择结构采用简单或一般的 if 语句即可解决，对于复杂的选择结构有两种解决方法：嵌套的 if 语句或 switch 语句。

循环结构：可根据给定条件，判断是否需要重复执行某一相同程序段。

循环结构包括 3 种：while(表达式){循环体}；do{循环体}while(表达式)；for(表达式 1；表达式 2；表达式 3) {循环体}。

while(表达式){循环体}结构（又称为当型结构）：首先判断括号中的表达式是否为真，若为真则执行循环体，否则执行循环结构下面的语句，如图 1.1 所示为 while 循环示意图。

do{循环体}while(表达式)结构（又称为直到型结构）：不论表达式的值是否为真先执行一次循环体，然后再进行表达式的判断，若表达式为真，则再次进入循环体，直到表达式的值为假，则跳出循环执行下面的语句，如图 1.2 所示为 do-while 循环示意图。

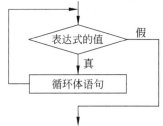

图 1.1 while 循环示意图

for(表达式 1;表达式 2;表达式 3) {循环体}结构：首先计算表达式 1(循环变量初值)的值，接下来判断此值是否符合表达式 2（循环的判定条件）的要求，若为真，则执行循环体，接着执行表达式 3（使循环变量值改变的表达式），再次判断表达式 2 的值是否为真，若为真，则继续执行循环体，直到表达式 2 的值为假，跳出循环，执行下面的语句，如图 1.3 所示为 for 循环示意图。

在循环语句中，循环体可以是由一个或多个语句构成的，当其中某个语句是循环语句时，即一个循环体中完整地包含了另外一个循环，就形成了循环嵌套的结构，我们称之为多重循环，并且把这个循环语句称为外层循环语句，而把循环体中的循环语句称为内层循环语句。在理解多重循环语句时，只要把内层循环语句看作是外层循环语句的循环体的一部分就可以了。在程序执行时，外层循环语句与内层循环语句的关系，有点像钟表的时针与分针的关系，分针走了 60 格，时针才走 1 格。对于多重循环来说，只有内层循环语句执行到判定条件为假时，才返回到其上层循环语句继续执行。

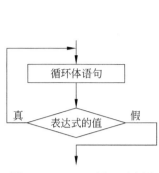

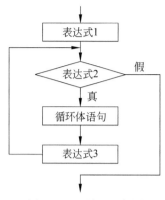

图 1.2　do-while 循环示意图　　　　　　图 1.3　for 循环示意图

5．确定程序框架

在设计循环时首先要考虑循环的三要素：循环变量的初值、循环的控制条件和使循环趋于结束的循环变量值的改变。

针对本题来说：每层循环的初值是 0（即买的 100 只鸡中，可能没有公鸡，也可能没有母鸡或小鸡）；循环的控制条件是公鸡、母鸡和小鸡用百钱最多能够买到的数量（根据上面分析可知：公鸡最多 20 只，母鸡最多 33 只，小鸡 100 只（虽然百钱可以最多买到 300 只小鸡，但题目要求只买 100 只））；使循环趋于结束的循环变量值的变化：穷举循环的特点就是把所有情况都考虑到，因此每层循环执行一次，对应循环变量的值就要加 1。

程序流程图如图 1.4 所示。

```
for(cock=0;cock<=20;cock++)                /*外层循环控制公鸡数量取值范围 0~20*/
    for(hen=0;hen<=33;hen++)               /*内层循环控制母鸡数量取值范围 0~33*/
        for(chicken=0;chicken<=100;chicken++)
        /*内层循环控制小鸡数量取值范围 0~100*/
    {   /*条件控制*/
            printf("cock=%2d,hen=%2d,chicken=%2d\n",cock,hen,chicken);}
```

6．公鸡、母鸡、小鸡数量的确定

根据这三层循环我们可以得到很多种方案，在这些方案中有些是不符合 cock+hen+chicken=100 并且 5*cock+3*hen+chicken/3=100 这两个条件的，因此结果输出之前我们要把合理的方案筛选出来，即如果结果满足 cock+hen+chicken=100&&5*cock+3*hen+chicken/3=100 则输出。很明显控制条件即为语句 if((5*cock+3*hen+chicken/3.0==100)&&(cock+hen+chicken==100))（注意：C 语言中两个整数相除得到的结果仍为整数，"/" 两边有一个数为 float 型得到的结果即为 float 型，在以后进行编程时要注意对 "/" 两边数据类型的处理）。

7．完整程序

根据上面的分析，编写程序如下：

```
#include<stdio.h>
main()
```

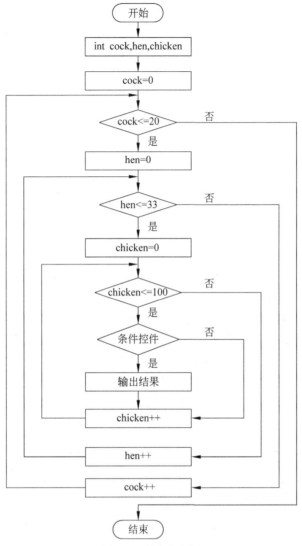

图 1.4 程序流程图

```
{
int cock,hen,chicken;
 for(cock=0;cock<=20;cock++)                    /*外层循环控制公鸡数量取值范围 0~20*/
    for(hen=0;hen<=33;hen++)                    /*内层循环控制母鸡数量取值范围 0~30*/
      for(chicken=0;chicken<=100;chicken++)     /*验证解的合理性*/
      {
          if((5*cock+3*hen+chicken/3.0==100) && (cock+hen+chicken==100))
          printf("cock=%2d,hen=%2d,chicken=%2d\n",cock,hen,chicken);
      }
}
```

8. 运行结果

在 **VC 6.0**（Visual C++ 6.0，以下简称 **VC 6.0**）下运行程序，结果如图 1.5 所示。

9．问题拓展

以上算法需要穷举尝试 21×34×101=72114 次，算法的
效率显然太低了。对于这类求解不定方程的问题，各层循
环的控制变量直接与方程的未知数相关，且采用对未知数

```
cock= 0,hen=25,chicken=75
cock= 4,hen=18,chicken=78
cock= 8,hen=11,chicken=81
cock=12,hen= 4,chicken=84
```

图 1.5　运行结果

的取值范围穷举和组合的方法可得到全部的解。对于本题来说，公鸡的数量确定后，小鸡
的数量就固定为 100-cock-hen，无须进行穷举了，此时约束条件只有一个：5×cock+3×hen+
chicken/3=100；这样我们利用两重循环即可实现：

```c
#include<stdio.h>
main()
{
 int cock,hen,chicken;
 for(cock=0;cock<=20;cock++)          /*外层循环控制公鸡数量取值范围0~20*/
     for(hen=0;hen<=33;hen++)         /*内层循环控制母鸡数量取值范围0~30*/
     {
        chicken=100-cock-hen;         /*在内外层循环条件控制下小鸡数量的取值限制*/
        if(5*cock+3*hen+chicken/3.0==100)         /*验证解的合理性*/
            printf("cock=%2d,hen=%2d,chicken=%2d\n",cock,hen,chicken);}
}
```

此算法只需尝试 21×34=714 次，实现时约束条件中限定了 chicken 必须能被 3 整除时，
只有 chicken 能被 3 整除时才会继续进行约束条件"5×cock+3×hen+ chicken/3=100；"的判
断。这样省去了 chicken 不能整除 3 时需要进行的算术计算和条件判断，进一步提高了算
法的效率。

1.2　借书方案知多少

1．问题描述

小明有 5 本新书，要借给 A、B、C 这 3 位小朋友，若每人每次只能借 1 本，则可以
有多少种不同的借法？

2．问题分析

本题属于数学当中常见的排列组合问题，即求从 5 个数中取 3 个不同数的排列组合的
总数。我们可以将 5 本书进行 1~5 的编号，A、B、C 3 个人每次都可以从 5 本书中任选 1
本，即每人都有 5 种选择，由于 1 本书不可能同时借给一个以上的人，因此只要这 3 个人
所选书的编号不同，即为一次有效的借阅方法。

3．算法设计

对于每个人所选书号，我们可以采用穷举循环来实现，即从每个人可选书号（1、2、
3、4、5）的范围内进行穷举，从而得到可行的结果。对第 1 个人的选择，我们可以用循环
将其列出：for(a=1;a<=5;a++)，同理对于第 2 个人、第 3 个人可以用同样的方法。由于一

本书只能借给一个人，所以第 2 个人的选择会受到第 1 个人的限制，最后一个人的选择会受到第 2 个人的限制，即后面的选择都是在前面选择的前提下进行的，所以可采用循环的嵌套来解决问题。

利用循环解决问题的时候，找到循环的三要素：循环变量的初值、循环的控制条件，以及使循环趋于结束的循环变量值的改变是进行编程的关键。读者可参照第一个例子来找一下本题中所对应的循环三要素。本题的输出结果有一个条件限制，即 3 个人所选书号各不相同。在输出语句前只要用一个 if 语句 if(a!=b&&a!=c&&c!=b)判断即可。

4. 完整程序

根据上面的分析，编写程序如下：

```
#include<stdio.h>
main()
{
 int a,b,c,i=0;  /*a,b,c 分别用来记录 3 个人所选新书编号,i 用来控制有效借阅次数*/
 printf("A,B,C 三人所选书号分别为：\n");
 for(a=1;a<=5;a++)                              /*用来控制 A 借阅图书编号*/
     for(b=1;b<=5;b++)                          /*用来控制 B 借阅图书编号*/
         for(c=1;c<=5;c++)                      /*用来控制 C 借阅图书编号*/
             if(a!=b&&a!=c&&c!=b)               /*此条件用来控制有效借阅组合*/
             {printf("A:%2d B:%2d c:%2d   ",a,b,c);
             i++;
             if(i%4==0)printf("\n");}           /*每行最多输出 4 种借阅方法组合*/
             printf("共有%d 种有效借阅方法\n",i);  /*输出有效的借阅方法总数*/
}
```

5. 运行结果

在 VC 6.0 下运行程序，结果如图 1.6 所示。

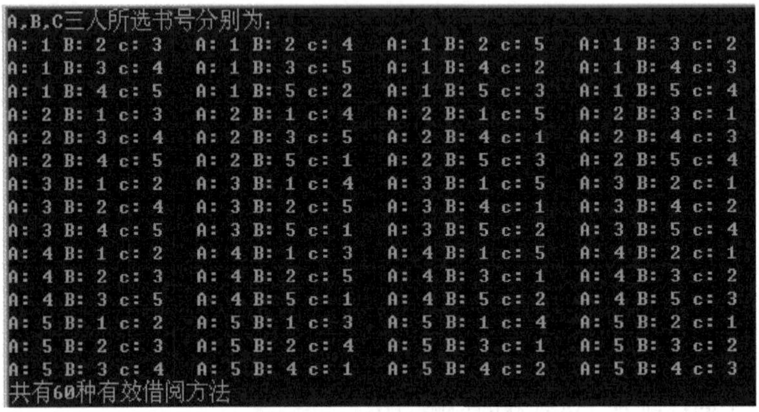

```
A,B,C三人所选书号分别为:
A: 1 B: 2 c: 3   A: 1 B: 2 c: 4   A: 1 B: 2 c: 5   A: 1 B: 3 c: 2
A: 1 B: 3 c: 4   A: 1 B: 3 c: 5   A: 1 B: 4 c: 2   A: 1 B: 4 c: 3
A: 1 B: 4 c: 5   A: 1 B: 5 c: 2   A: 1 B: 5 c: 3   A: 1 B: 5 c: 4
A: 2 B: 1 c: 3   A: 2 B: 1 c: 4   A: 2 B: 1 c: 5   A: 2 B: 3 c: 1
A: 2 B: 3 c: 4   A: 2 B: 3 c: 5   A: 2 B: 4 c: 1   A: 2 B: 4 c: 3
A: 2 B: 4 c: 5   A: 2 B: 5 c: 1   A: 2 B: 5 c: 3   A: 2 B: 5 c: 4
A: 3 B: 1 c: 2   A: 3 B: 1 c: 4   A: 3 B: 1 c: 5   A: 3 B: 2 c: 1
A: 3 B: 2 c: 4   A: 3 B: 2 c: 5   A: 3 B: 4 c: 1   A: 3 B: 4 c: 2
A: 3 B: 4 c: 5   A: 3 B: 5 c: 1   A: 3 B: 5 c: 2   A: 3 B: 5 c: 4
A: 4 B: 1 c: 2   A: 4 B: 1 c: 3   A: 4 B: 1 c: 5   A: 4 B: 2 c: 1
A: 4 B: 2 c: 3   A: 4 B: 2 c: 5   A: 4 B: 3 c: 1   A: 4 B: 3 c: 2
A: 4 B: 3 c: 5   A: 4 B: 5 c: 1   A: 4 B: 5 c: 2   A: 4 B: 5 c: 3
A: 5 B: 1 c: 2   A: 5 B: 1 c: 3   A: 5 B: 1 c: 4   A: 5 B: 2 c: 1
A: 5 B: 2 c: 3   A: 5 B: 2 c: 4   A: 5 B: 3 c: 1   A: 5 B: 3 c: 2
A: 5 B: 3 c: 4   A: 5 B: 4 c: 1   A: 5 B: 4 c: 2   A: 5 B: 4 c: 3
共有60种有效借阅方法
```

图 1.6　运行结果

6. 问题拓展

请大家思考，如果前 2 个人所选书号相同，那么无论第 3 个人所选书号与前两人相同与否都是无效的借阅方法。因此在执行第 3 个循环之前可先行判定前 2 人的编号是否相同，进而提高程序效率。主要代码如下：

```
for(a=1;a<=5;a++)                               /*用来控制 A 借阅图书编号*/
    for(b=1;b<=5;b++)                           /*用来控制 B 借阅图书编号*/
        for(c=1;c<=5&&a!=b;c++)                 /*用来控制 C 借阅图书编号*/
            if(a!=c&&b!=c)                      /*此条件用来控制有效借阅组合*/
            {printf("A:%2d B:%2d c:%2d  ",a,b,c);
            i++;
            if(i%4==0)printf("\n");}            /*每行最多输出 4 种借阅方法组合*/
            printf("共有%d 种有效借阅方法\n",i);  /*输出有效的借阅方法总数*/
}
```

对原程序稍做修改之后，在长度上虽没有改进仍有三层循环，但是在程序的执行时间上有了很大的提高。对于原程序中的第三层循环来说不管 a、b 的取值是否相同，循环都要重复进行 5 次。修改后的程序在进入循环体之前首先判断 a、b 的取值，如果两者取值相同，内层循环无须重复执行 5 次便可结束。本题的数据较小，对于数据很大的问题，效率的提高更加明显。

1.3　打鱼还是晒网

1．问题描述

中国有句俗语叫"三天打鱼两天晒网"。某人从 1990 年 1 月 1 日起开始"三天打鱼两天晒网"，问这个人在以后的某一天中是"打鱼"还是"晒网"。

2．问题分析

根据题意可以将解题过程分为 3 步：

（1）计算从 1990 年 1 月 1 日开始至指定日期共有多少天。

（2）由于"打鱼"和"晒网"的周期为 5 天，所以将计算出的天数用 5 去除。

（3）根据余数判断他是在"打鱼"还是在"晒网"。

若余数为 1，2，3，则他是在"打鱼"，否则是在"晒网"。

3．算法设计

该算法为数值计算算法，要利用循环求出指定日期距 1990 年 1 月 1 日的天数，并考虑到循环过程中的闰年情况，闰年二月为 29 天，平年二月为 28 天。判断闰年的方法可以用伪语句描述如下：

如果（能被 4 整除并且不能被 100 整除）或者（能被 400 整除）则该年是闰年；否则不是闰年。

提示：C 语言中判断能否整除可以使用求余运算符"%"。

4．确定程序框架

程序流程图如图 1.7 所示。

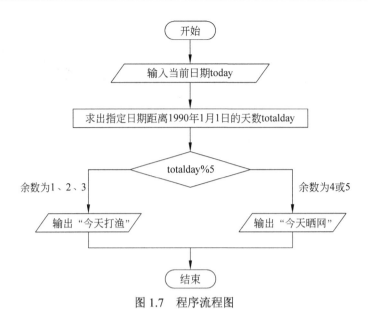

图 1.7　程序流程图

根据流程，构建程序框架如下：

```c
#include<stdio.h>
/*定义日期结构体*/
typedef struct date {
int year;
int month;
int day;
}DATE;
int countDay(DATE);
int runYear(int);
void main()
{
    DATE  today;                    /*指定日期*/
    int totalDay;                   /*指定日期距离 1990 年 1 月 1 日的天数*/
    int result;                     /*totalDay 对 5 取余的结果*/
    /*输入指定日期,包括年、月、日*/
    printf("please input 指定日期 包括年,月,日 如:1999 1 31\n");
    scanf("%d%d%d",&today.year,&today.month,&today.day);
    /*求出指定日期距离 1990 年 1 月 1 日的天数*/
    totalDay=countDay(today);
    /*天数%5,判断输出打鱼还是晒网*/
    result=totalDay%5;
    if(result>0&&result<4)
        printf("今天打鱼");
    else
        printf("今天晒网");
}
```

5．求出指定日期距离 1990 年 1 月 1 日的天数

这里为整个算法的核心部分。经过分析可以得到指定日期距离 1990 年 1 月 1 日的天数 totalDay= 1990 年至指定年的前一年共有多少天+指定年中到指定日期的天数。由于每月天数不同，可以设置一个月份数组 int perMonth[13]，存放每月的天数。程序利用年份作为

循环变量，要判断指定年份之前的每一年是否为闰年，若为闰年则执行 totalDay=totalDay+366，否则执行 totalDay=totalDay+365；对于指定年份，也要判定是否为闰年，然后根据月份数，将每月的天数累加到 totalDay 中。

perMonth 数组的初始化设置如表 1.1 所示。perMonth 数组设置含有 13 个元素，perMonth[0]元素并不使用。原因在于这种设置可以使数组下标和月份对应，便于编程设置循环变量，数组中 2 月天数初始设置为 28，如果当前年份为闰年，则需要执行 perMonth[2]++操作。

表 1.1　perMonth 数组初始化

perMonth[0]	perMonth[1] 一月天数	perMonth[2] 二月天数	perMonth[3] 三月天数	perMonth[4] 四月天数	perMonth[5] 五月天数	perMonth[6] 六月天数
0	31	28	31	30	31	30
perMonth[7] 七月天数	perMonth[8] 八月天数	perMonth[9] 九月天数	perMonth[10] 十月天数	perMonth[11] 十一月天数	perMonth[12] 十二月天数	
31	31	30	31	30	31	

提炼功能模块。我们设计一个函数 int countDay(Date currentDay)来实现求总天数的功能，设计一个函数 int runYear(int year)来判断是否为闰年。

```
/*判断是否为闰年,是返回1,否返回0*/
int runYear(int year)
{
    if((year%4==0&&year%100!=0)||(year%400==0))        /*是闰年*/
        return 1;
    else
        return 0;

}
```

求总天数函数 int countDay(Date currentDay)的实现。

```
/*计算指定日期距离1990年1月1日的天数*/
int countDay(DATE currentDay)
{
    int perMonth[13]={0,31,28,31,30,31,30,31,31,30,31,30,31};
                                        /*每月天数数组*/
    int totalDay=0,year,i;
    /*求出指定日期之前的每一年的天数累加和*/
    for(year=1990;year<currentDay.year;year++)
    {
        if(runYear(year))                        /*判断是否为闰年*/
            totalDay=totalDay+366;
        else
            totalDay=totalDay+365;
    }
    /*如果为闰年,则2月份为29天*/
    if(runYear(currentDay.year))
        perMonth[2]++;
    /*将本年内的天数累加到totalDay中*/
    for(i=1;i<currentDay.month;i++)
        totalDay+=perMonth[i];
    /*将本月内的天数累加到totalDay中*/
```

```
    totalDay+=currentDay.day;
    /*返回 totalDay*/
    return totalDay;

}
```

6. 完整程序

根据上面的分析，编写程序如下：

```c
#include<stdio.h>
/*定义日期结构体*/
typedef struct date {
int year;
int month;
int day;
}DATE;
int countDay(DATE);                         /*函数声明*/
int runYear(int);                           /*函数声明*/
void main()
{
    DATE  today;                            /*指定日期*/
    int totalDay;                           /*指定日期距离 1990 年 1 月 1 日的天数*/
    int result;                             /*totalDay 对 5 取余的结果*/
    /*输入指定日期,包括年,月,日*/
    printf("please input 指定日期 包括年,月,日 如:1999 1 31\n");
    scanf("%d%d%d",&today.year,&today.month,&today.day);
    /*求出指定日期距离 1990 年 1 月 1 日的天数*/
    totalDay=countDay(today);
    /*天数%5,判断输出打鱼还是晒网*/
    result=totalDay%5;
    if(result>0&&result<4)
        printf("今天打鱼");
    else
        printf("今天晒网");
}
/*判断是否为闰年,是返回 1,否返回 0*/
int runYear(int year)
{
    if((year%4==0&&year%100!=0)||(year%400==0))     /*是闰年*/
        return 1;
    else
        return 0;

}
/*计算指定日期距离 1990 年 1 月 1 日的天数*/
int countDay(DATE currentDay)
{
    int perMonth[13]={0,31,28,31,30,31,30,31,31,30,31,30};
                                                    /*每月天数数组*/
    int totalDay=0,year,i;
    /*求出指定日期之前的每一年的天数累加和*/
    for(year=1990;year<currentDay.year;year++)
    {
        if(runYear(year))                           /*判断是否为闰年*/
            totalDay=totalDay+366;
        else
```

```
                totalDay=totalDay+365;
    }
    /*如果为闰年，则 2 月份为 29 天*/
    if(runYear(currentDay.year))
        perMonth[2]+=1;
    /*将本年内的天数累加到 totalDay 中*/
    for(i=0;i<currentDay.month;i++)
        totalDay+=perMonth[i];
    /*将本月内的天数累加到 totalDay 中*/
    totalDay+=currentDay.day;
    /*返回 totalDay*/
    return totalDay;
}
```

7．运行结果

在 VC 6.0 下运行程序，结果如图 1.8 所示。

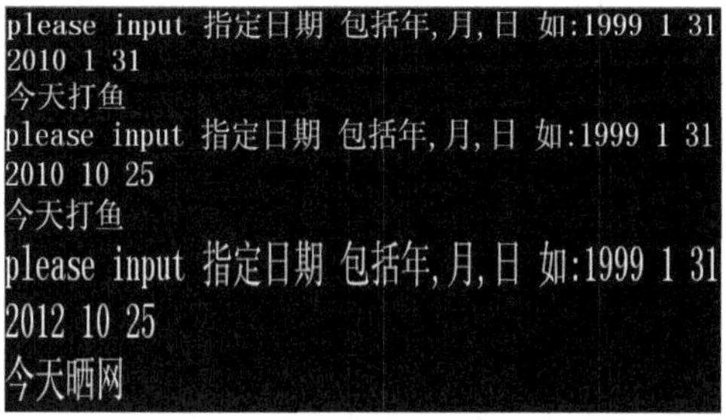

图 1.8　运行结果

1.4　抓交通肇事犯

1．问题描述

一辆卡车违反交通规则，撞人后逃跑。现场有三人目击该事件，但都没有记住车号，只记下车号的一些特征。甲说：牌照的前两位数字是相同的；乙说：牌照的后两位数字是相同的，但与前两位不同；丙是数学家，他说：四位的车号刚好是一个整数的平方。请根据以上线索求出车号。

2．问题分析

按照题目的要求造出一个前两位数相同、后两位数相同且相互间又不同的 4 位整数，然后判断该整数是否是另一个整数的平方。即求一个四位数 $a_1a_2a_3a_4$，满足如下的条件

$$\begin{cases} a_1 = a_2 & 1 \leqslant a_1 \leqslant 9, 0 \leqslant a_2 \leqslant 9 \\ a_3 = a_4 & 0 \leqslant a_3, a_4 \leqslant 9 \\ a_1 \neq a_3 & \\ 1000*a_1 + 100*a_2 + 10a_3 + a_4 = x^2 & x \in Z \end{cases}$$

3．算法设计

该题目是数值计算问题，求解不定方程。对于这种求解不定方程组的问题，一般采用穷举循环，首先设计双层循环穷举出所有由前两位数和后两位数组成的 4 位数车牌，然后在最内层穷举出所有平方后值为 4 位数并且小于车牌号的数，最后判断该数是否与车牌相等，若相等则打印车牌。

4．确定程序框架

程序流程图如图 1.9 所示。

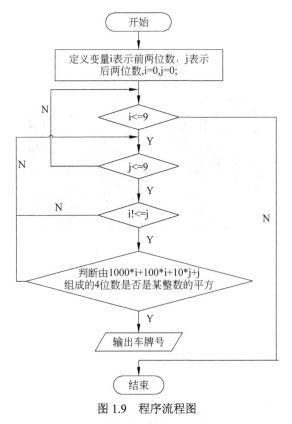

图 1.9　程序流程图

```c
#include<stdio.h>
void main()
{
 int i,j,k,temp;    /*i 代表前两位车牌号数字,j 代表后两位车牌号的数字, k 代表车牌号*/
 for(i=0;i<=9;i++)
    for(j=0;j<=9;j++)             /*穷举前两位和后两位车牌数字*/
    {
        /*判断前两位数字和后两位数字是否不同*/
        if(i!=j)
        {
            /*组成 4 位车牌号 k*/
            k=1000*i+100*i+10*j+j;
            /*判断 k 是否是某个数的平方，若是则输出 k*/
        }
    }
}
```

5. 判断车牌 k 是否为某个整数的平方

再次利用循环来实现，循环变量 temp 求平方和车牌号 k 比较，如相等则找到车牌号。优化算法，temp 的初值应该从 31 开始，因为小于 30 的数的平方小于 4 位数，因此该层循环为最内层循环，对每一个车牌号均做如此操作。

```
/*判断 k 是否是某个数的平方,若是则输出 k*/
    for(temp=31;temp<=99;temp++)
        if(temp*temp==k)
                printf("车牌号为%d",k);
```

6. 完整程序

根据上面的分析，编写程序如下：

```
#include<stdio.h>
void main()
{
 int i,j,k,temp; /*i 代表前两位车牌号数字, j 代表后两位车牌号的数字, k 代表车牌号*/
 for(i=0;i<=9;i++)
     for(j=0;j<=9;j++)                    /*穷举前两位和后两位车牌数字*/
     {
         /*判断前两位数字和后两位数字是否不同*/
         if(i!=j)
         {
             /*组成 4 位车牌号 k*/
             k=1000*i+100*i+10*j+j;
             /*判断 k 是否某个数的平方,若是则输出 k*/
             for(temp=31;temp<=99;temp++)
                 if(temp*temp==k)
                         printf("车牌号为%d",k);
         }
     }
}
```

7. 输出结果

在 VC 6.0 下运行程序，结果如图 1.10 所示。

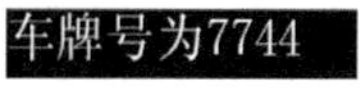

车牌号为7744

图 1.10　运行结果

8. 问题拓展

针对上述程序如果已经找到相应的车牌号，请读者考虑循环是否还需要继续呢？答案是肯定的，因为算法在设计穷举循环的时候，并没有在找到车牌的时候就退出循环，而是继续穷举其他 i、j 的情况。我们可以改进算法，设置一个"标识变量"，该变量初值为 0，一旦找到车牌号，则改变该标识变量的值为 1，每次循环判断一下标识变量的值，如果值为 1 则退出所有循环，这样能有效地减少循环次数。改进程序如下：

```
#include<stdio.h>
void main()
{
 int i,j,k,temp,flag=0;
                /*i 代表前两位车牌号数字, j 代表后两位车牌号的数字, k 代表车牌号*/
```

```
for(i=0;i<=9;i++)
{
    if(flag)                           /*判断标识变量*/
        break;
    for(j=0;j<=9;j++)                  /*穷举前两位和后两位车牌数字*/
    {
        if(flag)                       /*判断标识变量*/
            break;
        /*判断前两位数字和后两位数字是否不同*/
        if(i!=j)
        {
            /*组成 4 位车牌号 k*/
            k=1000*i+100*i+10*j+j;
            /*判断 k 是否是某个数的平方,若是则输出 k*/
            for(temp=31;temp<=99;temp++)
                if(temp*temp==k)
                {
                    printf("车牌号为%d",k);
                    flag=1;             /*找到车牌后设置标识变量*/
                    break;              /*强制退出最内层循环*/
                }
        }
    }
}
```

1.5 兔子产子问题

1．问题描述

有一对兔子,从出生后的第 3 个月起每个月都生一对兔子。小兔子长到第 3 个月后每个月又生一对兔子,假设所有的兔子都不死,问 30 个月内每个月的兔子总数为多少?

2．问题分析

这是一个有趣的古典数学问题,我们画一张表来找一下兔子数的规律吧,如表 1.2 所示。

表 1.2 兔子数量参照表

月数	小兔子对数	中兔子对数	老兔子对数	兔子总数
1	1	0	0	1
2	0	1	0	1
3	1	0	1	2
4	1	1	1	3
5	2	1	2	5
6	3	2	3	8
7	5	3	5	13

提示:不满 1 个月的兔子为小兔子,满 1 个月不满 2 个月的为中兔子,满 3 个月以上

的为老兔子。

可以看出，每个月的兔子总数依次为 1，1，2，3，5，8，13…这就是 Fibonacci 数列。总结数列规律即从前两个月的兔子数可以推出第 3 个月的兔子数。

3．算法设计

该题目是典型的迭代循环，即是一个不断用新值取代变量的旧值，然后由变量旧值递推出变量新值的过程。这种迭代与如下因素有关：初值、迭代公式、迭代次数。经过问题分析，算法可以描述为：

$$\begin{cases} fib = fib_2 = 1(n = 1, 2) & \text{初值} \\ fib_n = fib_{n-1} + fib_{n-2}(n \geqslant 3) & \text{迭代公式} \end{cases}$$

用 C 语言来描述迭代公式即为 fib=fib1+fib2，其中 fib 为当前新求出的兔子数，fib1 为前一个月的兔子数，fib2 中存放的是前两个月的兔子数，然后为下一次迭代做准备，fib❷fib1❶fib2，进行如下的赋值 fib2=fib1，fib1=fib，要注意赋值的次序，迭代次数由循环变量控制，表示所求的月数。

4．完整程序

根据上面的分析，编写程序如下：

```c
#include<stdio.h>
void main()
{
    long fib1=1,fib2=1,fib;
    int i;
    printf("%12ld%12ld",fib1,fib2);       /*输出第 1 个月和第 2 个月的兔子数*/
    for(i=3;i<=30;i++)
    {
        fib=fib1+fib2;                      /*迭代求出当前月份的兔子数*/
        printf("%12d",fib);                /*输出当前月份兔子数*/
        if(i%4==0)
            printf("\n");                  /*每行输出 4 个*/
        fib2=fib1;                         /*为下一次迭代做准备,求出新的 fib2*/
        fib1=fib;                          /*求出新的 fib1*/
    }
}
```

5．运行结果

在 VC 6.0 下运行程序，结果如图 1.11 所示。

```
        1           1           2           3
        5           8          13          21
       34          55          89         144
      233         377         610         987
     1597        2584        4181        6765
    10946       17711       28657       46368
    75025      121393      196418      317811
   514229      832040
```

图 1.11　运行结果

6．问题拓展

这个程序虽然是正确的，但可以进行改进。目前用 3 个变量来求下一个月的兔子数，其实可以在循环体中一次求出下两个月的兔子数，就可以只用两个变量来实现。这里将 fib1+fib2 的结果不放在 fib 中而是放在 fib1 中，此时 fib1 不再代表前一个月的兔子数，而是代表最新一个月的兔子数，再执行 fib2=fib1+fib2，由于此时 fib1 中已经是第 3 个月的兔子数了，因此 fib2 中就是第 4 个月的兔子数了。可以看出，此时 fib1 和 fib2 均为最近两个月的兔子数，循环可以推出下两个月的兔子数。改进后的程序如下：

```c
#include<stdio.h>
void main()
{
    long fib1=1,fib2=1;
    int i;
    for(i=1;i<=15;i++)                  /*每次求两个，因此循环变量循环到15*/
    {

        printf("%12d%12d",fib1,fib2);
        if(i%2==0)
            printf("\n");
        fib1=fib1+fib2;
        fib2=fib1+fib2;
    }
}
```

1.6 牛顿迭代法求方程根

1．问题描述

编写用牛顿迭代法求方程根的函数。方程为 $ax^3 + bx^2 + cx + d = 0$，系数 a,b,c,d 由主函数输入。求 x 在 1 附近的一个实根。求出根后，由主函数输出。

牛顿迭代法的公式是：$x = x_0 - \dfrac{f(x_0)}{f'(x_0)}$，设迭代到 $|x - x_0| \leq 10^{-5}$ 时结束。

2．问题分析

牛顿迭代法是取 x_0 之后，在这个基础上，找到比 x_0 更接近的方程的根，一步一步迭代，从而找到更接近方程根的近似根。

设 r 是 $f(x)=0$ 的根，选取 x_0 作为 r 初始近似值。过点 $(x_0, f(x_0))$ 作为曲线 $y = f(x)$ 的切线 L，L 的方程为 $y = f(x_0) + f'(x_0)(x - x_0)$，求出 L 与 x 轴交点的横坐标 $x_1 = x_0 - f(x_0) / f'(x_0)$，称 x_1 为 r 的一次近似值，过点 $(x_1, f(x_1))$ 作为曲线 $y = f(x)$ 的切线，并求该切线与 x 轴的横坐标 $x_2 = x_1 - f(x_1) / f'(x_1)$，称 x_2 为 r 的二次近似值，重复以上过程，得 r 的近似值 x_n。上述过程即为牛顿迭代法的求解过程。

3．算法设计

程序流程分析：

（1）在 1 附近找任一实数作为 x_0 的初值，我们取 1.5，即 x_0=1.5。

（2）用初值 x_0 代入方程中计算此时的 $f(x_0)$ 及 $f'(x_0)$；程序中用变量 f 描述方程的值，用 fd 描述方程求导之后的值。

（3）计算增量 h=f/fd。

（4）计算下一个 x:x=x0-h。

（5）用新产生的 x 替换原来的 x_0，为下一次迭代做好准备。

（6）若|x-x_0|>=1e-5，则转到第（3）步继续执行，否则转到步骤（7）。

（7）所求 x 就是方程 $ax^3 + bx^2 + cx + d = 0$ 的根，将其输出。

本程序的编写既可用 while(表达式){循环体}也可用 do{循环体}while(表达式)；二者得到的结果是一样的，只是在赋初值时稍有不同。while(表达式){循环体}结构需要先判定条件，即先判断|x-x_0|>=1e-5 是否成立，这样对于 x, x_0 我们要在 1 附近取两个不同的数值作为初值；do{循环体}while(表达式)结构是先执行一次循环体，得到 x 的新值后再进行判定，这样程序开始只需给 x 赋初值。这里我们采用 do{循环体}while(表达式)结构来实现。

4．确定程序框架

该程序的主体结构如下：

```
#include<stdio.h>
#include<math.h>
main()
{
    /*输入方程的系数*/
    /*用牛顿迭代法求方程的根*/
    /*输出所求方程的根*/
}
```

由于程序中用到了绝对值函数 fabs()，所以在程序的开始要加上头文件#include<math.h>。程序流程图如图 1.12 所示。

5．迭代法求方程根

编写程序时要注意的一点是判定|x-x_0|>=1e-5，许多初学者认为判定条件应该是|x-x_0|<1e-5，从牛顿迭代法的原理可以看出，迭代的实质就是越来越接近方程根的精确值，最初给 x_0 所赋初值与根的精确值是相差很多了，正是因为这个我们才需要不断地进行迭代，也就是程序中循环体的功能。在经过一番迭代之后所求得的值之间的差别也越来越小，直到求得的某两个值的差的绝对值在某个范围之内时，便可结束迭代。若我们把判定条件改为|x-x_0|<1e-5，则第一次的判断结果必为假，这样就不能进入循环体再次执行。希望初学者对于本类题目条件的判定要多加注意。

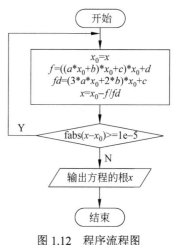

图 1.12　程序流程图

定义 solution()函数求方程的根。solution()函数的代码如下：

```
float solution(float a,float b,float c,float d)
{
 float x0,x=1.5,f,fd,h;        /*f 用来描述方程的值,fd 用来描述方程求导之后的值*/
 do
 {
  x0=x;                         /*用所求得的 x 的值代替 x0 原来的值*/
  f=a*x0*x0*x0+b*x0*x0+c*x0+d;
  fd=3*a*x0*x0+2*b*x0+c;
  h=f/fd;
  x=x0-h;                       /*求得更接近方程根的 x 的值*/
 }while(fabs(x-x0)>=1e-5);
 return x;
}
```

6．完整程序

根据上面的分析，编写程序如下：

```
#include<stdio.h>
#include<math.h>
main()
{
float solution(float a,float b,float c,float d);
                    /*函数功能是用牛顿迭代法求方程的根*/
    float a,b,c,d,x;     /*a,b,c,d 代表所求方程的系数,x 用来记录求得的方程根*/
    printf("请输入方程的系数: ");
    scanf("%f %f %f %f",&a,&b,&c,&d);
    x=solution(a,b,c,d);
    printf("所求方程的根为 x=%f",x);
}
float solution(float a,float b,float c,float d)
{
    float x0,x=1.5,f,fd,h;  /*f 用来描述方程的值, fd 用来描述方程求导之后的值*/
    do
    {
        x0=x;                            /*用所求得的 x 的值代替 x0 原来的值*/
        f=a*x0*x0*x0+b*x0*x0+c*x0+d;
        fd=3*a*x0*x0+2*b*x0+c;
        h=f/fd;
        x=x0-h;                          /*求得更接近方程根的 x 的值*/
    }while(fabs(x-x0)>=1e-5);
    return x;
}
```

7．运行结果

在 VC 6.0 下运行程序，结果如图 1.13 所示。

图 1.13　运行结果

1.7　最佳存款方案

1．问题描述

假设银行一年整存零取的月息为 0.63%。现在某人手中有一笔钱，他打算在今后的 5 年中的每年年底取出 1000 元，到第 5 年时刚好取完，请算出他存钱时应存入多少。

2．问题分析

根据题意，可以从第 5 年向前推算。已知“在今后的 5 年中每年的年底取出 1000 元，这样到第 5 年的时候刚好可以取完”，因此，第 5 年年底会取出 1000 元，则可以计算出第 5 年年初在银行中所存的钱数为：

第 5 年年初存款数=1000/(1+12×0.0063)

据此推算出第 4 年、第 3 年直至第 1 年年初的银行存款数如下：

第 4 年年初存款数=（第 5 年年初存款数+1000）/（1+12×0.0063）

第 3 年年初存款数=（第 4 年年初存款数+1000）/（1+12×0.0063）

第 2 年年初存款数=（第 3 年年初存款数+1000）/（1+12×0.0063）

第 1 年年初存款数=（第 2 年年初存款数+1000）/（1+12×0.0063）

将推导过程用表格表示出来，如表 1.3 所示。

表 1.3　年初存款参照表

年 初 存 款	公　　式
第五年年初存款	1000/（1+12*0.0063）
第四年年初存款	（1000+第 5 年年初存款）/（1+12*0.0063）
第三年年初存款	（1000+第 4 年年初存款）/（1+12*0.0063）
第二年年初存款	（1000+第 3 年年初存款）/（1+12*0.0063）
第一年年初存款	（1000+第 2 年年初存款）/（1+12*0.0063）

3．算法设计

根据上述分析，从第 5 年年初开始向前递推就可求出这个人应该在银行中存钱的钱数。因此可以使用 for 循环语句，循环 4 次，每次循环都在上一次的基础上加上 1000，再除以（1+12×0.0063）。

4．完整程序

根据上面的分析，编写程序如下：

```
#include<stdio.h>
main()
{
    int i;
    double money=0.0;
    for(i=0;i<5;i++)
```

```
        money=(money+1000.0)/(1+0.0063*12);
        printf("应存入的钱数为：%0.2f\n",money);        /*结果保留两位小数*/
    }
```

5．运行结果

在 VC 6.0 下运行程序，结果如图 1.14 所示。由于在程序中控制了输出结果的小数位数为两位，因此最后的计算结果为 4039.44。

应存入的钱数为 4039.44

图 1.14　运行结果

1.8　冒　泡　排　序

1．问题描述

对 N 个整数（数据由键盘输入）进行升序排列。

2．问题分析

对于 N 个数因其类型相同，我们可利用数组进行存储。冒泡排序是在两个相邻元素之间进行比较交换的过程将一个无序表变成有序表。

冒泡排序的思想：首先，从表头开始往后扫描数组，在扫描过程中逐对比较相邻两个元素的大小。若相邻两个元素中，前面的元素大于后面的元素，则将它们互换，称之为消去了一个逆序。在扫描过程中，不断地将两相邻元素中的大者往后移动，最后就将数组中的最大者换到了表的最后，这正是数组中最大元素应有的位置。然后，在剩下的数组元素中（$n-1$ 个元素）重复上面的过程，将次小元素放到倒数第 2 个位置。不断重复上述过程，直到剩下的数组元素为 0 为止，此时的数组就变为了有序。假设数组元素的个数为 n，在最坏情况下需要的比较总次数为：$((n-1)+(n-2)+...+2+1)= n(n-1)/2$。

3．算法设计

冒泡排序的过程我们用示意图简单的表示，从整个排序过程中寻找规律，n 个元素只需比较 $n-1$ 次即可。假设一个数组中有 7 个元素，现在对这 7 个元素进行排序，只需比较 6 轮即可得到所要的有序序列。示意图中最后加粗的数字即为经过一轮交换位置固定的数字。示意图如下：

原序列	第一轮	第二轮	第三轮	第四轮	第五轮	第六轮
5	3	3	3	3	2	2
3	5	5	5	2	3	**3**
9	6	6	2	5	**5**	**5**
6	8	2	6	**6**	**6**	**6**
8	2	7	**7**	**7**	**7**	**7**
2	7	**8**	**8**	**8**	**8**	**8**
7	**9**	**9**	**9**	**9**	**9**	**9**

数组名用 a 表示、数组下标用 j 表示，数组中相邻两个元素的下标可表示为 a[j]、a[j+1] 或 a[j−1]、a[j]。在利用数组解决问题时需要注意数组下标不要越界。假如定义一个整形数组 int a[n]，则数组元素下标的取值范围是 0～n−1，下标小于 0 或者大于 n−1 都视为下标越界。如果相邻元素采用 a[j]、a[j+1]表示的话，则下标取值范围是 0～n−2，若采用 a[j−1]、a[j]表示，下标取值范围则是 1～n−1，因此读者在进行编程时一定要注数组下标越界的问题。

数组元素互换也是经常遇到的一类题型，一般这种情况我们需要借助一个中间变量才可以完成，对于许多初学者来说经常犯的一个错误是，对两个元素直接相互赋值，而不借助中间变量。我们先来看生活中的一个例子。在蓝墨水瓶中装有蓝墨水，红墨水瓶中装有红墨水，现在我们要把蓝墨水放到红墨水瓶中，红墨水放到蓝墨水瓶中。做法是先找一个白色空瓶（作用相当于程序中的中间变量），首先将蓝墨水倒入白色空瓶（t=a[i]或 t=a[i+1]），接着将红墨水倒入蓝墨水瓶（a[i]=a[i+1] 或 a[i+1]=a[i]），最后将白瓶中的蓝墨水倒入红墨水瓶（a[i+1]=t 或 a[i]=t），经过这 3 步就完成了红墨水与蓝墨水的互换。如果不借助白色空瓶，直接把蓝墨水倒入红墨水瓶，或把红墨水倒入蓝墨水瓶，这样必将破坏原来所存储的内容。

第一轮的交换过程可以用简单的程序段进行表示：

```
for(j=0;j<n-1;j++)
    if(a[j]>a[j+1])
    {
        t=a[j];                    /*使用变量 t 暂存*/
    a[j]=a[j+1];
        a[j+1]=t;
    }
```

第二轮交换过程（最后一个元素经过第一轮比较已经确定，不需要再次进行比较）：

```
for(j=0;j<n-2;j++)
    if(a[j]>a[j+1])
    {
        t=a[j];                    /*使用变量 t 暂存*/
        a[j]=a[j+1];
        a[j+1]=t;
    }
```

第三轮交换过程（最后两个元素已经确定，不需要再次进行比较）：

```
for(j=0;j<n-3;j++)
    if(a[j]>a[j+1])
    {
        t=a[j];                    /*使用变量 t 暂存*/
        a[j]=a[j+1];
        a[j+1]=t;
    }
```

由上面的程序段发现，第一轮比较的判定条件为 j<n−1；第二轮为 j<n−2；第三轮为 j<n−3；依次类推，第 i 轮的循环判定条件必为 j<n−i。在编程过程中我们可以用两层循环来控制，第一层循环控制交换的轮数，第二层循环控制每轮需要交换的次数。

4. 完整程序

程序流程如图 1.15 所示。

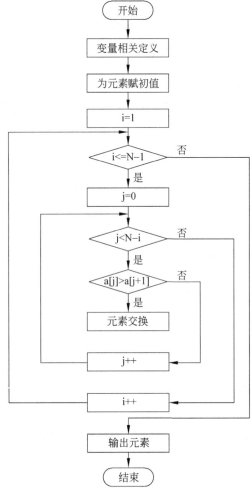

图 1.15　程序流程图

根据上面分析，编写程序如下：

```c
#include<stdio.h>
#define N 10      /*因数组的大小不确定,所以采用宏定义的方式,数组大小改变时只需改变
                    /*N 对应的值不需要改动程序*/
main()
{
    int i,j,a[N],t,count=0;
    printf("请为数组元素赋初值: \n");
    for(i=0;i<N;i++)
        scanf("%d",&a[i]);
    for(i=1;i<=N-1;i++)                    /*控制比较的轮数*/
        for(j=0;j<N-i;j++)                 /*控制每轮比较的次数*/
            if(a[j]>a[j+1])                /*数组相邻两个元素进行交换*/
            {
            t=a[j];
            a[j]=a[j+1];
            a[j+1]=t;
            }
    printf("经过交换后的数组元素为: \n");
    for(i=0;i<N;i++)
```

```
    {
    count++;
        printf("%d  ",a[i]);
        if(count%5==0)                              /*控制每行输出 5 个数*/
        printf("\n");
    }
    printf("\n");
}
```

5. 运行结果

在 VC 6.0 下运行程序，屏幕上提示："请为数组元素赋初值："，输入两组不同的初值，运行结果如图 1.16 所示。

（a）运行结果 1

（b）运行结果 2

图 1.16　运行结果

6. 问题拓展

常用的排序方法除了上述的冒泡法还有选择排序、插入排序、快速排序和堆排序等，下面简单介绍一下选择排序。

选择排序思想：扫描整个线性表，第一轮比较拿数组中的第一个元素与其他元素进行比较，遇到比第一个元素小的则进行交换，再拿着交换之后的第一个元素接着上次比较的位置与后面的元素进行比较，直到扫描到线性表的最后，从中选出最小的元素，将它交换到表的最前面（这是它应有的位置）。第二轮比较的时候从第二个元素开始，依次与第三个、第四个直到最后一个比较，在比较过程中有比第二个元素小的进行交换，接着与后面的元素比较；对剩下的子表采用同样的方法，直到子表为空。在最坏情况下需要比较 $n(n-1)/2$ 次。

完整程序如下：

```
#include <stdio.h>
#define N 10
main( )
{
    int s[N],i,j,k,t;
    for(i=0;i<N;i++) scanf("%d",&s[i]);
    printf("The original data:\n");
    for(i=0;i<N;i++)                               /*打印原数组元素的值*/
        printf("%4d",s[i]);
    printf("\n");
    for(i=0;i<N-1;i++)
    {
        for(j=i+1;j<N;j++)
        if(s[j]>s[i])
            {    /*交换 s[i]与 s[j]的值*/
                t=s[i];
                s[i]=s[j];
                s[j]=t;
```

```
    }
  }
  printf("The data after sorted:\n");
  for(i=0;i<N;i++)                              /*输出排序后的数据*/
    printf("%4d",s[i]);
  printf("\n");
}
```

不同排序法的效率是不同的，不同需求情况下可选择不同的方法。其他几种排序方法的原理有兴趣的读者可参阅数据结构的相关内容。

1.9 折 半 查 找

1．问题描述

N 个有序整数数列已放在一维数组中，利用二分查找法查找整数 m 在数组中的位置。若找到，则输出其下标值；反之，则输出"Not be found!"。

2．问题分析

二分查找法（也叫折半查找）其本质是分治算法的一种。所谓分治算法是指的分而治之，即将较大规模的问题分解成几个较小规模的问题，这些子问题互相独立且与原问题相同，通过对较小规模问题的求解达到对整个问题的求解。我们把将问题分解成两个较小问题求解的分治方法称为二分法。需要注意的是，二分查找法只适用于有序序列。

二分查找的基本思想是：每次查找前先确定数组中待查的范围，假设指针 low 和 high(low<high)分别指示待查范围的下界和上界，指针 mid 指示区间的中间位置，即 mid=（low+high）/2，把 m 与中间位置(mid)中元素的值进行比较。如果 m 的值大于中间位置元素中的值，则下一次的查找范围放在中间位置之后的元素中；反之，下一次的查找范围放在中间位置之前的元素中。直到 low>high，查找结束。

3．算法设计

N 个有序数应存放在数组中，根据数组下标的取值范围知指针 low 和 high 的初值分别为 0、N-1。除了三个指针变量 low、high、mid 之外还需要一个变量（假设为 k）来记录下标，利用变量 k 的值来判断整数 m 是否在所给出的数组中。下面我们用示意图来表示二分查找的过程。

假设一维数组中存储的有序数列为 5 13 19 21 37 56 64 75 80 88 92，要查找的整数 m 为 21。根据二分查找方法可知指针 low 和 high 最初分别指向元素 5 和 92，由 mid=（low+high）/2 知，指针 mid 指向元素 56。示意图如下：

变量 m 所代表的整数 21 与指针 mid 所指的元素 56 进行比较，21 小于 56，根据二分查找算法知，查找范围现在缩小到指针 mid 所指元素的前面，即从 5～37 的范围。指针 high

原来指向下标为 N-1 的元素，现在指向下标为 mid-1 的元素，接着重新计算指针 mid 所指元素的下标。

$$
\begin{array}{ccccccccccc}
5 & 13 & 19 & 21 & 37 & 56 & 64 & 75 & 80 & 88 & 92 \\
\uparrow & & \uparrow & & \uparrow & & & & & & \\
\text{low} & & \text{mid} & & \text{high} & & & & & &
\end{array}
$$

再次进行比较，21 大于 19，现在比较范围再次转移到 mid 所指元素的后面，low 元素所指元素下标由 0 变为 mid+1。

$$
\begin{array}{ccccccccccc}
5 & 13 & 19 & 21 & 37 & 56 & 64 & 75 & 80 & 88 & 92 \\
& & & \uparrow & \uparrow & & & & & & \\
& & & \text{low} & \text{high} & & & & & & \\
& & & \downarrow & & & & & & & \\
& & & \text{mid} & & & & & & &
\end{array}
$$

当前 mid 所指元素的值为 21，与要查找的整数值相同，因此查找成功，所查元素在表中序号等于指针 mid 的值。

查找不成功的过程请读者自己完成。

4．完整程序

程序流程图如图 1.17 所示。

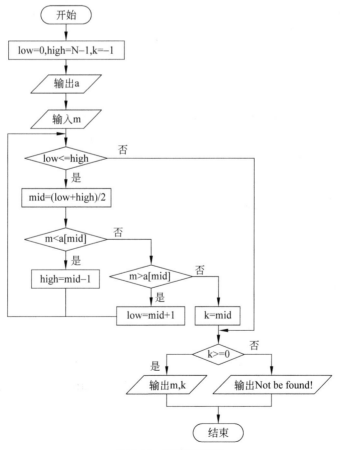

图 1.17　程序流程图

完整程序如下：

```
#include <stdio.h>
#define N 10
main()
{
    int i,a[N]={-3,4,7,9,13,45,67,89,100,180 },low=0,high=N-1,mid,k=-1,m;
    printf("a 数组中的数据如下:\n");
    for(i=0;i<N;i++)
    printf("%d ", a[i]);                    /*输出数组中原数据序列*/
    printf("\n");
    printf("Enter m: ");
    scanf("%d",&m);                         /*由键盘输入要查找的整数值*/
    while(low<=high)                        /*继续查找的控制条件*/
    {
    mid=(low+high)/2;                       /*确定指针 mid 的位置*/
    if(m<a[mid])
        high=mid-1;
    else
            if(m>a[mid])
                low=mid+1;
        else
            {
                k=mid;
                break;                      /*一旦找到所要查找的元素便跳出循环*/
            }
    }
    if(k>=0)
        printf("m=%d,index=%d\n",m,k);
    else
        printf("Not be found!\n");
}
```

在上述程序中循环结束可以有两种情况。一种是由于循环的判定条件 low<=high 不成立的情况下跳出循环，此时可知查找不成功。在查找不成功的情况下，语句 else {k=mid;break;}是不执行的，所以变量 k 的值不变仍为初值-1。第二种结束循环的情况是由于执行了 break;语句而跳出循环，在此情况下，变量 k 的值由-1 变成了一个大于等于 0 的数，即指针 mid 所指元素的下标值。所以在最后用选择结构来判定 k 的值，从而确定整个查找过程是否成功。

5．知识点补充

（1）continue 语句
continue 语句的格式为：

```
continue;
```

continue 语句用于循环语句（while 循环语句或 do while 循环语句或 for 循环语句）中，作为循环体的一部分。在程序执行时，一旦遇到了 continue 语句，则立即结束本次循环，即跳过循环体中 continue 后面尚未执行的语句，接着进行是否继续循环的条件判定。
（2）break 语句
break 语句的格式如下：

```
break;
```

break 语句可用在 switch 语句中。在程序执行时，一旦遇到了 break 语句，则立即退出当前的 switch 语句。

除此之外，break 语句还能用于循环语句（while 循环语句或 do　while 循环语句或 for 循环语句）中，作为循环体的一部分。在程序执行时，一旦遇到了 break 语句，则立即退出当前的循环体，接着执行当前循环体下面的语句。

（3）continue 语句和 break 语句的区别

❑ continue 只是结束本次循环，不再执行循环体中 continue 后面的其余语句，并不是终止当前循环。

❑ break 是直接终止当前的循环。

6．运行结果

在 VC 6.0 下运行程序，结果如图 1.18 所示。

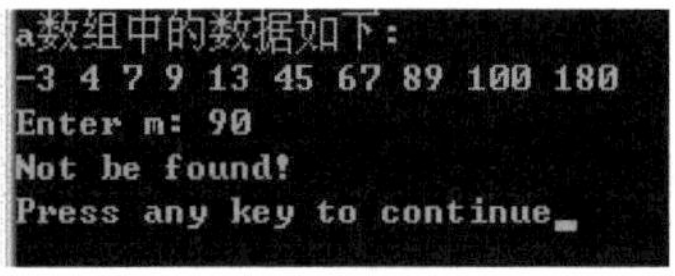

图 1.18　运行结果

7．问题拓展

在一个给定的数据结构中查找某个指定的元素，通常根据不同的数据结构，应采用不同的查找方法。对于一个有序数列，除了采用二分查找法之外还可以采用顺序查找的方法。

顺序查找一般是指在线性表中查找指定的元素，其基本方法如下：从线性表的第一个元素开始，依次将线性表的元素与被查元素进行比较，若相等则表示找到即查找成功；若线性表中所有的元素都与被查元素进行了比较但都不相等，则表示线性表中没有要找的元素即查找失败。

在长度为 n 的线性表中查找指定元素，最好的情况是比较一次成功，最坏的情况是比较 n 次，平均要比较 $(1+2+3+\cdots+n)/n=(1+n)/2$ 次。尽管顺序查找的效率低，但对于一些情况只能采用顺序查找的方法，如对于一个无序表进行查找。

完整程序如下：

```
#include <stdio.h>
#define N 10
main()
{
int a[N]={-3,4,7,9,13,45,67,89,100,180 },i,k=-1,m;
    printf("a 数组中的数据如下:\n");
    for(i=0;i<N;i++)                    /*输出数组中原数据序列*/
        printf("%d ", a[i]);
    printf("\n");
    printf("Enter m: ");
        scanf("%d",&m);                 /*由键盘输入要查找的整数值*/
    for(i=0;i<N;i++)
        if(m==a[i])
        {
            k=i;
```

```
        break;                        /*一旦找到所要查找的元素便跳出循环*/
        }
    if(k>=0)
        printf("m=%d,index=%d\n",m,k);
    else
        printf("Not be found!\n");
}
```

对数据进行排序及查找的方法较多，理解每一种方法的思想是编程的第一步，不同方法之间的效率是不同的，在没有特别要求的情况下读者可根据自己掌握的情况进行编程。但对于一些有一定适用范围的方法，读者一定要牢记。

1.10　数　制　转　换

1．问题描述

给定一个 M 进制的数 x，实现对 x 向任意的一个非 M 进制的数的转换。

2．问题分析

掌握不同数制间的转换关系是解决问题的关键，这里所说的数制一般包括二进制、八进制、十六进制及十进制。除了不同的数制还有下面几个必须要了解的概念。

基数：在一种数制中，只能使用一组固定的数字来表示数的大小。这组固定的数字的个数就称为该计数制的基数（Base）。如十进制的基数为 10，二进制的基数为 2 等。

权：又称为位权或权值，即每一个数位都有一个固定的基值与之相对应，称之为权。如十进制的个位对应的权值为 1（10^0），十位对应的权值为 10（10^1），百位对应的权值为 100（10^2），对于一个 M 进制的数来说，小数点左边各位上对应的权值从右到左分别为基数的 0 次方、基数的 1 次方、基数的 2 次方等，对于小数点右边各位上对应的权值从左到右分别为基数的-1 次方、基数的-2 次方等。

二进制、八进制、十六进制向十进制转换：按权展开相加。

十进制转换成二进制、八进制、十六进制：整数部分除以基数取余数（取余的方向为从后向前）；小数部分乘以基数取整数（取整的方向为从前向后）。

二进制、八进制、十六进制相互转换：先转换成十进制再转换成其他进制；或者按照其对应关系进行转换（三位二进制数对应一位八进制数，四位二进制数对应一位十六进制数）。本题按照前一种转换方式进行编程。

3．算法设计

十六进制是由 0～F 这一组固定的数字来表示，所以采用字符数组进行存储。在进行输入输出时数组元素都是以字符的形式存在的，但是在进行数制转换时数组元素又以数值的形式存在，程序中我们用两个自定义函数 char_to_number 及 number_to_char 来实现字符与其对应数值之间的转换。

在执行程序时我们希望可以输入多组数据来验证程序的正确性，以前的程序都是多次运行，输入不同的数据来实现。我们对程序稍做改进，只运行一次程序但可以输入多组数据进行验证。解决这个问题只需要加一层循环，如果循环条件为真则继续输入数据，否则退出。循环条件为真即表达式的值不为 0，这样我们可以声明一个变量假设为 flag，利用语句 while(flag){循环体}来进行控制，当 flag 的值为 1 时我们可以接着输入，若为 0 则结束循环。

4．程序框架

程序主体框架如下：

```
main()
{
    while(flag)                          /*利用输入的 flag 值控制循环是否结束*/
    {
        /*将原数转换成的十进制数*/
        /*求出转换成目标数制后字符数组的长度*/
        /*逆序打印字符数组*/
        printf("继续请输入 1,否则输入 0：\n");
        scanf("%d",&flag);
    }
}
```

5．字符与数字进行转换

将输入或存储的字符转换为对应的数字，我们可以分两类进行考虑。第一类是介于'0'到'9'之间的字符，转换成相应的数字 0～9 时，可利用其 ASCII 码之间的对应关系。字符'0'的 ASCII 码为 48,'1'的 ASCII 码为 49,'1'-'0'=1 得到的差即为字符 ch 对应的数字。第二类是介于'A'到'Z'之间的字符，字符'A'对应的数字为 10，'B'对应的数字为 11，对于此类字符可以利用公式 ch-'A'+10 得到对应的数字。

同理，数字转换为对应字符时也分两种情况，一种是 0～9 之间的数字，只需用字符'0'的 ASCII 码加上相应的数值，然后进行强制类型转换将其转换成字符型即可；另一种是大于等于 10 的数值，同样利用对应的 ASCII 码加上此时的数值与 10 的差即可，即'A'+num-10。

字符与数字及大小写字符之间的转换是编程中经常遇到的情况，这类题目的关键是找到两者的对应关系，读者应注意掌握。

强制类型转换，是将一种数据类型强制转换成另外一种类型，其基本形式为（类型名）（表达式），其中（类型名）称为强制类型转换运算符，两边的小括号是不能省略的，功能是将一个表达式、一个变量或常量转换为指定的类型。

```
/*将字符转换成数字*/
int char_to_num(char ch)
{
    if(ch>='0'&&ch<='9')
        return ch-'0';                   /*将数字字符转换成数字*/
    else
        return ch-'A'+10;                /*将字母字符转换成数字*/
}
/*将数字转换成字符*/
char num_to_char(int num)
{
    if(num>=0&&num<=9)
```

```
        return (char)('0'+num-0);              /*将 0~9 之间的数字转换成字符*/
    else
        return (char)('A'+num-10);             /*将大于 10 的数字转换成字符*/
}
```

6．其他数制转换成十进制

字符串由键盘输入，每次输入的字符串可能都不相同，也可能达不到最大字符个数，所以在进行转换之前首先要确定数组中有效字符的个数，即第一个'\0'之前的字符个数。可以采用从前向后遍历的方式，只要当前的字符不是'\0'就接着向后遍历，直到遇到第一个'\0'结束遍历。在程序中可以利用循环来实现：for(i=0;temp[i]!='\0';i++);循环结束后变量 i 的值即为有效字符个数。这是在编程过程中解决字符串有效字符个数的常用方法，请读者牢记。

其他数制转换成十进制采用按权展开相加的方法，所以需要定义一个变量来存储相加之后的和，假设变量为 decimal_num。因数组元素类型为字符型，所以首先需要调用 char_to_num(temp[i])函数将元素类型转化成数值型然后参与运算。

运算过程以二进制转换成十进制为例：元素 temp[0]转换成相应的数值后与变量 decimal_num 的初值相加（为不影响最后的结果，decimal_num 的初值应为 0），把得到的和再次赋值给变量 decimal_num；decimal_num 与第二个元素 temp[1]相加之前应先乘一次基数 10，把最低位空出来让给要累加的最新数据，这样相当于第一个元素乘了一次基数，相加得到的最新数据依然赋值给变量 decimal_num；decimal_num 与第三个元素 temp[2]相加之前仍然先乘基数 10 再与最新数据相加，这样第一个元素相当于乘了两次基数，第二个元素乘了一次基数；依次类推，直到与最后一个有效元素相加，一共累加了有效长度 N 次，第一个元素与基数相乘 $N-1$ 次，第二个元素与基数相乘 $N-2$ 次……最后一个元素与基数相乘 0 次（即基数的 0 次方）。累加的过程可以用循环来表示，循环变量控制累加的次数，循环体为上述累加过程。

定义 source_to_decimal 函数来完成数值转换，该函数代码如下：

```
long source_to_decimal(char temp[],int source)
{
    long decimal_num=0;                        /*存储展开之后的和*/
    int length;
    int i;
    for(i=0;temp[i]!='\0';i++);
        length=i;
    for(i=0;i<=length-1;i++)                   /*累加*/
        decimal_num=(decimal_num*source)+char_to_num(temp[i]);
    return decimal_num;
}
```

7．十进制转换成其他数制

十进制转换成其他数制采用除以基数取余的方法。以十进制转化成八进制为例：首先用当前的十进制数除以要转换成的数制的基数 8，得到的余数存放在数组元素 temp[0]中，为了使余数的类型由数值型转换成字符型，需调用 num_to_char(decimal_num%object)函数，将相除之后的十进制数再次赋值给存储原数据的变量 decimal_num；然后用得到的新十进制数再去除基数，将余数转化成字符型存入 temp 数组中，一直重复上述过程直到原来的十进制数为 0。把所有余数存入数组中之后，不要忘了将最后一个字符的下一位置的值置为'\0'作为字符串结束的标记。

定义函数 decimal_to_object() 来实现上述功能，其代码如下：

```
int decimal_to_object(char temp[],long decimal_num,int object)
{
    int i=0;
    while(decimal_num)
    {
        temp[i]=num_to_char(decimal_num%object);    /*求出余数并转换为字符*/
        decimal_num=decimal_num/object;             /*用十进制数除以基数*/
        i++;
    }
    temp[i]='\0';
    return i;
}
```

由余数组成的新数制数与余数的顺序是相反的，所以在输出新数的时候我们采用的是逆序输出的方式，定义 output() 函数用于完成新数的输出，该函数代码如下：

```
void output(char temp[],int length)
{
    int i;
    for(i=length-1;i>=0;i--)                        /*输出 temp 数组中的值*/
        printf("%c",temp[i]);
    printf("\n");
}
```

8. 完整程序

完整程序如下：

```
#include <stdio.h>
#define MAXCHAR 101                                 /*最大允许字符串长度*/
int char_to_num(char ch);                           /*返回字符对应的数字*/
char num_to_char(int num);                          /*返回数字对应的字符*/
long source_to_decimal(char temp[],int source);
                                                    /*返回由原数转换成的十进制数*/
int decimal_to_object(char temp[],long decimal_num,int object);
                                                    /*返回转换成目标数制后字符数组的长度*/
void output(char temp[],int length);                /*将字符数组逆序打印*/
main()
{
    int source;                                     /*存储原数制*/
    int object;                                     /*存储目标数制*/
    int length;                                     /*存储转换成目标数制后字符数组的长度*/
    long decimal_num;                               /*存储转换成的十进制数*/
    char temp[MAXCHAR];                             /*存储待转换的数值和转换后的数值*/
    int flag=1;                                     /*存储是否退出程序的标志*/
    while(flag)                                     /*利用输入的 flag 值控制循环是否结束*/
    {
        printf("转换前的数是：");
        scanf("%s",temp);
        printf("转换前的数制是：");
        scanf("%d",&source);
```

```
        printf("转换后的数制是: ");
        scanf("%d",&object);
        printf("转换后的数是: ");
        decimal_num=source_to_decimal(temp,source);
        length=decimal_to_object(temp,decimal_num,object);
        output(temp,length);
        printf("继续请输入 1,否则输入 0: \n");
        scanf("%d",&flag);
    }
}
/*将字符转换成数字*/
int char_to_num(char ch)
{
    if(ch>='0'&&ch<='9')
        return ch-'0';                    /*将数字字符转换成数字*/
    else
        return ch-'A'+10;                 /*将字母字符转换成数字*/
}
char num_to_char(int num)
{
    if(num>=0&&num<=9)
        return (char)('0'+num-0);         /*将 0~9 之间的数字转换成字符*/
    else
        return (char)('A'+num-10);        /*将大于 10 的数字转换成字符*/
}
long source_to_decimal(char temp[],int source)
{
    long decimal_num=0;                   /*存储展开之后的和*/
    int length;
    int i;
    for(i=0;temp[i]!='\0';i++);
    length=i;
    for(i=0;i<=length-1;i++)              /*累加*/
        decimal_num=(decimal_num*source)+char_to_num(temp[i]);
    return decimal_num;
}
int decimal_to_object(char temp[],long decimal_num,int object)
{
    int i=0;
    while(decimal_num)
    {
        temp[i]=num_to_char(decimal_num%object);
                                          /*求出余数并转换为字符*/
        decimal_num=decimal_num/object;   /*用十进制数除以基数*/
        i++;
    }
    temp[i]='\0';
    return i;
}
void output(char temp[],int length)
{
    int i;
    for(i=length-1;i>=0;i--)              /*输出 temp 数组中的值*/
        printf("%c",temp[i]);
    printf("\n");
}
```

9．运行结果

在 VC 6.0 下运行程序，结果如图 1.19 所示。

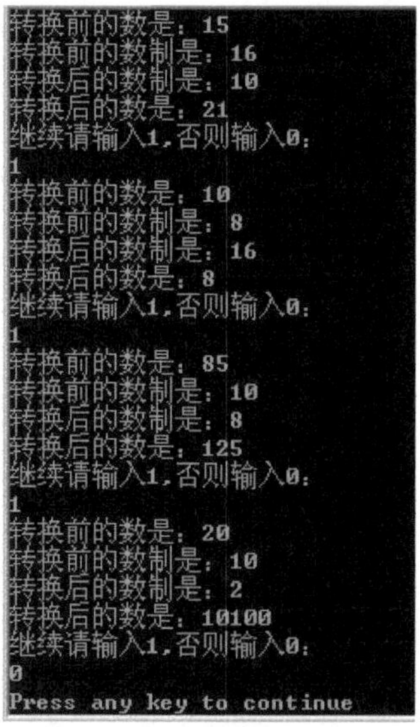

图 1.19　运行结果

10．问题拓展

数制转换问题除了用数组解决之外，也可以用数据结构中的栈来实现，以下程序供读者参考。

```
#include<stdio.h>
#include<stdlib.h>
#define STACKSIZE 100
#define STACKINCR 10
#define OK 1
#define ERROR -1
typedef int elemint;

/*栈的结构*/
typedef struct
{
    int *top;
    int *base;
    int stacksize;
}Number;

/*栈的初始化*/
int initstack(Number &s)
{
    s.base=(elemint*)malloc(STACKSIZE*sizeof(elemint));
    if(!s.base)
        return ERROR;
    s.top=s.base;
    s.stacksize=STACKSIZE;
    return OK;
}
```

```
/*入栈操作*/
int push(Number &s,elemint e)
{
    if((s.top-s.base)>=s.stacksize)
    {
        s.base=(elemint*)realloc(s.base,(STACKSIZE+STACKINCR)*sizeof
        (elemint));
        if(!s.base)
        return ERROR;
        s.top=s.base+s.stacksize;
        s.stacksize+=STACKINCR;
    }
    *(s.top)=e;
    s.top++;
    return OK;
}

/*出栈操作*/
void pop(Number &s,elemint &e)
{
    if(s.base!=s.top)
    {
        s.top--;
        e=*s.top;
    }

    else
        printf("栈为空!\n");
}

/*字符变量转换数值变量函数*/
void chartonum(char c,elemint &n)
{
    if(c>='1'&&c<='9')
        n=c-'1'+1;
    if(c=='0')
        n=0;
    if(c>='a'&&c<='z')
        n=c-'a'+10;
}

/*数值变量转换字符变量函数*/
void numtochar(elemint n,char &c)
{
    if(n==0)
        c='0';
    if(n>0&&n<10)
        c=n-1+'1';
    if(n>=10&&n<=35)
        c=n-10+'a';
}

/*输入字符变量(M进制)并转换为数值变量(M进制)，入栈*/
void numpush(Number &s)
{
    int m,n,i,j;
    char a[50];
    printf("输入 M 进制数(2~36):\n");
    scanf("%d",&m);
```

```
        printf("输出 N 进制数(2~36):\n");
        scanf("%d",&n);
        printf("输入%d 进制数:\n",m);
        scanf("%s",&a);
        for(i=0;a[i]!='\0';i++)
        {
            chartonum(a[i],j);
            push(s,j);
        }
    push(s,m);
    push(s,n);
}

/*出栈，转换为数值变量并输出*/
void charpop(Number &s)
{
    int m,n,z=0,t=1,i;
    char c;
    pop(s,n);
    pop(s,m);
    while(s.base!=s.top)
        {
            pop(s,i);
            z=z+t*i;
            t=t*m;
        }
    /*出栈，M 进制转换为十进制*/
    while(z!=0)
{
        i=z%n;
        push(s,i);
        z=z/n;
        }
    /*十进制转换为 N 进制*/
    printf("输出的进制数为:\n");
    while(s.top!=s.base)
    {
        pop(s,i);
        numtochar(i,c);
        printf("%c",c);
    }
    printf("\n");
    scanf("%c");
}

void main()
{
    Number s;
    initstack(s);
    numpush(s);
    charpop(s);
}
```

第 2 章　趣味数学问题

本章通过与生活相关的一些小例子引出其中包含的数学问题，这些问题有的可以抽象出数学公式，有的可以转化成不定方程，还有的需要简单推导得出通式。接着使用 C 语言将这些模型化的数学问题表达出来就可以获得正确结果。

趣味数学问题的求解，常常需要使用 C 语言中的分支结构和循环结构，本章的每个问题都给出了详细的流程图，对有些易混淆的地方读者可以参照流程图来理清思路，把握程序的走向。相信通过本章内容的学习，读者对生活中的数学问题能更好地理解和掌握。本章主要内容如下：

- ❑ 个人所得税问题；
- ❑ 存钱问题；
- ❑ 分糖果；
- ❑ 三色球问题；
- ❑ 出售金鱼；
- ❑ 求车速；
- ❑ 爱因斯坦的数学题；
- ❑ 魔术师的猜牌术；
- ❑ 舍罕王的失算；
- ❑ 马克思手稿中的数学题；
- ❑ 换分币。

2.1　个人所得税问题

1. 问题描述

编写一个计算个人所得税的程序，要求输入收入金额后，能够输出应缴的个人所得税。个人所得税征收办法如下：

起征点为 3500 元。

- ❑ 不超过 1500 元的部分，征收 3%；
- ❑ 超过 1500～4500 元的部分，征收 10%；
- ❑ 超过 4500～9000 元的部分，征收 20%；
- ❑ 超过 9000～35000 元的部分，征收 25%；
- ❑ 超过 35000～55000 元的部分，征收 30%；
- ❑ 超过 55000～80000 元的部分，征收 35%；

❑　超过 80000 元以上的，征收 45%。

2．问题分析

分析题目特点，我们可以考虑使用结构体来描述题目中的条件。下面先讲解 C 语言中结构体的语法要点。

（1）声明结构体

C 语言中允许用户自己定义结构体，它相当于其他高级语言中的"记录"。

声明一个结构体类型的一般形式为：

```
struct 结构体名
{结构体成员列表}
```

对结构体中的各个成员都应该进行类型声明，即：

```
类型名 成员名
```

例如：

```
/*定义名为 user 的结构体*/
struct user
{
    /*结构体中的各个成员*/
    int id;                    /*用户标识*/
    char name[20];             /*用户名*/
    int age;                   /*用户年龄*/
    char address[50];          /*地址*/
};
```

上面我们定义了一个新的结构体类型 struct user，它包含了 id、name、age 和 address 这 4 个不同类型的数据项。可以说，struct user 是一个新的类型名，它和系统提供的标准类型一样都可以用来定义变量的类型。

（2）定义结构体类型的变量

声明结构体之后还需要定义结构体类型的变量。因为声明后的结构体中并没有具体数据，系统也不会对它分配内存单元。如果想在程序中使用结构体类型的数据，就必须定义结构体类型的变量，然后将数据存放在其中。

有 3 种定义结构体类型变量的方法。

① 先声明结构体类型再定义变量名。

可以使用上面声明的 struct user 类型来定义变量，例如：

```
struct user user1,user2
```

其中 struct user 是结构体类型名，而 user1 和 user2 是定义的 struct user 类型的变量。则 user1 和 user2 都具有 struct user 类型的结构，即它们都包含了 id、name、age 和 address 这几个数据项。

② 声明类型的同时定义变量名。

例如：

```
struct user
```

```
{
    /*结构体中的各个成员*/
    int id;                           /*用户标识*/
    char name[20];                    /*用户名*/
    int age;                          /*用户年龄*/
    char address[50];                 /*地址*/
}user1,user2;
```

上面代码声明了 struct user 类型的结构体，同时定义了两个 struct user 类型的结构体变量。

③ 直接定义结构体类型变量。

使用此方式可以省略掉结构体名，例如：

```
struct
{
    /*结构体中的各个成员*/
    int id;                           /*用户标识*/
    char name[20];                    /*用户名*/
    int age;                          /*用户年龄*/
    char address[50];                 /*地址*/
}user1,user2;
```

上面代码中直接定义了两个 struct user 类型的结构体变量。

（3）结构体变量的引用

不能将结构体变量作为一个整体来操作，而要对其中的各个成员分别进行操作。引用结构体变量中成员的方式为：

```
结构体变量名.成员名
```

例如：

```
user1.id 表示引用 user1 变量中的 id 成员。
```

（4）结构体数组

结构体数组与普通的数值型数组的区别在于，结构体数组中的每个数组元素都是一个结构体类型的数据，它们都包括各自的成员。

定义结构体数组与定义结构体变量的方法类似，只需说明其为数组即可。例如：

```
struct user
{
    *结构体中的各个成员*/
    int id;                           /*用户标识*/
    char name[20];                    /*用户名*/
    int age;                          /*用户年龄*/
    char address[50];                 /*地址*/
};
    struct user user1[5];             /*定义结构体数组*/
```

上面代码中定义了一个数组 user1，其中的元素为 struct user 类型数据，该数据包含了 5 个元素。也可以直接定义一个结构体数组，例如：

```
struct user
{
```

```
    *结构体中的各个成员*/
    int id;                          /*用户标识*/
    char name[20];                   /*用户名*/
    int age;                         /*用户年龄*/
    char address[50];                /*地址*/
}user1[5];
```

数组中的各个元素在内存中是连续存放的。

（5）结构体数组的初始化

结构体数组初始化的一般形式是在定义数组的后面跟上初值列表，例如：

```
struct user
{
    *结构体中的各个成员*/
    int id;                          /*用户标识*/
    char name[20];                   /*用户名*/
    int age;                         /*用户年龄*/
    char address[50];                /*地址*/
}user1[5]={{1,"Li Ming",25,"Beijing Road"},{2,"Zhang Ying",20,"Shanghai
Road"}};
```

（6）使用 typedef 来定义类型

在 C 语言中除了可以使用标准类型，如 int 和 char 等，以及自己声明的结构体、共用体、指针类型等，还可以使用 typedef 来声明新的类型名以代替已有的类型名。

例如：

```
typedef int INT;
```

还可以使用 typedef 来声明结构体类型：

```
typedef struct
{
    int id;                          /*用户标识*/
    char name[20];                   /*用户名*/
    int age;                         /*用户年龄*/
    char address[50];                /*地址*/
}USER;
```

上面代码声明了一个新类型名 USER，它代表了上面指定的一个结构体类型，此时可以使用 USER 来定义变量。

```
USER u1;
USER *p;
```

上面代码定义了一个 USER 类型的变量 u1 及一个指向 USER 类型变量的指针变量 p。

3. 算法设计

由问题分析中讲解的 C 语言中结构体的相关知识可知，这里可以使用结构体数组存放不同的税率范围。接着使用 for 循环遍历每一个征税范围，将个人收入中超出起征点的金额在每个征税范围内应缴纳的税款累加起来，就得到最后应缴纳的个人所得税。

4．确定程序框架

（1）定义结构体 TAXTABLE，该结构体描述了征税的范围及对应不同范围的税率。

```
typedef struct{
    long start;
    long end;
    double taxrate;
}TAXTABLE;
```

在结构体 TAXTABLE 中，start 成员表示征税范围的起点，end 成员表示征税范围的终点，texrate 成员表示该范围内的征税税率。

（2）定义结构体数组 TaxTable，将征税范围及税率存入该变量中。

```
TAXTABLE TaxTable[]={{0,1500,0.03},{1500,4500,0.10},{4500,9000,0.20},
{9000,35000,0.25},{35000,55000,0.30},{55000,80000,0.35},{80000,
1e10,0.45}};
```

（3）定义计算税率的函数 CaculateTax。

其中，profit 为个人收入，TAXBASE 是个税起征点。profit-TAXBASE 是个人收入中超出个税起征点的部分，仍存入 profit 变量中，在 CaculateTax 中要计算出这部分收入的纳税金额。

```
double CaculateTax(long profit)
{
    int i;
    double tax=0.0;
    profit-=TAXBASE;                           /*超过个税起征点的收入*/
    for(i=0;i<sizeof(TaxTable)/sizeof(TAXTABLE); i++)
    {
        /*判断 profit 是否在当前的缴税范围内*/
        if(profit>TaxTable[i].start)
        {
            if(profit>TaxTable[i].end)          /* profit 超过当前的缴税范围*/
            {
                tax+=(TaxTable[i].end-TaxTable[i].start)*
                TaxTable[i].taxrate;
            }
            else                                /* profit 未超过当前的缴税范围*/
            {
                tax+=(profit-TaxTable[i].start)*TaxTable[i].taxrate;
            }
            profit-=TaxTable[i].end;
            printf("征税范围：%6ld~%6ld  该范围内缴税金额：%6.2f  超出该范围的
                金额：%6ld\n",TaxTable[i].start,TaxTable[i].end,tax,
                (profit)>0 ? profit:0);
        }
    }
    return tax;
}
```

在 CaculateTax()函数中使用了 for 循环，循环变量为 i，循环次数与 TaxTable 数组中的元素个数相同。在循环体中用 profit，注意此时的 profit 中存放的是个人收入中超过个税起征点的部分，与征税范围做比较。如果 TaxTable[i].end >profit>TaxTable[i].start，即 profit

恰好处于某个范围内，则在该范围内应缴税金额为(profit-TaxTable[i].start)*TaxTable[i].taxrate。如果 profit>TaxTable[i].end，则在该范围内应缴税金额为(TaxTable[i].end-TaxTable[i].start)*TaxTable[i].taxrate。

使用 for 循环将每个征收范围遍历一遍，将各个范围内产生的缴税金额累加起来，就得到应该缴纳的个人所得税的总金额。

CaculateTax()函数的流程图如图 2.1 所示。

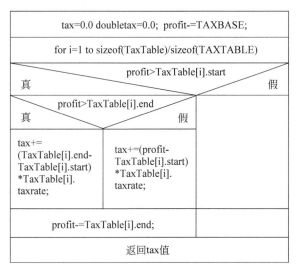

图 2.1　CaculateTax()函数的流程图

5. 完整程序

根据上面的分析，编写程序如下：

```c
#include <stdio.h>
#define TAXBASE  3500
/*定义结构体*/
typedef struct{
    long start;
    long end;
    double taxrate;
}TAXTABLE;
/*定义结构体数组*/
TAXTABLE TaxTable[]={{0,1500,0.03},{1500,4500,0.10},{4500,9000,0.20},
{9000,35000,0.25},{35000,55000,0.30},{55000,80000,0.35},{80000,1e10,
0.45}};
/* CaculateTax()函数*/
double CaculateTax(long profit)
{
    int i;
    double tax=0.0;
    profit-=TAXBASE;                        /*超过个税起征点的收入*/
    for(i=0;i<sizeof(TaxTable)/sizeof(TAXTABLE); i++)
    {
        /*判断profit是否在当前的缴税范围内*/
        if(profit>TaxTable[i].start)
        {
            if(profit>TaxTable[i].end)      /* profit超过当前的缴税范围*/
```

```
            {
                tax+=(TaxTable[i].end-TaxTable[i].start)*
                TaxTable[i].taxrate;
            }
            else                                /* profit 未超过当前的缴税范围*/
            {
                tax+=(profit-TaxTable[i].start)*TaxTable[i].taxrate;
            }
            profit-=TaxTable[i].end;
            printf("征税范围：%6ld~%6ld  该范围内缴税金额：%6.2f  超出该范围的
                金额：%6ld\n",TaxTable[i].start,TaxTable[i].end,tax,
                (profit)>0 ? profit:0);
        }
    }
    return tax;
}
main()
{
    long profit;
    double tax;
    printf("请输入个人收入金额:");
    scanf("%ld",&profit);
    tax = CaculateTax(profit);
    printf("您的个人所得税为：%12.2f\n",tax);
}
```

6. 运行结果

在 VC 6.0 下运行程序，屏幕上提示"请输入个人收入金额"。输入 9876，运行结果如
图 2.2 所示。

图 2.2　运行结果

7. 问题拓展

在解决该问题时我们用到了结构体，并且已经知道引用结构体变量中成员的方式为：

结构体变量名.成员名

事实上，除了这种引用方式以外，在 C 语言中还可以使用指针来指向结构体变量和结
构体数组。

在本题中，可使用下面代码来定义指针 p 为指向 TAXTABLE 类型结构体的指针变量：

TAXTABLE *p;

这样定义后，就可以使用指针 p 来引用 TAXTABLE 类型的结构体变量中的成员。引
用方式有两种：

(*p).成员名

或

p->成员名

下面，我们就使用结构体指针来改写原来程序中的 CaculateTax()函数，改写后的代码如下：

```c
double CaculateTax(long profit)
{
    TAXTABLE *p;
    double tax=0.0;
    profit-=TAXBASE;
    for(p=TaxTable;p<TaxTable+sizeof(TaxTable)/sizeof(TAXTABLE);p++)
    {
        if(profit>p->start)
        {
            if(profit>p->end)
            {
                tax+=(p->end-p->start)*p->taxrate;
            }
            else
            {
                tax+=(profit-p->start)*p->taxrate;
            }
            profit-=p->end;
            printf("征税范围: %6ld~%6ld  该范围内缴税金额: %6.2f  超出该范围的金
                额: %6ld\n",p->start,p->end,tax,(profit)>0 ? profit:0);
        }
    }
    return tax;
}
```

在改写后的 CaculateTax()函数中，指针 p 是指向 TAXTABLE 类型数据的指针变量。在 for 循环语句中先给 p 赋初值 TaxTable，TaxTable 也就是数组 TaxTable 的起始地址。这样，就可以使用指针变量来引用 TaxTable 中的各个数组元素（每个数组元素是一个结构体变量）的成员值。

在第一次循环时，p 指向 TaxTable[0]，则 p->start、p->end 和 p->taxrate 引用的都是 TaxTable[0]中的成员。然后执行 p++，使 p 自增 1，此时 p 所增加的值为结构体数组 TaxTable 中一个元素所占有的字节数，即 sizeof(TAXTABLE)。在执行 p++后，p 的值变为 TaxTable+1，即 p 指向数组元素 TaxTable[1]的起始地址了，这样在第二次循环时的 p->start、p->end 和 p->taxrate 引用的就都是 TaxTable[1]中的成员了。接着再执行 p++，此时 p 的值变为 TaxTable+2，即 p 指向数组元素 TaxTable[2]的起始地址，这样在第三次循环时的 p->start、p->end 和 p->taxrate 引用的就都是 TaxTable[2]中的成员了。这样不断循环下去，p 的值不断自增，直到对 TaxTable 数组中最后一个数组元素操作完毕为止。

2.2 存 钱 问 题

1. 问题描述

假设银行整存整取存款不同期限的月息利率为：

0.63%　　　期限为 1 年
0.66%　　　期限为 2 年
0.69%　　　期限为 3 年
0.75%　　　期限为 5 年
0.84%　　　期限为 8 年

现在已知某人手上有 2000 元，要求通过计算选择出一种存钱方案，使得这笔钱存入银行 20 年后获得的利息最多，假定银行对超出存款期限的那部分时间不付利息。

2．问题分析

为了获取到最多的利息，应该在存入银行的钱到期后马上就取出来，然后再立刻将原来的本金加上当前所获取到的利息作为新的本金存入银行，这样反复操作直到年限满 20 年为止。

又由于存款的期限不同，对应的利率是不相同的，因此在 20 年中，不同的存取期限的组合所获得的利息也是不相同的。

假设在这 20 年中，1 年期限的存了 x_1 次，2 年期限的存了 x_2 次，3 年期限的存了 x_3 次，5 年期限的存了 x_5 次，8 年期限的存了 x_8 次，则到期时存款人所得的本利合计为：

$$2000*(1+0.063)^{x_1}*(1+0.066)^{x_2}*(1+0.069)^{x_3}*(1+0.075)^{x_5}*(1+0.084)^{x_8} \qquad ①$$

由题意可知，显然 8 年期限的存款次数最多为两次，因此可得到下面对存款期限的限定条件：

$0 \leqslant x_8 \leqslant 2$
$0 \leqslant x_5 \leqslant (20-8*x_8)/5$
$0 \leqslant x_3 \leqslant (20-8*x_8-5*x_5)/3$
$0 \leqslant x_2 \leqslant (20-8*x_8-5*x_5-3*x_3)/2$
$x_1=20-8*x_8-5*x_5-3*x_3-2*x_2$ 且 $x_1 \geqslant 0$

3．算法设计

根据式①及对存款期限的限定条件，可以使用 for 循环来穷举出所有可能的存款金额，从中找出最大的存款金额就是该问题的解。

因为限定条件已经确定了，因此 for 循环的循环次数也都确定了。

4．确定程序框架

程序流程图如图 2.3 所示。

5．完整程序

根据上面的分析，编写程序如下：

```
#include<stdio.h>
#include<math.h>
main()
{
    int x1,x2,x3,x5,x8,y1,y2,y3,y5,y8;          /*定义变量*/
```

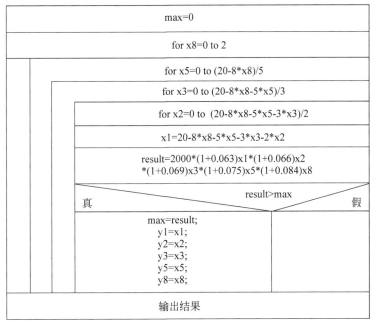

图 2.3 程序流程图

```
double max=0.0,result;                            /*result 变量存放最后结果*/
/*使用 for 循环穷举所有可能的存款方案*/
for(x8=0;x8<=2;x8++)
    for(x5=0;x5<=(20-8*x8)/5;x5++)
        for(x3=0;x3<=(20-8*x8-5*x5)/3;x3++)
            for(x2=0;x2<=(20-8*x8-5*x5-3*x3)/2;x2++)
            {
                x1=20-8*x8-5*x5-3*x3-2*x2;    /*存款期限限定条件*/

                /*判断条件*/
                result=2000.0*pow((1+0.0063*12),x1)
                    *pow((1+2*0.0066*12),x2)
                    *pow((1+3*0.0069*12),x3)
                    *pow((1+5*0.0075*12),x5)
                    *pow((1+8*0.0084*12),x8);
                /*y1,y2,y3,y5,y8 用于记录获利最多的存放方式*/
                if(result>max)
                {
                    max=result;                   /*max 变量存放当前的最大值*/
                    y1=x1;
                    y2=x2;
                    y3=x3;
                    y5=x5;
                    y8=x8;
                }
            }
/*输出结果*/
printf("获得利息最多的存款方式为: \n");
printf("8 年期限的存了%d 次\n",y8);
printf("5 年期限的存了%d 次\n",y5);
printf("3 年期限的存了%d 次\n",y3);
printf("2 年期限的存了%d 次\n",y2);
printf("1 年期限的存了%d 次\n",y1);
```

```
            printf("存款人最终的获得的本利合计：%0.2f\n",result);
    }
```

程序说明：

① pow 函数介绍。

函数原型：double pow(double x，double y)

功能：计算 x^y 的值。

该函数是一个数学函数，因此在源文件中应使用命令行：

```
#include<math.h>或#include"math.h"
```

② 类型转换问题。

将整型数据赋给单、双精度变量时，其数值不变，但需要以浮点数的形式存储到变量中。例如，将 15 赋值给 float 类型的变量 x，则会先将 15 转换成 15.00000，然后再存储在变量 x 中。如果将 15 赋值给 double 类型的变量 y，则先将 15 转换成 15.00000000000000，然后再存储在变量 y 中。

程序中加粗的代码使用了 5 次 pow()函数，其中 x1、x2、x3、x5 和 x8 中存放的都为整型值，因此，在使用 pow()函数时，会先进行类型转换，将整型值转换成 double 类型的值，再进行计算，而计算结果也为 double 类型，该结果保存在 result 变量中。而在输出 result 时，使用"%0.2f"限定只输出两位小数。

6．运行结果

在 VC 6.0 下运行程序，结果如图 2.4 所示。从输出结果中可知，获利最多的存款方式为连续存 4 次 5 年期的存款，则满 20 年所得到的本金一共为 8763.19 元。注意在程序中控制了输出结果的小数位数为两位。

图 2.4　运行结果

2.3　分　糖　果

1．问题描述

10 个小孩围成一圈分糖果，老师分给第 1 个小孩 10 块，第 2 个小孩 2 块，第 3 个小孩 8 块，第 4 个小孩 22 块，第 5 个小孩 16 块，第 6 个小孩 4 块，第 7 个小孩 10 块，第 8 个小孩 6 块，第 9 个小孩 14 块，第 10 个小孩 20 块。然后所有的小孩同时将手中的糖分一半给右边的小孩；糖块数为奇数的人可向老师要一块。问经过这样几次后大家手中的糖块数一样多吗？每人各有多少块糖？

2．问题分析

根据题意，10 个小孩开始时所拥有的糖果数是不同的，但分糖的动作却是相同的，即"所有的小孩同时将手中的糖分一半给右边的小孩；糖块数为奇数的人可向老师要一块"。

因此，这是一个典型的可使用循环结构来解决的问题。

老师开始给每个小孩分配的糖果数作为循环的初始条件，"所有的小孩同时将手中的糖分一半给右边的小孩；糖块数为奇数的人可向老师要一块。"这个重复的动作作为循环体，循环的结束条件为所有小孩手中的糖块数一样多。在循环体中，还需要判断糖块数的奇偶性，奇偶性不同，完成的操作也不相同，显然这需要使用一个选择结构来实现。

3．算法设计

在问题分析中，我们已经确定了该问题使用循环结构来解决。那么如何存放每个小孩初始时所拥有的糖果数呢？这里考虑使用数组来存放老师开始给每个小孩分配的糖果数，因为有 10 个小孩，因此定义一个长度为 10 的整型数组即可。在循环过程中，糖果每经过一次重新分配，就打印输出一次，直到最后一次打印时，10 个小孩所拥有的糖果数都相同，此时结束循环。

4．确定程序框架

（1）定义整型数组存放初始条件。

```
int sweet[10]={10,2,8,22,16,4,10,6,14,20};          /*初始化数组数据*/
```

将老师开始给每个小孩分配的糖果数存放到 sweet 数组中。

（2）循环结构实现框架。

```
while(十个孩子手中的糖果数不相同)
{
    /*将每个孩子手中的糖果分成一半*/
    for(i=0;i<10;i++)
        if(sweet[i]%2==0)                  /*若为偶数则直接分出一半*/
            t[i]=sweet[i]=sweet[i]/2;
        else                               /*若为奇数则加 1 后再分出一半*/
            t[i]=sweet[i]=(sweet[i]+1)/2;
    /*将分出的一半糖果给右边的孩子*/
    for(l=0;l<9;l++)
        sweet[l+1]=sweet[l+1]+t[l];
        sweet[0]+=t[9];
        print(sweet);                      /*输出当前每个孩子手中的糖果数*/
}
```

上面的代码在 while 循环结构中又包含了两个 for 循环。

while 循环的循环条件为"十个孩子手中的糖果数不相同"，第 1 个 for 循环用来将当前每个孩子手中的糖果分成一半，同时将分配结果保存在数组 t 中。在分配时注意区分奇偶数糖果分配方式的不同。第 2 个 for 循环用来将每个孩子手中已分好的一半的糖果给右边的孩子，由于第 1 个 for 循环中已经将每个孩子手中一半的糖果数保存在 t 数组中了，因此，可直接利用 t 数组中的值修改 sweet 数组中的对应元素值。又由于"十个小孩围成一圈分糖果"，因此，sweet[9]右边的元素为 sweet[0]。

（3）定义 judge()函数。

Judge()函数用来判断每个孩子手中的糖果数是否相同。judge()函数的参数为整型数组，它可以判断该数组中的各个元素的值是否相同，如果数组中所有元素的值都相同，则 judge()

函数返回值为 0，否则 judge()函数返回值为 1。

judge()函数代码如下：

```
/*判断每个孩子手中的糖果数是否相同*/
int judge(int c[])
{
    int i;
    for(i=0;i<10;i++)
        if(c[0]!=c[i])
            return 1;                  /*不相同返回1*/
    return 0;                          /*相同返回0*/
}
```

程序流程图如图 2.5 所示。

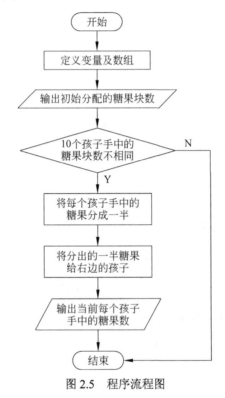

图 2.5　程序流程图

5．完整程序

根据上面的分析，编写程序如下：

```
#include<stdio.h>
void print(int s[]);
int judge(int c[]);
int j=0;                                         /*记录糖果分配次数*/
main()
{
    int sweet[10]={10,2,8,22,16,4,10,6,14,20};   /*初始化数组数据*/
    int i,t[10],l;
    printf("child 1  2  3  4  5  6  7  8  9  10\n");
    printf("……………………………………\n");
```

```
    printf("time\n");
    print(sweet);                      /*输出每个孩子手中糖果的块数*/
    while(judge(sweet))                /*若不满足要求则继续进行循环*/
    {
        /*将每个孩子手中的糖果分成一半*/
        for(i=0;i<10;i++)
            if(sweet[i]%2==0)          /*若为偶数则直接分出一半*/
                t[i]=sweet[i]=sweet[i]/2;
            else                       /*若为奇数则加 1 后再分出一半*/
                t[i]=sweet[i]=(sweet[i]+1)/2;
        /*将分出的一半糖果给右边的孩子*/
    for(l=0;l<9;l++)
            sweet[l+1]=sweet[l+1]+t[l];
        sweet[0]+=t[9];
        print(sweet);                  /*输出当前每个孩子手中的糖果数*/
    }
}
/*判断每个孩子手中的糖果数是否相同*/
int judge(int c[])
{
    int i;
    for(i=0;i<10;i++)
        if(c[0]!=c[i])
            return 1;                  /*不相同返回 1*/
    return 0;                          /*相同返回 0*/
}
/*输出数组中每个元素的值*/
void print(int s[])
{
    int k;
    printf(" %2d ",j++);
    for(k=0;k<10;k++)
        printf("%4d",s[k]);
    printf("\n");
}
```

6. 运行结果

在 VC 6.0 下运行程序，结果如图 2.6 所示。从输出结果可知，经过 17 次分糖过程后 10 个孩子手中的糖果数相等，都为 18 块。

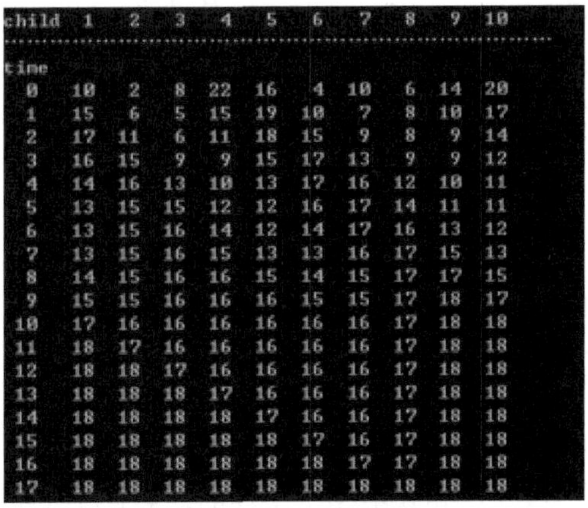

```
child  1   2   3   4   5   6   7   8   9  10
------------------------------------------------
time
  0   10   2   8  22  16   4  10   6  14  20
  1   15   6   5  15  19  10   7   8  10  17
  2   17  11   6  11  18  15   9   8   9  14
  3   16  15   9   9  15  17  13   9   9  12
  4   14  16  13  10  13  17  16  12  10  11
  5   13  15  15  12  12  16  17  14  11  11
  6   13  15  16  14  12  14  17  16  13  12
  7   13  15  16  15  13  13  16  17  15  13
  8   14  15  16  16  15  14  15  17  17  15
  9   15  15  16  16  16  15  15  17  18  17
 10   17  16  16  16  16  16  16  17  18  18
 11   18  17  16  16  16  16  16  17  18  18
 12   18  18  17  16  16  16  16  17  18  18
 13   18  18  18  17  16  16  16  17  18  18
 14   18  18  18  18  17  16  16  17  18  18
 15   18  18  18  18  18  17  16  17  18  18
 16   18  18  18  18  18  18  17  17  18  18
 17   18  18  18  18  18  18  18  18  18  18
```

图 2.6　运行结果

7．问题拓展

该程序中 judge()函数的形式参数是一个整型数组，即使用了数组名作为函数的参数。

当使用数组名作为函数参数的时候，如果形参数组中各个元素的值发生了变化，则对应的实参数组中元素的值也会相应地发生变化。这是什么原因呢？

因为用数组名作为函数参数时，调用函数时传递进来的实参数组的数组名，代表的是该实参数组首元素的地址，而函数中的形参数组是用来接收从实参传递过来的数组的首元素的地址。因此，形参实际上是一个指针变量，而 C 语言中也正是将形参数组名作为一个指针变量来编译处理的。

本程序中 judge()函数的形参形式如下：

```
int judge(int c[])
```

而 C 语言编译器在编译时是将 c 数组按照指针变量进行处理的，则上面语句等价于：

```
int judge(int *c)
```

这样，在 main 中调用 judge()函数时系统就会建立一个整型的指针变量 c，用来存放从 main 函数中传递过来的实参数组 sweet 的首元素地址。

需要读者注意的是，实参数组名代表了一个固定的地址，而形参数组并不是一个固定的地址值。在函数调用开始时，它的值就是实参数组的首地址，但是当函数执行的时候，它的值是有可能发生变化的，即它在函数执行过程中可以再被赋值。

使用指针变量做形参的 judge()函数代码如下：

```
/*判断每个孩子手中的糖果数是否相同*/
int judge(int *c)
{
    int i;
    for(i=0;i<10;i++)
        if(*c!=*(c+i))
            return 1;                /*不相同返回 1*/
    return 0;                        /*相同返回 0*/
}
```

注意上面代码中加粗的部分。当指针 c 接收了实参数组 sweet 的首元素地址时，c 就指向了 sweet 数组的首元素，即 sweet[0]，则*c 的值就是 sweet[0]的值。而 c+1 就指向了 sweet[1]，c+2 就指向了 sweet[2]，依次类推，c+i 就指向了 sweet[i]，那么*(c+1)、*(c+2)和*(c+i)就分别是数组元素 sweet[1]、sweet[2]和 sweet[i]的值。这样就通过调用 judge()函数改变了实参数组 sweet 中数组元素的值。

2.4 三色球问题

1．问题描述

一个口袋中放有 12 个球，已知其中 3 个是红的，3 个是白的，6 个是黑的，现从中任取 8 个，问共有多少种可能的颜色搭配？

2．问题分析

根据问题描述可设任取的 8 个球中红球为 m 个，白球为 n 个，则黑球为 $8-m-n$ 个。又已知 12 个球中有 3 个红球，3 个白球，6 个黑球，因此，m 的取值范围为[0,3]，n 的取值范围因此为[0,3]，黑球的个数小于等于 6，即 $8-m-n \leqslant 6$。

3．算法设计

由上述分析可知，红、白、黑三种颜色球的个数的取值范围已经确定了，现在要求的是所有可能的颜色搭配情况，因此，可以使用循环结构检测 m、n 范围内的所有可能取值，再代入 $8-m-n \leqslant 6$ 中进行验证，能够满足条件 $8-m-n \leqslant 6$ 的那些 m、n 和 $8-m-n$ 的组合即为问题的解。

4．确定程序框架

程序流程图如图 2.7 所示。

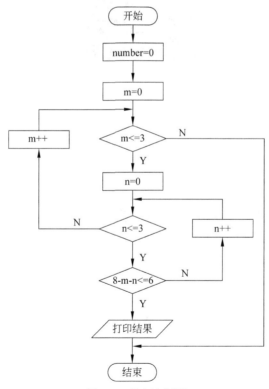

图 2.7　程序流程图

5．完整程序

根据上面的分析，编写程序如下：

```
#include<stdio.h>
main()
```

```
{
    int m,n,number=0;
    printf("     红球  白球  黑球\n");
    printf("....................\n");
    for(m=0;m<=3;m++)                /*变量m控制红球的个数*/
        for(n=0;n<=3;n++)            /*变量n控制白球的个数*/
            if(8-m-n<=6)
                printf(" %2d:   %d    %d    %d\n",++number,m,n,8-m-n);
}
```

6. 运行结果

在 VC 6.0 下运行程序，结果如图 2.8 所示。从输出结果可知，取出的 8 个球中，红、白、黑三色球可能的颜色搭配共有 13 种。

图 2.8 运行结果

2.5 出售金鱼

1. 问题描述

小明将养的一缸金鱼分 5 次出售：第 1 次卖出全部的一半加 1/2 条；第 2 次卖出余下的三分之一加 1/3 条；第 3 次卖出余下的四分之一加 1/4 条；第 4 次卖出余下的五分之一加 1/5 条；最后卖出余下的 11 条。试编程求出原来鱼缸中共有多少条鱼。

2. 问题分析

依题意可知，金鱼是分 5 次出售的，每次卖出的方式都相同，因此可以用表达式将每次卖鱼后剩下的条数计算出来。

由：

第 1 次卖出全部的一半加 1/2 条；

第 2 次卖出余下的三分之一加 1/3 条；

第 3 次卖出余下的四分之一加 1/4 条；

第 4 次卖出余下的五分之一加 1/5 条；

可推出：

第 j 次卖出余下的 $(j+1)$ 分之一加 $1/(j+1)$ 条。

假设第 j 次卖鱼前金鱼总数为 x，则第 j 次卖鱼后鱼缸中还剩下金鱼的条数为：

$$x-（x+1）/（j+1）$$

又由于"最后卖出余下的 11 条",因此第 4 次卖鱼后鱼缸中剩下的金鱼条数为 11 条。
因为金鱼只能整条进行出售,因此 $x+1$ 必然能够整除 $j+1$。

可以从 23 开始试探 x 的取值,由于 x 值必为奇数,因此步长取 2。

3. 确定程序框架

程序流程图如图 2.9 所示。

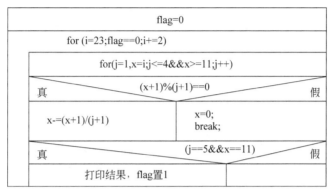

图 2.9　程序流程图

4. 完整程序

根据上面的分析,编写程序如下:

```c
#include<stdio.h>
main()
{
    int i,j,x,flag=0;                      /*flag 作为控制标志*/
    /*从 23 开始试探,步长为 2*/
    for(i=23;flag==0;i+=2)
    {
        for(j=1,x=i;j<=4&&x>=11;j++)
            if((x+1)%(j+1)==0)             /*判断 x+1 是否能整除 j+1*/
                x-=(x+1)/(j+1);
            else
            {
                x=0;
                break;
            }
        if(j==5&&x==11)
        {
            printf("原来鱼缸中共有%d 条金鱼。\n",i);
            flag=1;                        /*求出结果,flag 置 1,退出试探*/
        }
    }
}
```

5. 运行结果

在 VC 6.0 下运行程序,结果如图 2.10 所示。由输出结果
可知,原来鱼缸中共有 59 条金鱼。

原来鱼缸中共有59条金鱼。

图 2.10　运行结果

2.6 求 车 速

1. 问题描述

一辆以固定速度行驶的汽车，司机在上午 10 点看到里程表上的读数是一个对称数（即这个数从左向右读和从右向左读是完全一样的），为 95859。两小时后里程表上出现了一个新的对称数，该数仍为五位数。问该车的速度是多少？新的对称数是多少？

2. 问题分析

根据题意，司机在上午 10 点看到里程表上的读数是一个对称数 95859，两小时后里程表上出现的新的对称数必然大于 95859。因此，假设所求对称数为 i，并设其初值为 95860，即从 95860 开始检测，使 i 的取值依次递增。

对于 i 的每一次取值都将其进行分解，然后对称位置上的数字进行比较，即第一位和第五位比较，第二位和第四位比较。如果每个处于对称位置上的数都是相等的，则可以判断出当前的 i 中所存放的五位数即为里程表上新出现的对称数。

3. 算法设计

根据问题分析可知，i 需要从 95860 开始试探，因此显然需要使用循环结构。循环体中完成分解五位数并保存、再检测是否为对称数的功能。

根据问题分析可知，需要对一个五位数进行分解并保存，因此可以使用数组来保存分解后生成的五个数字。这样，在进行对称位置上的数字比较时，实际上进行的是指定下标的数组元素的比较。

4. 确定程序框架

由上述分析可知，该程序的主体是一个循环结构。

（1）循环试探

使用 for 语句进行循环试探，代码如下：

```
/*以 95860 为初值,循环试探*/
for(i=95860;;i++)
{
    ...
}
```

上面代码中 for 语句的循环条件为空。为避免死循环，循环结构中一定要有能退出循环的条件，实际上该程序是在 for 语句的循环体中指定退出循环条件的。

（2）分解五位数并保存

对当前变量 i 中存放的 5 位数进行分解，并将结果保存在数组 a 中。第 1 次分解出"万"位上的数字，存放在数组元素 a[0] 中；第 2 次分解出"千"位上的数字，存放在数组元素 a[1] 中；接着依次分解出"百"、"十"、"个"位上的数字，分别存放在数组元素 a[2]、a[3]

和 a[4]中。

```
/*从高到低分解当前 i 中保存的五位数,并顺次存放在数组元素 a[0]~a[4]中*/
for(t=0,k=100000;k>=10;t++)
{
    a[t]=(i%k)/(k/10);                /*保存分解后的数字*/
    k/=10;
}
```

（3）判断是否为对称数

分解出的 5 个数字按照从低位到高位的顺序分别保存在数组元素 a[0]~ a[4]中。因此，判断该 5 位数是否为对称数的条件为：a[0]= =a[4])&&(a[1]= =a[3]是否成立。

```
if((a[0]==a[4])&&(a[1]==a[3]))
{
    当前的五位数是对称数
    输出结果
    break;                        /*跳出循环*/
}
```

上面的 if 语句中使用了 break 语句来跳出循环试探过程，即一旦找到一个对称的五位数，则立即跳出循环，这样保证了经过有限次循环后程序可以正常结束。

程序流程图如图 2.11 所示。

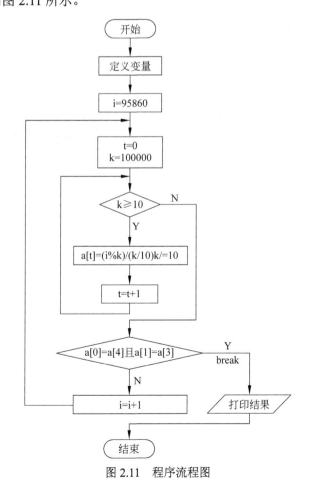

图 2.11 程序流程图

5．完整程序

根据上面的分析，编写程序如下：

```c
#include<stdio.h>
int main()
{
    int t,a[5];                          /*数组 a 存放分解后的 5 个数字*/
    long int k,i;
    /*以 95860 为初值，循环试探*/
    for(i=95860;;i++)
    {
        /*从高到低分解当前 i 中保存的五位数,并顺次存放在数组元素 a[0]~a[4]中*/
        for(t=0,k=100000;k>=10;t++)
        {
            a[t]=(i%k)/(k/10);           /*保存分解后的数字*/
            k/=10;
        }
        if((a[0]==a[4])&&(a[1]==a[3]))
        {
            printf("里程表上出现的新的对称数为:%d%d%d%d%d\n",
                a[0],a[1],a[2],a[3],a[4]);
            printf("该车的速度为：%.2f\n",(i-95859)/2.0);
            break;                       /*跳出循环*/
        }
    }
}
```

6．运行结果

在 VC 6.0 下运行程序，结果如图 2.12 所示。由输出结果可知，两小时后里程表上出现的新的对称数为 95959，该车的速度为 50.00，程序在输出速度时保留了两位小数。

图 2.12　运行结果

7．问题拓展

该程序的主体是一个循环结构，使用了 for 语句进行循环试探，i 是循环变量，初值为 95860，代码如下：

```c
/*以 95860 为初值，循环试探*/
for(i=95860;;i++)
{
    …
}
```

也可以使用 while 循环结构来替代上面的 for 循环，在进入 while 循环前要先设置 i 的初值为 95860，while 循环的条件为永真，因此，在循环体中要有退出循环的条件。代码如下：

```c
i=95860;
while(1)
{
```

```
/*从高到低分解当前 i 中保存的五位数,并顺次存放在数组元素 a[0]~a[4]中*/
for(t=0,k=100000;k>=10;t++)
{
    a[t]=(i%k)/(k/10);                 /*保存分解后的数字*/
    k/=10;
}
if((a[0]==a[4])&&(a[1]==a[3]))
{
    printf("里程表上出现的新的对称数为:%d%d%d%d%d\n",
        a[0],a[1],a[2],a[3],a[4]);
    printf("该车的速度为: %.2f\n",(i-95859)/2.0);
    break;                              /*跳出 while 循环*/
}
}
```

从上面代码可以看到,除了将 for 循环改为 while 循环以外,循环体中的语句没有变化,当找到新的对称数以后,就可以使用 break 语句跳出 while 循环了。

2.7　爱因斯坦的数学题

1. 问题描述

爱因斯坦出了一道这样的数学题:有一条长阶梯,若每步跨 2 阶,则最后剩一阶,若每步跨 3 阶,则最后剩 2 阶,若每步跨 5 阶,则最后剩 4 阶,若每步跨 6 阶则最后剩 5 阶。只有每次跨 7 阶,最后才正好一阶不剩。请问在 1~N 内,有多少个数能满足?

2. 问题分析

根据题意,用变量 x 表示阶梯数,则阶梯数 x 应该满足:

❑ 若每步跨 2 阶,则最后剩 1 阶　　--　　$x\%2=1$
❑ 若每步跨 3 阶,则最后剩 2 阶　　--　　$x\%3=2$
❑ 若每步跨 5 阶,则最后剩 4 阶　　--　　$x\%5=4$
❑ 若每步跨 6 阶,则最后剩 5 阶　　--　　$x\%6=5$
❑ 若每步跨 7 阶,最后才正好一阶不剩 --　　$x\%7=0$

因此,阶梯数应该同时满足上面的所有条件。

3. 算法设计

该问题要求输入 N 值,求解出在 1-N 的范围内存在多少个满足要求的阶梯数。在算法设计中,我们使用 while 循环以允许重复读入多个 N 值,直到遇到文件结束符 EOF 才结束输入。

对每一次读入的 N 值,都要判断在 1-N 的范围内存在的满足要求的阶梯数个数。判断时可采用 for 循环,循环变量设为 i,由题意,i 的初值从 7 开始取即可,for 循环的循环条件为 $i<N$。for 语句的循环体中使用问题分析中列出的 5 个条件来检验每一个 i 值,能够满足所有 5 个条件的 i 值即为所求的阶梯数。

4．确定程序框架

由上述分析可知，该程序的主体是一个循环结构。

（1）输入 n 值。

```
while(scanf("%ld",&n)!=EOF)
{
    ...
}
```

（2）找到满足要求的阶梯数。

```
for(i=7;i<=n;i++)
{
    /*判断条件*/
}
```

使用 for 循环检查每一个 i 值是否满足判断条件。

程序流程图如图 2.13 所示。

5．完整程序

根据上面的分析，编写程序如下：

```
#include<stdio.h>
main()
{
    long n,sum,i;
    while(scanf("%ld",&n)!=EOF)        /*输入 n 值,若 n 不是文件结束符则执行循环体*/
    {
        printf("在 1-%ld 之间的阶梯数为：\n",n);
        sum=0;
        for(i=7;i<=n;i++)
            /*阶梯数所满足的条件*/
            if(i%7==0)
                if(i%6==5)
                    if(i%5==4)
                        if(i%3==2)
                        {
                            sum++;   /*sum 记录 1-n 之间的满足条件的阶梯个数*/
                            printf("%ld\n",i);
                        }
        printf("在 1-%ld 之间,有%ld 个数可以满足爱因斯坦对阶梯的要求。\n",n,sum);
    }
}
```

6．运行结果

在 VC 6.0 下运行程序，结果如图 2.14 所示。由输出结果可知，在 1～200 之间满足条件的阶梯数只有 1 个，即 119；在 1～400 之间满足条件的阶梯数有 2 个，为 119 和 329；在 1～600 之间满足条件的阶梯数有 3 个，为 119、329 和 539。

文件结束符 EOF 的 ASCII 码是 0x1A，在 Windows 下用键盘输入 EOF 使用 Ctrl+Z 键，在 Linux 下则使用 Ctrl+D 键。结束输入后，按下 Ctrl+Z 键则退出程序。

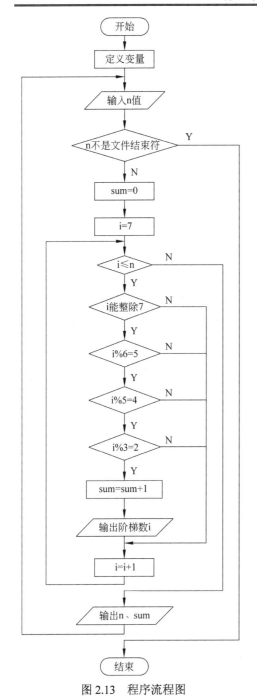

图 2.13 程序流程图

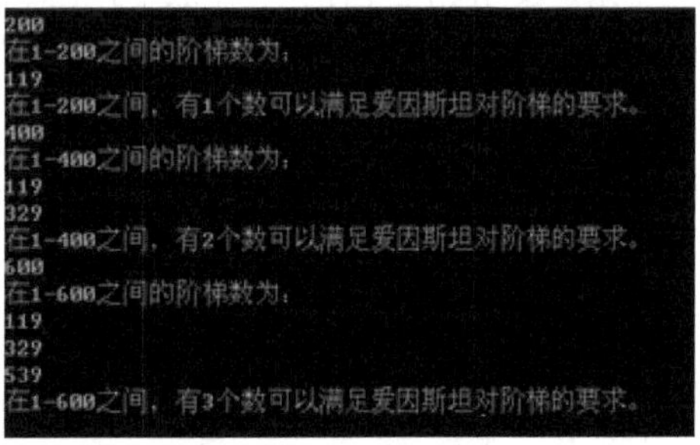

图 2.14 运行结果

2.8 猜 牌 术

1. 问题描述

魔术师利用一副牌中的 13 张黑桃，预先将它们排好后叠在一起，并使牌面朝下。然后他对观众说：我不看牌，只要数数就可以猜到每张牌是什么，我大声数数，你们听，不信？你们就看，魔术师将最上面的那张牌数为 1，把它翻过来正好是黑桃 A，他将黑桃 A 放在桌子上，然后按顺序从上到下数手中的余牌，第二次数 1、2，将第一张牌放在这迭牌的下面，将第二张牌翻过来，正好是黑桃 2，也将它放在桌子上，第三次数 1、2、3，将前面两张依次放在这迭牌的下面，再翻第三张牌正好是黑桃 3，这样依次进行，将 13 张牌全部翻出来，准确无误。问魔术师手中的牌原始次序是怎样安排的？

2．问题分析

先根据题目描述来分析题意。题目中描述的内容比较多，但已经将魔术师出牌的过程描述的很清楚了。

假设桌子上有 13 个空盒子排成一圈，设定其中一个盒子序号为 1，将黑桃 A 放入 1 号盒子中，接着从下一个空盒子开始重新计数，当数到第 2 个空盒子时，将黑桃 2 放入其中。然后再从下一个空盒子开始重新计数，数到第 3 个空盒子时，将黑桃 3 放入其中，这样依次进行下去，直到将 13 张牌全部放入空盒子中为止。需要注意的是，在计数过程中要跳过那些已放入牌的盒子，而只对空盒子计数。最后牌在盒子中的顺序，就是魔术师手中牌的顺序。

3．算法分析

根据问题分析，使用循环结构来实现程序。使用程序将分析过程模拟出来，就可以计算出魔术师手中牌的原始次序。由于有 13 张牌，因此显然要循环 13 次，每次循环时找到与牌序号对应的那个空盒子，因此循环体完成的功能就是找到对应的空盒子将牌存入。

4．确定程序框架

先定义数组 a[14]用于存放 13 张牌，即相当于问题分析中假定的盒子。

定义变量 *i*、*j* 和 *n*，其中 *i* 表示牌的序号，*j* 表示数组的下标（盒子的序号），*n* 用来记录当前的空盒序号，初值为 1。

程序的主体结构为 for 循环语句，在 for 循环中实现将 13 张牌放入数组 a 的功能。

（1）程序主框架如下：

```
for(i=1;i<=13;i++)          /*外循环 13 次，每次将一张牌放入空盒中*/
{
    n=1;
    /*内循环找到空盒，将 i 号牌放入*/
    do
        {
            /*如果盒子非空，继续找下一个盒子*/
            /*如果盒子为空，判断盒子序号与牌的序号是否相同，相同则存入，不同则继续找*/
        }while(找到空盒，将 i 放入);
}
```

（2）将 i 号牌放入空盒。

该功能使用 do-while 结构实现，代码如下：

```
do
{
    if(j>13)
        j=1;
    if(a[j])                    /*盒子非空，跳过该盒子*/
        j++;
    else                        /*盒子为空*/
    {
        if(n==i)                /*判断该盒子是否为第 i 个空盒*/
            a[j]=i;             /*是则将 i 存入*/
        j++;
        n++;
    }
}while(n<=i);
```

程序流程图如图 2.15 所示。

5. 完整程序

根据上面的分析，编写程序如下：

```
#include<stdio.h>
int a[14];
main()
{
    int i,j=1,n;
    printf("魔术师手中的牌原始次序是:\n");
    for(i=1;i<=13;i++)
    {
        n=1;                            /*每次都从一个空盒开始重新计数*/
        do
        {
            if(j>13)
                j=1;
            if(a[j])                    /*盒子非空，跳过该盒子*/
                j++;
            else                        /*盒子为空*/
            {
                if(n==i)                /*判断该盒子是否为第 i 个空盒*/
                    a[j]=i;             /*如是，则将 i 存入*/
                j++;
                n++;
            }
        }while(n<=i);
    }
    for(i=1;i<=13;i++)
        printf("%d ",a[i]);
    printf("\n");
}
```

6. 运行结果

在 VC 6.0 下运行程序，结果如图 2.16 所示。由输出结果可知，魔术师手中的牌的原始次序是：

```
1 8 2 5 10 3 12 11 9 4 7 6 13。
```

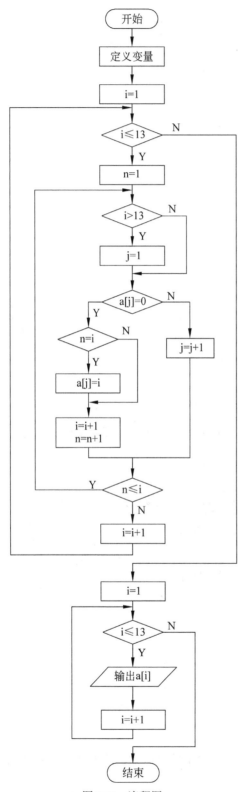

图 2.15　流程图

图 2.16　运行结果

2.9 舍罕王的失算

1. 问题描述

相传国际象棋是古印度舍罕王的宰相达依尔发明的。舍罕王十分喜爱象棋,决定让宰相自己选择何种赏赐。这位聪明的宰相指着 8×8 共 64 格的象棋棋盘说:陛下,请您赏给我一些麦子吧。就在棋盘的第 1 格中放 1 粒,第 2 格放 2 粒,第 3 格放 4 粒,以后每一格都比前一格增加一倍,依此放完棋盘上 64 格,我就感激不尽了。舍罕王让人扛来一袋麦子,他要兑现他的许诺。请编程求出国王总共需要将多少麦子赏赐给他的宰相。

2. 问题分析

该问题描述比较复杂,但只要抽象出其数学模型,便很容易解决了。

根据题意,麦子的放法是:在棋盘的第 1 格中放 1 粒,第 2 格放 2 粒,第 3 格放 4 粒,以后每一格都比前一格增加一倍,依次放完棋盘上 64 格。

由此可推知,按照如此放法可得到的麦子的总数为:

$$1+2+4+8+16+32+\cdots+2^{63}=\sum_{i=1}^{64}2^{i-1}$$

这样,就从问题描述中抽象出了数学模型,据此模型就可以完成算法设计和程序的编写了。

3. 算法设计

在问题分析中已经将所需麦子的总数抽象为数学公式 $\sum_{i=1}^{64}2^{i-1}$,现在只要考虑如何设计算法实现累加和即可。显然,可采用循环结构,每循环一次就实现一次累加,总共循环 64 次可获得累加和。

4. 确定程序框架

程序流程图如图 2.17 所示。

5. 完整程序

根据上面的分析,编写程序如下:

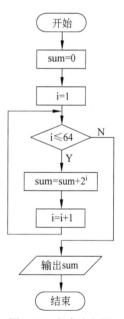

图 2.17 程序流程图

```c
#include<stdio.h>
#include<math.h>
main()
{
    double sum = 0;                    /*定义double型变量sum存放累加和*/
    int i;
    /*使用循环求累加和*/
    for(i=1;i<=64;i++)
        sum=sum+pow(2,i-1);
```

```
    printf("国王总共需要赏赐给宰相的麦子数为：\n%f\n",sum);        /*打印结果*/
}
```

6．运行结果

在 VC 6.0 下运行程序，结果如图 2.18 所示。由输出结果可知，国王总共需要赏赐给宰相的麦子数为：18446744073709552000.000000。

图 2.18　运行结果

7．问题拓展

该问题看似复杂，但是进行了数学抽象后就很容易编程实现了。这里需要注意的是 double 型变量的使用。下面我们对实型变量的使用做一下总结。

（1）实型数据在内存中的存储形式

实型数据在内存中是按照指数形式存储的。实型数据被分为小数部分和整数部分，分别存放。其中小数部分是采用规范化的指数方式来表示的。

在计算机中是采用二进制数来表示实型数据的小数部分并用 2 的幂次来表示指数部分的。对于一个 4 个字节的实型变量来说，使用其中的多少位来表示小数部分，多少位表示指数部分，在标准 C 中并没有具体的规定，而是由各个 C 的编译系统来确定的。但可以确定的是，实型变量中小数部分占的位数越多，即数的有效数字越多，则数的精度就越高，而指数部分占的有效位数越多，数能表示的范围就越大。

（2）实型变量的分类

C 语言中的实型变量分为单精度（即 float 型），双精度（即 double 型）和长双精度，即 long double 这 3 种类型。对这 3 种类型的说明如表 2.1 所示。

表 2.1　实型数据类型

类型	字节数	位数	有效数字	数值范围
float	4	32	6-7	$-3.4\times10^{-38}\sim3.4\times10^{38}$
double	8	64	15-16	$-1.7\times10^{-308}\sim1.7\times10^{308}$
long double	16	128	18-19	$-1.2\times10^{-4932}\sim1.2\times10^{4932}$

2.10　马克思手稿中的数学题

1．问题描述

马克思手稿中有一道趣味数学问题：有 30 个人，其中有男人、女人和小孩，他们在同一家饭馆吃饭，总共花了 50 先令。已知每个男人吃饭需要花 3 先令，每个女人吃饭需要花 2 先令，每个小孩吃饭需要花 1 先令，请编程求出男人、女人和小孩各有几人。

2．问题分析

根据该问题的描述，可将该问题抽象为一个不定方程组。

设变量 x、y 和 z 分别代表男人、女人和小孩，则由题目的要求，可得到如下的方程组：

$$\begin{cases} x+y+z=30 & ① \\ 3x+2y+z=50 & ② \end{cases}$$

其中方程①表示男人、女人和小孩加起来总共有 30 个人。方程②表示 30 个人吃饭总共花了 50 先令。

用方程②-方程①，可得：

$$2x+y=20 \qquad ③$$

由方程③可知，x 取值范围为[0,10]。

3．算法设计

在问题分析中，我们抽象出了一个不定方程组，显然得到了不定方程组的解，该问题也就解决了。但不定方程组中包含了 x、y、z 这 3 个变量，而方程只有两个，因此不能直接求出 x、y、z 的值。

而由方程③，我们得到了 x 的取值范围，因此可将 x 的有效取值依次代入不定方程组中（即方程①、②和③）中，能使 3 个方程同时成立的解即为该问题的解。为实现该功能，只需使用一个 for 循环语句即可。

4．确定程序框架

不定方程组的求解过程代码如下：

```
for(x=0;x<=10;x++)
    {
        y=20-2*x;                    /*方程③，当 x 一定时，可确定 y*/
        z=30-x-y;                    /*方程①，当 x、y 一定时，可确定 z*/
        if(3*x+2*y+z==50)
                    /*代入方程②检验，当前获得的 x、y、z 是否为不定方程组的一组解*/
            printf("%2d:%4d%5d%6d\n",++number,x,y,z);
    }
```

上面代码中对于 for 循环中每个给定的 x 值，可先通过方程③确定 y 值。再将当前确定的 x 和 y 值代入方程①中确定 z 值。此时，变量 x、y、z 都有确定的值了，但它们的值的组合不一定是不定方程组的解，还需要代入方程②中进行验证，只有同时满足方程①、②、③的解才是不定方程组的解。

程序流程图如图 2.19 所示。

5．完整程序

根据上面的分析，编写程序如下：

```
#include<stdio.h>
main()
{
    int x,y,z,number=0;
    printf("    Men Women Children\n");
    /*将变量 x 的可能取值依次代入方程组*/
    for(x=0;x<=10;x++)
        {
```

```
        y=20-2*x;                    /*方程③，当 x 一定时，可确定 y*/
        z=30-x-y;                    /*方程①，当 x、y 一定时，可确定 z*/
        if(3*x+2*y+z==50)
                    /*代入方程②检验，当前获得的 x、y、z 是否为不定方程组的一组解*/
            printf("%2d:%4d%5d%6d\n",++number,x,y,z);
    }
}
```

6. 运行结果

在 VC 6.0 下运行程序，结果如图 2.20 所示。由输出结果可知，该不定方程组的解共有 11 组，即男人、女人和小孩的可能组合共有 11 种情况。

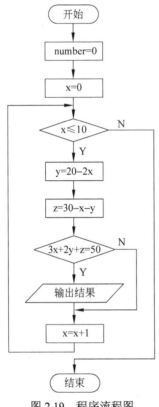

图 2.19 程序流程图

```
    Men Women Children
1:    0    20      10
2:    1    18      11
3:    2    16      12
4:    3    14      13
5:    4    12      14
6:    5    10      15
7:    6     8      16
8:    7     6      17
9:    8     4      18
10:   9     2      19
11:  10     0      20
```

图 2.20 运行结果

2.11 换 分 币

1. 问题描述

将 5 元的人民币兑换成 1 元、5 角和 1 角的硬币，共有多少种不同的兑换方法。

2. 问题分析

根据该问题的描述，可将该问题抽象为一个不定方程。

设变量 x、y 和 z 分别代表兑换的 1 元、5 角和 1 角的硬币所具有的钱数（角），则由题目的要求，可得到如下的方程：

$$x+y+z=50$$

其中，x 为兑换的 1 元硬币钱数，其可能的取值为{0,10,20,30,40,50}，y 为兑换的 5 角硬币钱数，其可能的取值为{0,5,10,15,20,25,30,35,40,,45,50}，z 为兑换的 1 角硬币钱数，其可能的取值为{0,1,...50}。

3. 算法设计

在问题分析中，我们得到了一个不定方程，显然该不定方程会有多组解。根据题意可知 x、y 和 z 的可能取值，将它们所有可能取值的组合代入方程中，能使该方程成立的那些解即为该问题的解。

为实现该功能，需要使用 3 个嵌套的 for 循环语句。

4. 程序框架

该程序流程图如图 2.21 所示。

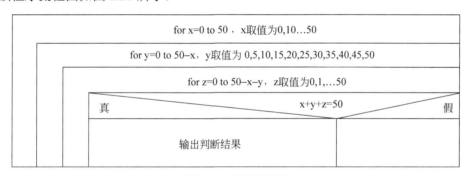

图 2.21　程序流程图

5. 完整程序

根据上面的分析，编写程序如下：

```
#include<stdio.h>
main()
{
    int x,y,z,count=1;
    printf("可能的兑换方法如下：\n");
    for(x=0;x<=50;x+=10)              /*x 为 1 元硬币钱数,其取值为 0,10,20,30,40,50*/
        for(y=0;y<=50-x;y+=5)
            /*y 为 5 角硬币钱数,其取值为 0, 5, 10, 15, 20, 25, 30, 35, 40, 45, 50*/
            for(z=0;z<=50-x-y;z++)
            /*z 为 1 角硬币钱数,其取值为 0, 1, ...50*/
                if(x+y+z==50)
                    printf(count%3?"%d: 10*%d+5*%d+1*%d\t":"%d:
                    10*%d+5*%d+1*%d\n",count++,x/10,y/5,z);
}
```

6．运行结果

在 VC 6.0 下运行程序，结果如图 2.22 所示。由输出结果可知，可能的兑换方法有 36 种。

```
可能的兑换方法如下:
1: 10*0+5*0+1*50      2: 10*0+5*1+1*45      3:10*0+5*2+1*40
4: 10*0+5*3+1*35      5: 10*0+5*4+1*30      6:10*0+5*5+1*25
7: 10*0+5*6+1*20      8: 10*0+5*7+1*15      9:10*0+5*8+1*10
10: 10*0+5*9+1*5      11: 10*0+5*10+1*0     12:10*1+5*0+1*40
13: 10*1+5*1+1*35     14: 10*1+5*2+1*30     15:10*1+5*3+1*25
16: 10*1+5*4+1*20     17: 10*1+5*5+1*15     18:10*1+5*6+1*10
19: 10*1+5*7+1*5      20: 10*1+5*8+1*0      21:10*2+5*0+1*30
22: 10*2+5*1+1*25     23: 10*2+5*2+1*20     24:10*2+5*3+1*15
25: 10*2+5*4+1*10     26: 10*2+5*5+1*5      27:10*2+5*6+1*0
28: 10*3+5*0+1*20     29: 10*3+5*1+1*15     30:10*3+5*2+1*10
31: 10*3+5*3+1*5      32: 10*3+5*4+1*0      33:10*4+5*0+1*10
34: 10*4+5*1+1*5      35: 10*4+5*2+1*0      36:10*5+5*0+1*0
```

图 2.22　运行结果

第3章 "各种"趣味整数

整数通常是程序设计语言的一种基础形态，例如 Java 及 C 编程语言的 int 类型。整数问题是实际应用中遇到的一类问题。整型数据从所占内存大小可分为基本整型（int）、长整型（long int）和短整型（short int），根据数据满足的某些性质又可将其分为"完全数"、"水仙花数"、"亲密数"等。整数问题中经常用到的是对数据的拆分、组合，初学者一定要从实例中总结方法并掌握。本章主要通过对各类整数问题的算法进行讲解，以培养读者的编程思维方式与编程技巧。本章主要内容如下：

- ❑ 完数；
- ❑ 亲密数；
- ❑ 自守数；
- ❑ 回文数；
- ❑ 水仙花数；
- ❑ 阿姆斯特朗数；
- ❑ 高次方数；
- ❑ 黑洞数；
- ❑ 沟股数；
- ❑ 不重复的 3 位数。

3.1 完　　数

1．问题描述

求某一范围内完数的个数。

如果一个数等于它的因子之和，则称该数为"完数"（或"完全数"）。例如，6 的因子为 1，2，3，而 6=1+2+3，因此 6 是"完数"。

2．问题分析

根据完数的定义，解决本题的关键是计算出所选取的整数 i（i 的取值范围不固定）的因子（因子就是所有可以整除这个数的数），将各因子累加到变量 s（记录所有因子之和），若 s 等于 i，则可确认 i 为完数，反之则不是完数。

3．算法设计

对于这类求某一范围（由于本题范围不固定，在编程过程中采用键盘输入的方式）内满足条件的数时，一般采用遍历的方式，对给定范围内的数值一个一个地去判断是否满足条件，这一过程可利用循环来实现。

本题的关键是求出选取数值 *i* 的因子，即从 1 到 *i*-1 范围内能整除 *i* 的数，看某一个数 *j* 是不是 *i* 的因子，可利用语句 if(i%j==0)进行判断，求某一个数的所有因子，需要在 1 到 *i*-1 范围内进行遍历，同样采用循环实现。因此，本题从整体上看可利用两层循环来实现。外层循环控制该数的范围 2～*n*；内层循环 *j* 控制除数的范围为 1～*i*，通过 *i* 对 *j* 取余，是否等于 0，找到该数的各个因子，程序段如下：

```
for(i=2;i<=n;i++)
  {
  ...
  for(j=1;j<i;j++)
    {
    ...
    }
  if(s==i)
  输出当前 i 是完数
}
```

对于某个选定的数，将求得的各因子累加到变量 *s*（累加过程中用到 *s* 的初值，所以 *s* 初值为 0）之后，*s* 的值发生改变，若直接将下一个选定数的因子加到 *s* 上，得到的值并非所求（此时 *s* 的初值不是 0 而是上一个选定数的因子之和）。因此每次判断下一个选定数之前，必须将变量 *s* 的值重新置为 0，编程过程中一定要注意变量 *s* 重新置 0 的位置，语句放的位置不正确得到的结果也不是正确结果。

注意：C 语言中的整数问题，经常涉及判断两数是否相等或某变量（或表达式）是否满足某一条件的情况，对于这类问题，初学者经常会存在对赋值符号"="与等于号"=="混淆的问题。

赋值符号"="：基本的赋值运算符是"="。它的优先级别低于其他的运算符，所以对该运算符往往最后读取。它的作用是将一个表达式的值赋给一个（左值）变量，左值必须能够被修改，不能是常量。如 while(i=10)……此表达式的作用是将右值"10"赋给左值 *i*，每次判断 *i* 的值都为 10，所以表达式的值为非 0，即判定条件为真，导致程序进入死循环。

等于号"=="：是关系运算符的一种，结果只有两种"真"或"假"。作用是用来判断等号"=="两边参与运算的值是否相等，若相等，则返回"真"，否则返回"假"。如 while(i==10)……这里的表达式作用是判断变量 *i* 的值是否等于 10，若相等，则表达式的值为真，如不相等则为假，当表达式为真时，程序继续执行循环体语句，否则结束循环。

4．确定程序框架

程序流程图如图 3.1 所示。

5．完整程序

```
#include<stdio.h>
main()
{
  int i,j,s,n;          /*变量 i 控制选定数范围，j 控制除数范围，s 记录累加因子之和*/
  printf("请输入所选范围上限：");
  scanf("%d",&n);              /* n 的值由键盘输入*/
```

```
for(i=2;i<=n;i++)
{
 s=0;                          /*保证每次循环时 s 的初值为 0*/
 for(j=1;j<i;j++)
 {
  if(i%j==0)                   /*判断 j 是否为 i 的因子*/
   s+=j;
 }
 if(s==i)                      /*判断因子之和是否和原数相等*/
  printf("It's a perfect number:%d.\n",i);
}
```

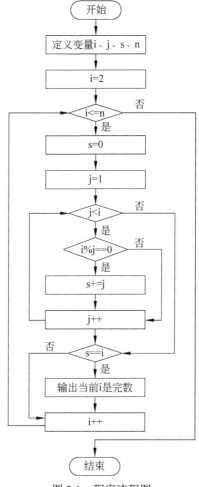

图 3.1   程序流程图

6. 运行结果

程序运行结图如图 3.2 所示。

7. 问题拓展

上述程序中求某数的因子时,采用从 1 到 i-1 范围内进行遍历的方法,一个数一个数地去试。这种方法可以做到没有遗

图 3.2   运行结果

漏，但是效率不高。

对于某一整数来说，其最大因子为 $n/2$（若 n 为偶数时，若为奇数最大因子小于 $n/2$），在 $n/2$～$n-1$ 范围内没有数据可以整除此数。据此，我们可以把遍历范围缩小至 1～$n-1$，这样程序效率可以提高一倍。相应程序如下：

```c
#include<stdio.h>
main()
{
 ...
 for(i=2;i<=1000;i++)
 {
  s=0;                    /*保证每次循环时 s 的初值为 0*/
  for(j=1;j<=n/2;j++)
  {
   if(i%j==0)             /*判断 j 是否为 i 的因子*/
    s+=j;
  }
  ...
 }
}
```

3.2 亲 密 数

1. 问题描述

如果整数 A 的全部因子（包括 1，不包括 A 本身）之和等于 B；且整数 B 的全部因子（包括 1，不包括 B 本身）之和等于 A，则将整数 A 和 B 称为亲密数。求 3000 以内的全部亲密数。

2. 问题分析

根据问题描述，该问题可以转化为：给定整数 A，判断 A 是否有亲密数。

为解决该问题，首先定义变量 a，并为其赋初值为某个整数。则按照亲密数定义，要判断 a 中存放的整数是否有亲密数，只要计算出该整数的全部因子的累加和，并将该累加和存放到另一个变量 b 中，此时 b 中存放的也是一个整数。再计算 b 中存放整数的全部因子的累加和，将该累加和存放到变量 n 中。

若 n 等于 a 则可判定变量 a 和 b 中所存放的整数是亲密数。

3. 算法设计

计算数 A 的各因子的算法：用 A 依次对 i（i 的范围可以是 1～A-1、1～A/2-1 中之一）进行模（"%"，在编程过程中一定注意求模符号两边参加运算的数据必须为整数）运算，若模运算结果等于 0，则 i 为 A 的一个因子；否则 i 就不是 A 的因子。将所求得的因子累加到变量 B。

接下来求变量 B 的因子：算法同上，将 B 的因子之和累加到变量 n。根据亲密数的定义判断变量 n 是否等于变量 A（if(n==a)），若相等，则 A 和 B 是一对亲密数，反之则不是。

4．确定程序框架

简单流程图如图 3.3 所示。

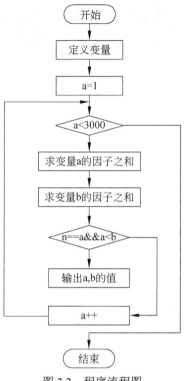

图 3.3　程序流程图

流程图中求变量 A、B 因子之和为简略流程图，只是说明这部分的作用，具体画法请参照 3.1 的流程图。

5．完整程序

```c
#include<stdio.h>
void main()
{
    int a,i,b,n;
    printf("There  are  following  friendly--numbers  pair  smaller  than
3000:\n");
    for(a=1;a<3000;a++)              /*穷举 3000 以内的全部整数*/
    {
        for(b=0,i=1;i<=a/2;i++)      /*计算数 a 的各因子，各因子之和存放于 b*/
            if(!(a%i))
                b+=i;
        for(n=0,i=1;i<=b/2;i++)      /*计算 b 的各因子，各因子之和存于 n*/
            if(!(b%i))
                n+=i;
        if(n==a&&a<b)
            printf("%4d--%4d    ",a,b);    /*若 n=a，则 a 和 b 是一对亲密数，输出*/
    }
}
```

6. 运行结果

程序运行结果如图 3.4 所示。

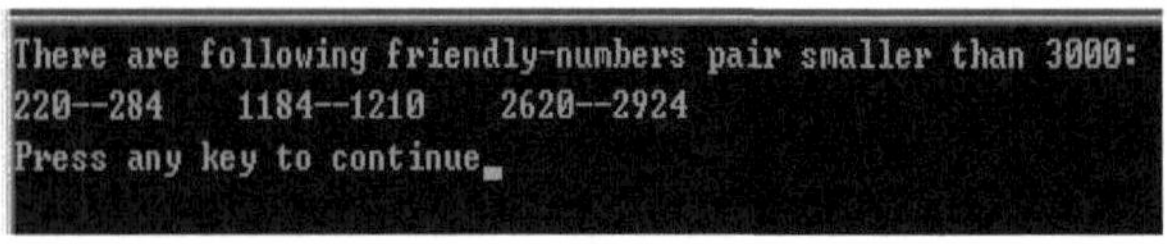

图 3.4　运行结果

7. 问题拓展

```c
#include<stdio.h>
void main()
{
    int a,i,b=0,n=0;
    printf("There are following friendly--numbers pair smaller than
3000:\n");
    for(a=1;a<3000;a++)                      /*穷举 3000 以内的全部整数*/
    {
        for(i=1;i<=a/2;i++)                  /*计算数 a 的各因子,各因子之和存放于 b*/
            if(!(a%i))
              b+=i;
        for(i=1;i<=b/2;i++)                  /*计算 b 的各因子,各因子之和存于 n*/
            if(!(b%i))
              n+=i;
        if(n==a&&a<b)
            printf("%4d--%4d    ",a,b);      /*若 n=a,则 a 和 b 是一对亲密数,输出*/
    }
}
```

将原程序稍做改动,在最初定义的时候给变量 b、n 赋初值为 0,其运行结果如图 3.5
所示。

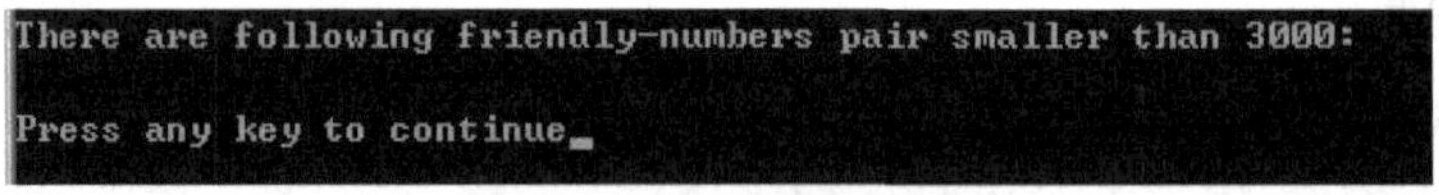

图 3.5　运行结果

从图 3.5 中可以看出程序并没有输出结果,即在 3000 这个范围内没有找到亲密数,而
实际上亲密数是存在的,为什么呢?

后面这个程序看上去似乎没有什么问题,但是仔细分析一下会发现:在最初定义的
时候给变量 b 和 n 赋初值 0,第一次执行循环体时,将 a 和 b 的因子分别累加到 b 和 n,
得到的 b、n 值确实是两个变量的因子之和,但是当第二次再次执行循环体时,b 和 n 的
初值已不再是 0,当再次把求得的因子累加到其上时,最后 b 和 n 存储的值并不是所求
当前变量的因子之和(还包括上次判断的变量的因子之和),因此最后没有符合条件的 a
和 b。

注意:对于这类多次将某些值存储到一个变量中时,一定要注意变量赋初值的位置。

3.3 自 守 数

1．问题描述

自守数是指一个数的平方的尾数等于该数自身的自然数。

例如：$5^2=25$　　　$25^2=625$　　　$76^2=5776$　　　$9376^2=87909376$

求 100000 以内的自守数。

2．问题分析

根据自守数的定义，求解本题的关键是知道当前所求自然数的位数，以及该数平方的尾数与被乘数、乘数之间的关系。

3．算法设计

若采用"求出一个数的平方后再截取最后相应位数"的方法显然是不可取的，因为计算机无法表示过大的整数。

分析手工方式下整数平方(乘法)的计算过程，以 376 为例：

376	被乘数
× 376	乘数
2256	第一个部分积=被乘数*乘数的倒数第一位
2632	第二个部分积=被乘数*乘数的倒数第二位
1128	第三个部分积=被乘数*乘数的倒数第三位
141376	积

本问题所关心的是积的最后三位。分析产生积的后三位的过程可以看出，在每一次的部分积中，并不是它的每一位都会对积的后三位产生影响。总结规律可以得到：在三位数乘法中，对积的后三位产生影响的部分积分别为：

❑ 第一个部分积中：被乘数最后三位*乘数的倒数第一位。
❑ 第二个部分积中：被乘数最后二位*乘数的倒数第二位。
❑ 第三个部分积中：被乘数最后一位*乘数的倒数第三位。

将以上的部分积的后三位求和后，截取后三位就是三位数乘积的后三位，这样的规律可以推广到同样问题的不同位数乘积中。

4．求某给定数的位数

求一个数的位数可以借助最高位的权值来计算，对于十进制来说，个位的权值为 10^0，十位的权值为 10^1，百位的权值为 10^2，……，一个存储三位数的变量 n=123，每次除以 10，将得到的值再赋给 n 直到 n 的值为 0，最多可以除 3 次；若变量 n 中存储的是四位数，用同样的方法去除以 10，最多可以除 4 次。可以发现，直到变量变为 0，除以 10 的次数即为当前给定数的位数。程序如下：

```
#include<stdio.h>
```

```
void main()
{
  int n,count=0;                  /*count 存储数的位数*/
  scanf("%d",&n);
  while(n!=0)                     /*求 n 的位数*/
  {
   n=n/10;
   count++;
  }
printf("%d",count);
}
```

由于本题在下面的编程过程中还要用到原数 number，故在求位数的程序段中为保证 number 值不被破坏，暂时将 number 的值赋给另一变量 mul：mul=number；由 mul 代替 number 去执行相应的操作。程序对应程序段如下：

```
void main()
{…
    for(mul=number,k=1;(mul/=10)>0;k*=10);
…}
```

5. 分离给定数中的最后几位

从一个两位数（存在变量 n 中）开始分析，分离最低位个位 n%10；对于三位数 n，分离最后两位 n%100；对于四位数 n，分离最后三位 n%1000；……，由此可见，若分离出最后 x 位，只需要用原数对 10^x 求余。

从第 3 部分所举例子可以看出，对于第二个部分积 "2632" 来说其实应该是 "26320"，因为对于乘数中的倒数第二位 "7" 来说，因其在十位，对应的权值为 10，第二个部分积实质上为：376×70=26320。故求部分积的程序段为：

```
void main()
{…
while(k>0)
        {
        mul=(mul+(number%(k*10))*(number%b-number%(b/10)))%a;
             /*(部分积+截取被乘数的后 N 位*截取乘数的第 M 位)，%a 再截取部分积*/
        k/=10;             /*k 为截取被乘数时的系数*/
        b*=10;
        }
…}
```

对于整个循环来说，变量 k 是由 number 的位数确定截取数字进行乘法时的系数。第 1 次执行循环体时，被乘数的所有位数都影响到平方的尾数，因此第 1 个部分积等于被乘数*乘数的最后一位，将部分积累加到变量 mul 上，再对 a 取余截取相应的尾数位数；第 2 次执行循环体，影响平方尾数的是被乘数中除了最高位之外的数（所以 k 先除以 10 再参加运算），第 2 个部分积等于被乘数*乘数的倒数第二位, (number%b-number%(b/10)) 用来求乘数中影响平方尾数的对应位上的数；第 3 次、第 4 次执行循环体的过程同上。

6. 程序框架

简略流程图如图 3.6 所示。

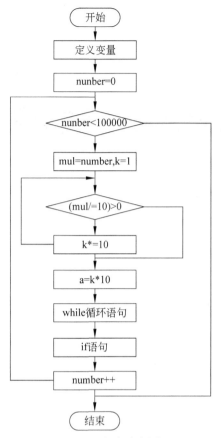

图 3.6 程序流程图

7. 完整程序

```c
#include<stdio.h>
void main()
{
    long mul,number,k, a,b;
    printf("It exists following automorphic nmbers small than 100000:\n");
    for(number=0;number<100000;number++)
    {
        for(mul=number,k=1;(mul/=10)>0;k*=10);
                            /*由 number 的位数确定截取数字进行乘法时的系数 k*/
        a=k*10;             /*a 为截取部分积时的系数*/
        mul=0;              /*积的最后 n 位*/
        b=10;               /*b 为截取乘数相应位时的系数*/
        while(k>0)
        {
            mul=(mul+(number%(k*10))*(number%b-number%(b/10)))%a;
                /*(部分积+截取被乘数的后 N 位*截取乘数的第 M 位),%a 再截取部分积*/
            k/=10;          /*k 为截取被乘数时的系数*/
            b*=10;
        }
        if(number==mul)     /*判定若为自守数则输出*/
            printf("%ld   ",number);
    }
```

```
    printf("\n");
}
```

8．运行结果

程序运行结果如图 3.7 所示。

```
It exists following automorphic nmbers small than 100000:
0    1    5    6    25    76    376    625    9376    90625
```

图 3.7　运行结果

3.4　回　文　数

1．问题描述

打印所有不超过 n（取 $n<256$）的其平方具有对称性质的数（也称回文数）。

2．问题分析

对于要判定的数 n，计算出其平方后（存于 a），按照"回文数"的定义要将最高位与最低位、次高位与次低位……进行比较，若彼此相等则为回文数。此算法需要知道平方数的位数，再一一将每一位分解、比较，此方法对于位数已知且位数不是太多的数来说比较适用。

此问题可借助数组来解决。将平方后的（a 的）每一位进行分解，按从低位到高位的顺序依次暂存到数组中，再将数组中的元素按照下标从大到小的顺序重新将其组合成一个数 k（如 $n=15$，则 $a=225$ 且 $k=522$），若 a 等于 k 则可判定 a 为回文数。

3．算法设计

从低位到高位将某一整数拆分。对于一个整数（设变量名为 a）无论其位数多少，若欲将最低位拆分，只需对 10 进行求模运算 a%10；拆分次低位首先要想办法将原来的次低位作为最低位来处理，用原数对 10 求商可得到由除最低位之外的数形成的新数，且新数的最低位是原数的次低位，根据拆分最低位的方法将次低位求出 a/10;a%10；对于其他位上的数算法相同。利用这个方法要解决的一个问题就是，什么情况下才算把所有数都拆分完了呢？当拆分到只剩原数最高位时（即新数为个位数时），再对 10 求商的话，得到的结果肯定为 0，可以通过这个条件判断是否拆分完毕。根据题意，应将每次拆分出来的数据存储到数组中，原数的最低位存到下标为 0 的位置，次低位存到下标为 1 的位置……依次类推。程序段如下：

```
for(i=0;a!=0;i++)
{
    m[i]=a%10;
    a/=10;
}
```

　　将数组中元素重新组合成一新数。拆分时变量 a 的最高位仍然存储在数组中下标最大的位置，根据"回文数"定义，新数中数据的顺序与 a 中数据的顺序相反，所以我们按照下标从大到小的顺序分别取出数组中的元素组成新数 k。由几个数字组成一个新数时只需用每一个数字乘以所在位置对应的权值然后相加即可，在编程过程中应该有一个变量 t 来存储每一位对应的权值，个位权值为 1，十位权值为 10，百位权值为 100……，所以可以利用循环，每循环一次 t 的值就扩大 10 倍。对应程序段如下：

```
for(;i>0;i--)
{
    k+=m[i-1]*t;
    t*=10;
}
```

4. 程序框架

程序流程图如图 3.8 所示。

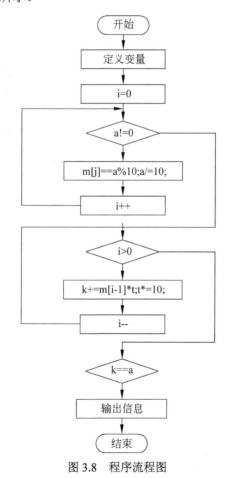

图 3.8　程序流程图

5. 完整程序

```
#include<stdio.h>
void main()
```

```
{
    int m[16],n,i,t,count=0;
    long unsigned a,k;
    printf("No.    number    it's square(palindrome)\n");
    for(n=1;n<256;n++)                /*穷举 n 的取值范围*/
    {
        k=0;t=1;a=n*n;                /*计算 n 的平方*/
        for(i=0;a!=0;i++)            /*从低到高分解数 a 的每一位存于数组 m[1]~m[16]*/
        {
            m[i]=a%10;
            a/=10;
        }
        for(;i>0;i--)
        {
            k+=m[i-1]*t;             /*t 记录某一位置对应的权值 */
            t*=10;
        }
        if(k==a)
            printf("%2d%10d%10d\n",++count,n,n*n);
    }
}
```

6. 运行结果

程序运行结果如图 3.9 所示。

7. 问题拓展

在上面的问题分析中，提到另一种判断"回文数"的方法，将数据中每一位上的数分离出来，对称位置上的数据相互比较，若相等则此数是"回文数"。此方法适合于对一个整数进行判断。

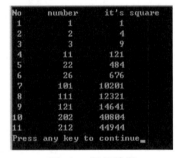

图 3.9　运行结果

编程实现输入一个 5 位数，判断它是不是回文数，例如，12321 是回文数，个位与万位相同，十位与千位相同。

完整程序如下：

```
#include<stdio.h>
main()
{
    long indiv,ten,thousand,ten_thousand,x;
    scanf("%ld",&x);
    ten_thousand=x/10000;                    /*拆分最高位万位*/
    thousand=x%10000/1000;                   /*拆分千位*/
    ten=x%100/10;                            /*拆分十位*/
    indiv=x%10;                              /*拆分个位*/
    if(indiv==ten_thousand&&ten==thousand)
        printf("This number is a huiwen.\n");
    else
        printf("This number is not a huiwen.\n");
}
```

对于本题来说，给定的是一个 5 位数，对于中间位置的百位不需要再进行分离，因为它不与任何其他位置进行比较。但对于偶数位的整数进行判断的时候，所有位置都要分离出来。在编程过程中除了保证程序的正确性外，效率也是很重要的。

运行程序，分别输入 12521 和 13452 两个整数，判断它们是否为回文数，结果如图 3.10 所示。

```
12521
This number is a huiwen.
```
（a）运行结果 1

```
13452
This number is not a huiwen.
```
（b）运行结果 2

图 3.10　运行结果

3.5　水　仙　花　数

1．问题描述

输出所有的"水仙花数"，所谓的"水仙花数"是指一个三位数其各位数字的立方和等于该数本身，例如，153 是"水仙花数"，因为 $153=1^3+1^3+3^3$。

2．问题分析

根据"水仙花数"的定义，判断一个数是否为"水仙花数"，最重要的是要把给出的三位数的个位、十位、百位分别拆分，并求其立方和（设为 s），若 s 与给出的三位数相等，三位数为"水仙花数"，反之，则不是。

3．算法设计

"水仙花数"是指满足某一条件的三位数，根据这一信息可以确定整数的取值范围是 100～999。对应的循环条件如下：

```
for(n=100;n<1000;n++)
{……}
```

（1）将 n 整除以 100，得出 n 在百位上的数字 hun。

（2）将（n-i*100）整除以 10（或将 n 先整除以 10 再对 10 求模 n/10%10），得出 n 在十位上的数字 ten。

（3）将 n 对 10 取余，得出 n 在个位上的数字 ind。

（4）求得这三个数字的立方和是否与其本身相等，若相等，则该数为水仙花数。

对于每个位置上的数值将其拆分的算法有很多种，根据不同情况选择不同算法（对于同一问题不同算法的效率有时会相差很多）。

4．程序框架

程序流程图如图 3.11 所示。

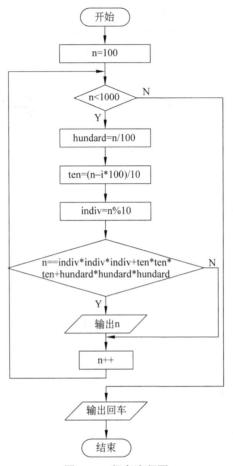

图 3.11　程序流程图

5. 完整程序

```c
#include <stdio.h>
main()
{
  int hun,ten,ind,n;
  printf("result is:");
  for(n=100;n<1000;n++)                    /*整数的取值范围*/
  {
    hun=n/100;
    ten=(n-hun*100)/10;
    ind=n%10;
if(n==hun*hun*hun+ten*ten*ten+ind*ind*ind)
                            /*各位上的立方和是否与原数 n 相等*/
    printf("%d\t",n);
  }
  printf("\n");
}
```

6. 运行结果

程序运行结果如图 3.12 所示。

7．问题拓展

求某个数 n 的三次方，可以采用程序中的方

图 3.12　运行结果

法对 n 连乘三次 $n*n*n$，求五次方、十次方运用这

种方法仍可忍受，但如果要求的是 n 的 50 次方甚至更大呢？也要像上面一样写 50 次吗？对于编程者来说这是很痛苦的一种事情，既浪费时间又浪费精力。

C 语言中为编程者提供了很多种数学函数（详情参见课本后的附录），但是在运用这些数学函数时，首先一定要注意所涉及的参数的类型，否则在编程时会报错；其次一定要在程序开始部分加一条#include<math.h>的预处理语句。

编程实现 x 的 y 次方。

```
#include<stdio.h>
#include<math.h>
void main()
{
    int x,y;
    long n;
    scanf("%d %d",&x,&y);          /*读入 x、y 的值*/
    n=pow(x,y);                    /*求 x 的 y 次方*/
    printf("%ld",n);
}
```

3.6　阿姆斯特朗数

1．问题描述

如果一个整数等于其各个数字的立方和，则该数称为"阿姆斯特朗数"（亦称为自恋性数）。如 $153=1^3+1^3+3^3$ 就是一个"阿姆斯特朗数"。试编程求 1000 以内的所有"阿姆斯特朗数"。

2．问题分析

"阿姆斯特朗数"与上例中的"水仙花数"的不同在于，前者并没有规定几位数，从两者的定义来看"水仙花数"可以看做是"阿姆斯特朗数"的一个子集。对于这类问题的算法与"水仙花数"类似，即需要把每一位分离出来，然后比较其立方和与原数是否相等。

3．算法设计

本题求的是 1000 以内满足条件的数，从数的位数来说可以分为一位数、两位数及三位数。这样可以根据数的位数不同，分别求出不同范围内的"阿姆斯特朗数"：一位数（1~9）可用一个循环语句来实现、两位数（10~99）可用一个循环来实现、三位数（100~999）用一个循环实现，这样程序利用三个循环可分段求出此范围内满足条件的数。

上述方法有其局限性，如果题目改成求 1000000 以内甚至更大范围的话，程序里面会有多个循环，不但程序看起来繁琐，写起来也费事，更重要的是每个循环体做的事情都是一样的,即将数的每一位拆分。对于这种重复的事情可以考虑用循环将其简化。对于一个数无论它的位数是多少,如要将其拆分,要么按从低位到高位的顺序,要么按从高位到低位的顺序。本题按从低位到高位的顺序进行拆分。

从低位到高位进行拆分。每次拆分的都是当前数的个位,可以用当前数 n 对 10 求模,即 $n\%10$;这样最后一位就被分离出来,再次分离的是原数的次低位,对于次低位想办法让其成为新数的最低位,采用原数 n 对 10 求商的方法,即 $n/10$。其他位置的数据求法同上。

题目给出的数据最多三位,我们可以定义三个变量分别来存储原数的个位、十位和百位,也可以用数组来存储,数组的长度为 3。

4. 程序框架

程序流程图如图 3.13 所示。

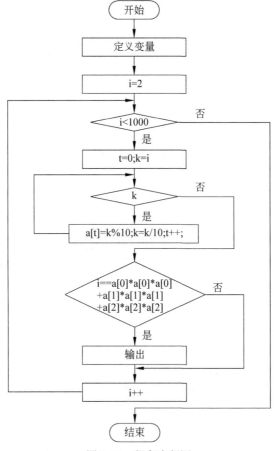

图 3.13   程序流程图

5. 完整程序

```
#include <stdio.h>
main()
{
    int i,t,k,a[3]={0};
```

```
    printf("There are following Armstrong number smaller than 1000:\n");
     /*求出小于 1000 的阿姆斯特朗数*/
    for(i=2;i<1000;i++)
    {
     t=0;
     k=i;
     /*按从低位到高位的顺序拆分数*/
     while(k)
     {
      a[t]=k%10;
      k=k/10;
      t++;
     }
     if(i==a[0]*a[0]*a[0]+a[1]*a[1]*a[1]+a[2]*a[2]*a[2])
                                          /*判断是否为阿姆斯特朗数*/
        printf("%d   ",i);
    }
    printf("\n");
}
```

6．运行结果

程序运行结果如图 3.14 所示。

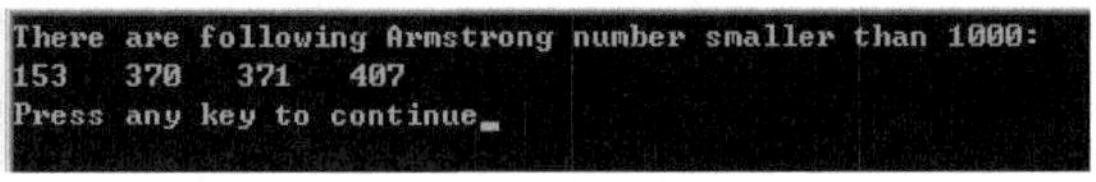

图 3.14　运行结果

7．问题拓展

本题程序采用的是从低位到高位的顺序进行分离，在此将从高低到低位顺序进行拆分的程序段给出，供读者参考：

```
#include <stdio.h>
main()
{
    int i,t,k,a[3];
    printf("There are following Armstrong number smaller than 1000:\n");
     /*求出小于 1000 的阿姆斯特朗数*/
    for(i=2;i<1000;i++)
    {
        /*按从低位到高位的顺序拆分数*/
        for(t=0,k=1000;k>=10;t++)
        {
            a[t]=(i%k)/(k/10);
            k/=10;
        }
        if(i==a[0]*a[0]*a[0]+a[1]*a[1]*a[1]+a[2]*a[2]*a[2])
                                              /*判断是否为阿姆斯特朗数*/
            printf("%d   ",i);
    }
    printf("\n");
}
```

3.7　高次方数的尾数

1．问题描述

求 13 的 13 次方的最后三位数。

2．问题分析

许多初学者看到本题最容易想到的方法就是：将 13 累乘 13 次后截取最后三位即可。但是计算机中存储的整数有一定的范围，超出某范围将不能正确表示，所以用这种算法不可能得到正确的结果。实际上，题目仅要求后三位的值，完全没有必要把 13 的 13 次方完全求出来。

3．算法设计

手工计算 13 的 13 次方的步骤如下：

13	169	2197	……
×13	× 13	× 13	……
39	507	6591	……
13	169	2197	……
169	2197	28561	……

研究乘法的规律会发现：乘积的最后三位的值只与乘数和被乘数的后三位有关，与乘数和被乘数的高位无关。利用这一规律，在计算下一次的乘积时，我们只需用上次乘积的后三位来参与运算（即在求第三次乘积时，上次的乘积 2197 并不需要都参与运算，只取其后三位 197 再次与 13 相乘即可）。求某数的后三位的算法用某数对 1000 取模。

编程过程中，将累乘得到的积存储到变量 last 中，在进行下一次相乘之前先截取 last 的后三位再相乘，即：last%1000*13，将结果存储到 last 中：last=last*x（x 的值为 13）%1000。因第一次相乘时用到变量 last 的初值，故在定义时给 last 赋初值，或在参与计算之前给 last 赋初值 1。

4．程序框架

程序流程图如图 3.15 所示。

5．完整程序

```c
#include <stdio.h>
main()
{
    int i,x,y,last=1;          /*变量 last 保存求得的 x 的 y 次方的部分积的后三位*/
    printf("Input x and y:\n");
    scanf("%d %d",&x,&y);
    for(i=1;i<=y;i++)          /*x 自乘的次数 y*/
        last=last*x%1000;      /*将 last 乘 x 后对 1000 取模，即求积的后三位*/
    printf("The last three digits is:%d\n",last);
}
```

6. 运行结果

在 VC 6.0 下运行程序,分别输入 x 和 y 值,这里输入的为"13 13",运行结果如图 3.16 所示。

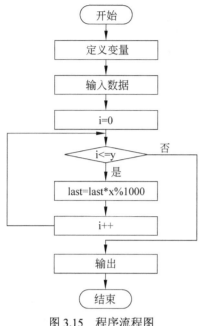

图 3.15 程序流程图

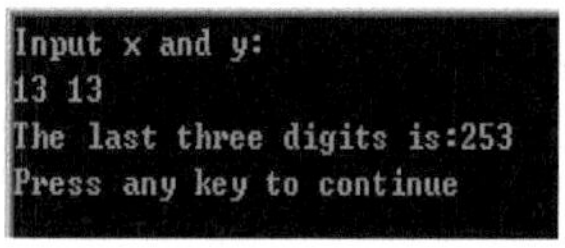

```
Input x and y:
13 13
The last three digits is:253
Press any key to continue
```

图 3.16 运行结果

上述程序段具有普遍性,无论是求哪个数的多少次方的后三位尾数都可以利用上述程序实现。若针对本题中的具体数据,程序可改为:

```c
#include <stdio.h>
main()
{
    int i,last=1;                    /变量 last 保存求得的 x 的 y 次方的部分积的后三位*/
    for(i=1;i<=13;i++)               /*x 自乘的次数*/
        last=last*13%1000;           /*将 last 乘 x 后对 1000 取模,即求积的后三位*/
    printf("The last three digits is:%d\n",last);
}
```

3.8 黑 洞 数

1. 问题描述

编程求三位数中的"黑洞数"。

黑洞数又称陷阱数,任何一个数字不全相同的整数,经有限次"重排求差"操作,总会得到某一个或一些数,这些数即为黑洞数。"重排求差"操作是将组成一个数的各位数字重排得到的最大数减去最小数,例如 207,"重排求差"操作序列是 702-027=675,963-369=594,

954-459=495，再做下去就不变了，再用 208 算一次，也停止到 495，所以 495 是三位黑洞数。

2．问题分析

根据"黑洞数"定义，对于任一个数字不全相同的整数，最后结果总会掉入到一个黑洞圈或黑洞数里，最后结果一旦为黑洞数，无论再重复进行多少次的"重排求差"操作，则结果都是一样的，可把结果相等作为判断"黑洞数"的依据。

3．算法设计

过程如下：

（1）将任一个三位数进行拆分。

（2）拆分后的数据重新组合，将可以组合的最大值减去最小值，差赋给变量 j。

（3）将当前差值暂存到另一变量 h 中：$h=j$。

（4）对变量 j 执行拆分、重组、求差操作，差值仍然存储到变量 j 中。

（5）判断当前差值 j 是否与前一次的差 h 相等，若相等将差值输出并结束循环，否则，重复步骤（3）、（4）和（5）。

4．比较 3 个数的大小并将其重组

求"黑洞数"的关键是求出拆分后所能组成的最大值 max、最小值 min，求最大值、最小值的关键是找出拆分后数值的大小关系，通过比较找出最大值、次大值及最小值。3 个数比较大小可以采用两两比较的方法，首先 a 与 b 比较、其次 a 与 c 比较、最后 b 与 c 比较。比较顺序很重要，有时比较顺序不一样得到的结果也是不一样的。在比较过程中如需对两个数进行交换，需借助中间变量 t 来实现，否则变量中存储的数将被改变，如 a=b;b=a;第一个语句执行完毕后，变量 a 的值由原值变为 b 的值，第二个语句的作用是把现在 a 的值赋给 b，但此时 a 中存储的已经不再是原来的值，而是被赋予的 b 值。

比较后数值按照从大到小的顺序分别存储在变量 a、b、c 中，再按一定的顺序重新组合成最大值、最小值。因求最大值、最小值的操作在程序中不止一次用到，所以可定义两个函数（int maxof3(int,int,int);和 int minof3(int,int,int);），功能分别是求由 3 个数组成的最大值、最小值。代码如下：

```
int maxof3(int a,int b,int c)
{
    int t;
    if(a<b)
    {t=a;a=b;b=t;}
    if(a<c)
    {t=a;a=c;c=t;}
    if(b<c)
    {t=b;b=c;c=t;}
    return(a*100+b*10+c);
}
```

函数 minof3() 的代码与以上代码不同之处在于最后的返回值，函数 minof3() 中需返回的是最小值 c*100+b*10+a。

5. 寻找"黑洞数"

将第一次得到的差值 j 赋给变量 h，因在后面的编程过程中会再次将得到的差值赋给变量 j，为避免 j 中存储的原值找不到，所以先把前一次的差值暂存到另一变量 h 中。在比较过程中一旦两次结果相等，循环过程即可结束，可用 break 语句实现。判定条件 $j==h$ 可以在循环体中用 if 语句实现，也可写在 for 语句中。代码如下：

```
for(k=0;;k++)                               /*k 控制循环次数*/
{
    h=j;                                    /*h 记录上一次最大值与最小值的差*/
    hun=j/100;
    oct=j%100/10;
    data=j%10;
    max=maxof3(hun,oct,data);
    min=minof3(hun,oct,data);
    j=max-min;
    if(j==h)                                /*最后两次差相等时，差即为所求黑洞数*/
    {
        printf("%d\n",j);
        break;                              /*跳出循环*/
    }
}
```

6. 完整程序

```
#include <stdio.h>
int maxof3(int,int,int);
int minof3(int,int,int);
void main()
{
    int i,k;
    int hun,oct,data,max,min,j,h;
    printf("请输入一个三位数：");
    scanf("%d",&i);
    hun=i/100;
    oct=i%100/10;
    data=i%10;
    max=maxof3(hun,oct,data);
    min=minof3(hun,oct,data);
    j=max-min;
    for(k=0;;k++)                           /*k 控制循环次数*/
    {
        h=j;                                /*h 记录上一次最大值的差*/
        hun=j/100;
        oct=j%100/10;
        data=j%10;
        max=maxof3(hun,oct,data);
        min=minof3(hun,oct,data);
        j=max-min;
        if(j==h)                            /*最后两次差相等时,差即为所求黑洞数*/
        {
            printf("%d\n",j);
            break;                          /*跳出循环*/
        }
    }
}
```

```
/*求三位数重排后的最大数*/
int maxof3(int a,int b,int c)
{
    int t;
    if(a<b)                                    /*如果 a<b，将变量 a、b 的值互换*/
    {
        t=a;
        a=b;
        b=t;
    }
    if(a<c)
    {
        t=a;
        a=c;
        c=t;
    }
    if(b<c)
    {
        t=b;
        b=c;
        c=t;
    }
    return(a*100+b*10+c);
}
/*求三位数重排后的最小数*/
int minof3(int a,int b,int c)
{
    int t;
    if(a<b)
    {
        t=a;
        a=b;
        b=t;
    }
    if(a<c)
    {
        t=a;
        a=c;
        c=t;
    }
    if(b<c)
    {
        t=b;
        b=c;
        c=t;
    }
    return(c*100+b*10+a);
}
```

补充：

程序中 main()函数前面有两条语句 int maxof3(int,int,int); int minof3(int,int,int); 其作用是对函数 maxof3()和 minof3()的声明。当调用函数在被调用函数前面时要对被调用函数进行声明，声明方式有 3 种：第 1 种，声明方式与定义的函数头部完全相同，如 int maxof3(int a,int b,int c);；第 2 种，如程序中的声明方式一样，函数参数可以只写参数的类型；第 3 种，可以把函数参数全部省略，只保留小括号，如 int maxof3();。声明的位置可以在 main()函数前面，也可以在 main()中，但需在其他语句之前。

7．运行结果

在 VC 6.0 下运行程序，屏幕上提示"请输入一个三位数："，分别输入 306 和 108，运行结果如图 3.17 所示。

（a）运行结果 1

（b）运行结果 2

图 3.17　运行结果

3.9　勾　股　数

1．问题描述

求 100 以内的所有勾股数。

所谓勾股数，是指能够构成直角三角形三条边的三个正整数（a,b,c）。

2．问题分析

根据"勾股数"定义，所求三角形三边应满足条件 $a^2+b^2=c^2$。可以在所求范围内利用穷举法找出满足条件的数。

3．算法分析

采用穷举法求解时，最容易想到的一种方法是利用 3 个循环语句分别控制变量 a、b、c 的取值范围，第 1 层控制变量 a，取值范围是 1～100。在 a 值确定的情况下再确定 b 值，即第 2 层控制变量 b，为了避免结果有重复现象，b 的取值范围是 a+1～100。a、b 的值已确定，利用穷举法在 b+1～100 范围内一个一个的去比较，看当前 c 值是否满足条件 $a^2+b^2=c^2$，若满足，则输出当前 a、b、c 的值，否则继续寻找。主要代码如下：

```
...
for(a=1;a<=100;a++)              /*确定 a 的取值*/
for(b=a+1;b<=100;b++)           /*确定 b 的取值*/
for(c=b+1;c<=100;c++)           /*确定 c 的取值*/
if(a*a+b*b==c*c)                /*判断三个变量是否满足勾股数条件*/
printf("%d\t%d\t%d\n",a,b,c);
...
```

但是上述算法的效率比较低，根据 $a^2+b^2=c^2$ 这个条件，在 a、b 值确定的情况下，没必要再利用循环一个一个去寻找 c 值。若 a、b、c 是一组勾股数，则 a^2+b^2 的平方根一定等于 c，c 的平方应该等于 a、b 的平方和，所以可将 a^2+b^2 的平方根赋给 c，再判断 c 的平方是否等于 a^2+b^2。根据"勾股数"定义将变量定义为整型，a^2+b^2 的平方根不一定为整数，但变量 c 的类型为整型，将一个实数赋给一个整型变量时，可将实数强制转换为整型（舍弃小数点之后的部分）然后再赋值，这种情况下得到的 c 的平方与原来的 a^2+b^2 的值肯定不相等，所以可利用这一条件进行判断。

4．完整程序

```
#include<stdio.h>
#include<math.h>
main()
{
    int a,b,c,count=0;
    printf("100 以内的勾股数有：\n");
    printf(" a   b   c     a   b   c     a   b   c     a   b   c\n");
    /*求 100 以内勾股数*/
    for(a=1;a<=100;a++)
        for(b=a+1;b<=100;b++)
        {
            c=(int)sqrt(a*a+b*b);            /*求 c 值*/
            if(c*c==a*a+b*b&&a+b>c&&a+c>b&&b+c>a&&c<=100)
                                            /*判断 c 的平方是否等于 a²+b²*/
            {
                printf("%4d %4d %4d    ",a,b,c);
                count++;
                if(count%4==0)              /*每输出 4 组解就换行*/
                    printf("\n");
            }
        }
    printf("\n");
}
```

5．运行结果

程序运行结果如图 3.18 所示。

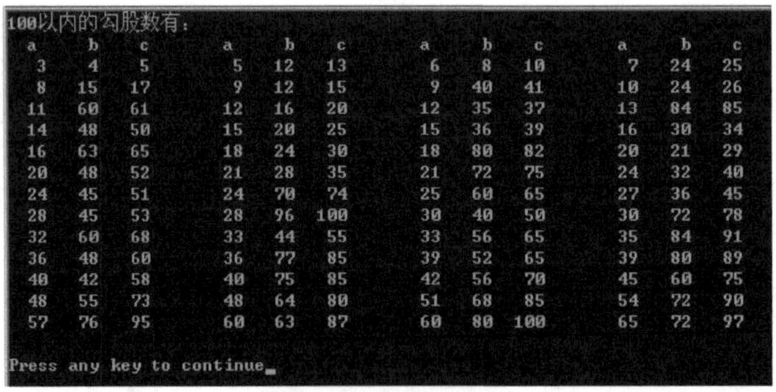

图 3.18 运行结果

6．问题拓展

对于"勾股数"，除了利用上面的算法外还有其他方法。

由于任何一个勾股数组(a,b,c)内的 3 个数同时乘以一个整数 n，得到的新数组(na,nb,nc)仍然是勾股数，所以一般我们想找的是 a,b,c 互质的勾股数组。

关于这样的数组，比较常用也比较实用的套路有以下两种：

（1）第一套路：

当 a 为大于 1 的奇数 $2n+1$ 时，$b=2n^2+2n$，$c=2n^2+2n+1$。

实际上就是把 a 的平方数拆成两个连续自然数，例如：

- ❑ $n=1$ 时$(a,b,c)=(3,4,5)$
- ❑ $n=2$ 时$(a,b,c)=(5,12,13)$
- ❑ $n=3$ 时$(a,b,c)=(7,24,25)$

……

这是最经典的一个套路，而且由于两个连续自然数必然互质，所以用这个套路得到的勾股数组全部都是互质的。

（2）第二套路：

当 a 为大于 4 的偶数 $2n$ 时，$b=n^2-1$，$c=n^2+1$

也就是把 a 的一半的平方分别减 1 和加 1，例如：

- ❑ $n=3$ 时$(a,b,c)=(6,8,10)$
- ❑ $n=4$ 时$(a,b,c)=(8,15,17)$
- ❑ $n=5$ 时$(a,b,c)=(10,24,26)$
- ❑ $n=6$ 时$(a,b,c)=(12,35,37)$

……

这是次经典的套路，当 n 为奇数时，由于(a,b,c)是三个偶数，所以该勾股数组必然不是互质的；而 n 为偶数时，由于 b、c 是两个连续奇数必然互质，所以该勾股数组互质。

所以如果你只想得到互质的数组，这条可以改成对于 $a=4n(n>=2)$，$b=4n^2-1$，$c=4n^2+1$，例如：

- ❑ $n=2$ 时$(a,b,c)=(8,15,17)$
- ❑ $n=3$ 时$(a,b,c)=(12,35,37)$
- ❑ $n=4$ 时$(a,b,c)=(16,63,65)$

……

代码如下：

```c
#include "stdio.h"
main()
{
    unsigned a,b,c;
    scanf("%d",&a);
    if(a>=3&&a%2==1)                    /*a 为奇数*/
    {
        a*=a;
        b=a/2;
        c=a/2+1;
        printf("%d,%d,%d\n",a,b,c);
    }
    else
        if(a>=3&&a%2==0)                /*a 为偶数*/
        {
            a/=2;
            a*=a;
            b=a-1;                      /*b= a²-1*/
            c=a+1;                      /*c= a²+1*/
            printf("%d,%d,%d\n",a,b,c);
        }
        else
            printf("error");
}
```

3.10 不重复的 3 位数

1．问题描述

用 1、2、3、4 共 4 个数字能组成多少个互不相同且无重复数字的三位数？都是多少？

2．问题分析

求互不相同的三位数，可以一位一位的去确定，先确定百位、再确定十位、个位，再将各位上的数值进行比较，若互不相同则输出。

3．算法设计

（1）利用多重循环嵌套的 for 语句实现。

（2）用三重循环分别控制百位、十位、个位上的数字，它们都可以是 1、2、3、4。

（3）在已组成的排列数中，还要再去掉出现重复的 1、2、3、4 这些数字的不满足条件的排列。

题目要求最后输出满足条件的数据个数，需要一个变量 count 充当计数器的作用，有一个满足条件的数据出现计数器的值加 1。为了使每行能输出 8 个数字，每输出一个数字就对 count 的值进行判断看是否能被 8 整除，若能整除则输出换行符。

```
if(count%8==0)
        printf("\n");
```

4．程序框架

程序流程图如图 3.19 所示。

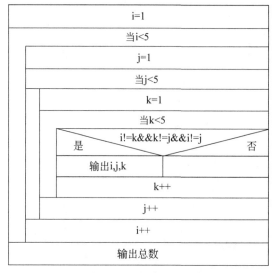

图 3.19 程序框架

5. 完整程序

```
#include<stdio.h>
main()
{
    int i,j,k,count=0;
    printf("\n");
    for(i=1;i<5;i++)
        for(j=1;j<5;j++)
            for(k=1;k<5;k++)
            {
                if(i!=k&&i!=j&&j!=k)             /*判断 3 个数是否互不相同*/
                {
                    count++;
                    printf("%d%d%d  ",i,j,k);
                    if(count%8==0)               /*每输出 8 个数换行*/
                        printf("\n");
                }
                printf("\nThe total number is %d.",count);
                printf("\n");
            }
}
```

6. 运行结果

程序运行结果如图 3.20 所示。

7. 问题拓展

上面程序段的效率比较低，因为无论 i 与 j 的

```
123   124   132   134   142   143   213   214
231   234   241   243   312   314   321   324
341   342   412   413   421   423   431   432

The total number is 24.
Press any key to continue
```

图 3.20   运行结果

值是否相等，k 都要从 1～4 把所有值遍历完，根据题目要求只要 i 与 j 的值相等，那么 k 的取值就没必要进行，因为无论 k 的值是多少，最后组成的三位数中总有相同的数字。对于本题来说，因取值范围较小，所以算法效率的高低相差并不大，但是对于取值范围大的题目，两种算法效率相差是很明显的。程序代码改写如下：

```
#include<stdio.h>
main()
{
    int i,j,k,count=0;
    printf("\n");
    for(i=1;i<5;i++)
        for(j=1;j<5;j++)
            for(k=1;k<5&&j!=i;k++)
            {
                if(k!=j&&k!=i)                   /*判断 3 个数是否互不相同*/
                {
                    printf("%d%d%d  ",i,j,k);
                    count++;
                    if(count%8==0)               /*每输出 8 个数换行*/
                        printf("\n");
                }
            }
            printf("\nThe total number is %d.",count);
            printf("\n");
}
```

第4章 趣味分数

分数是数学中的一个概念,它一般包括真分数、假分数和带分数。分数在我们日常生活学习中经常会用到,如商场的优惠活动幅度、降水概率等都要用分数来衡量,数学中比较两个或多个分数的大小,分数之间的运算等都是经常遇到的问题。本章针对生活中尤其是数学中的分数问题从程序设计角度出发去解决实际问题。本章主要内容如下:

- ❑ 最大公约数;
- ❑ 最小公倍数;
- ❑ 歌星大奖赛;
- ❑ 将正分数分解为埃及分数;
- ❑ 列出真分数序列;
- ❑ 多项式之和;
- ❑ 分数比较;
- ❑ 计算分数的精确值。

4.1 最大公约数

1. 问题描述

求任意两个正整数的最大公约数(GCD)。

2. 问题分析

如果有一个自然数 a 能被自然数 b 整除,则称 a 为 b 的倍数,b 为 a 的约数。几个自然数公有的约数,叫做这几个自然数的公约数。公约数中最大的一个公约数,称为这几个自然数的最大公约数。

根据约数的定义可知,某个数的所有约数必不大于这个数本身,几个自然数的最大公约数必不大于其中任何一个数。要求任意两个正整数的最大公约数即求出一个不大于其中两者中的任何一个,但又能同时整除两个整数的最大自然数。

3. 算法设计

思路有两种:第一种,采用穷举法按从小到大(初值为 1,最大值为两个整数当中较小的数)的顺序将所有满足条件的公约数列出,输出其中最大的一个;第二种,按照从大(两个整数中较小的数)到小(到最小的整数 1)的顺序求出第一个能同时整除两个整数的自然数,即为所求。下面对第二种思路进行详细说明。

无论按照从小到大还是从大到小的顺序找寻最大公约数，最关键的是找出两数中的小数。对于输入的两个正整数 *m* 和 *n*，相同的数据可能因为输入顺序不同导致变量 *m*、*n* 中存储数据的大小不同，如 m=8，n=4 与 m=4，n=8，但无论变量中值的大小顺序怎样，最后的结果应该是相同的。为了避免相同数据因输入顺序不同而出现不同的结果，也为了使程序具有一般性，因此对于每次输入的值先进行大小排序，规定变量 *m* 中存储大数、变量 *n* 中存储小数。

两个变量所存储内容互换需要借助一个中间变量来完成，若采用将第 2 个变量的值赋给第 1 个变量，然后再将第 1 个变量的值赋给第 2 个变量的方法是错误的，因为经过第 1 次赋值（即第 2 个变量的值赋给第 1 个变量）后，第 1 个变量中存储的内容被替换掉，原来的值已经找不到，所以再次赋值时并没有把第 1 个变量中原来的值赋给第 2 个变量，而是将改变之后的值（即第 2 个变量的值）赋给了第 2 个变量。此知识点在第 1 章 1.8 节中介绍过。

```
if(m<n)
{    /*交换 m 和 n 的值*/
    temp=m;
    m=n;
    n=temp;
}
```

两个数的最大公约数有可能是其中的小数，所以在按从大到小顺序找寻最大公约数时，循环变量 i 的初值从小数 n 开始依次递减，去寻找第一个能同时整除两整数的自然数，并将其输出。需要注意的是，虽然判定条件是 i>0，但在找到第一个满足条件的 i 值后，循环没必要继续下去，如，25 和 15，最大公约数是 5，对于后面的 4、3、2、1 没必要再去执行，但此时判定条件仍然成立，要结束循环只能借助 break 语句。

```
/*找到第一个能同时整除 m、n 的自然数*/
for(i=n;i>0;i--)
if(m%i==0&&n%i==0)
{
    printf("The GCD of %d and %d is: %d\n",m,n,i);
    break;                  /*跳出循环*/
}
```

4. 确定程序框架

该程序的流程图如图 4.1 所示。

5. 完整程序

根据上面的分析，编写程序如下：

```
#include<stdio.h>
main()
{
    int m,n,temp,i;
    printf("Input m & n:");
    scanf("%d%d",&m,&n);
    if(m<n)                 /*比较大小，使得 m 中存储大数，n 中存储小数*/
    {    /*交换 m 和 n 的值*/
```

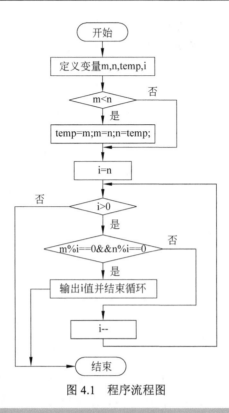

图 4.1　程序流程图

```
        temp=m;
        m=n;
        n=temp;
    }
    for(i=n;i>0;i--)                /*按照从大到小的顺序寻找满足条件的自然数*/
        if(m%i==0&&n%i==0)
        {   /*输出满足条件的自然数并结束循环*/
            printf("The GCD of %d and %d is: %d\n",m,n,i);
            break;
        }
}
```

第一种思路，按照从小到大的顺序穷举两个数的公约数，程序代码如下：

```
#include<stdio.h>
main()
{
    int m,n,temp,i,k;
    printf("Input m & n:");
    scanf("%d%d",&m,&n);
    if(m<n)
    {   /*交换 m 和 n 的值*/
        temp=m;
        m=n;
        n=temp;
    }
    for(i=1;i<n;i++)
        if(m%i==0&&n%i==0)
            k=i;                            /*将当前情况下的最大公约数存储在 k 中*/
        printf("The GCD of %d and %d is: %d\n",m,n,k);
}
```

此算法第一步也需要对两个变量的值进行大小比较，使得变量 m 中存储大数，n 中存储小数。程序中需要注意的是，最后输出结果时不能直接输出变量 i 的值，因循环结束时循环变量 i 的值为 n，并不一定是要求的最大公约数。为了使求得的公约数在穷举过程中被记录，可以将满足条件的 i 值暂存到变量 k 中，使得 k 中始终存储当前情况下的最大公约数。

6. 运行结果

在 VC 6.0 下运行程序，屏幕上提示"Input m & n:"。输入 56 72，因为有可能两个数中的小数正好是两数的最大公约数，故再输入一组数 8 4，运行结果如图 4.2 所示。

（a）运行结果 1　　　　　　　　　　　　（b）运行结果 2

图 4.2　运行结果

7. 问题拓展

早在公元前 300 年左右，欧几里得就在他的著作《几何原本》中给出了求最大公约数高效的解法——辗转相除法。辗转相除法使用到的原理很聪明也很简单，假设用 $f(x, y)$ 表示 x, y 的最大公约数，取 $k = x/y$, $b = x\%y$，则 $x = ky + b$，如果一个数能够同时整除 x 和 y，则必能同时整除 b 和 y；而能够同时整除 b 和 y 的数也必能同时整除 x 和 y，即 x 和 y 的公约数与 b 和 y 的公约数是相同的，其最大公约数也是相同的，则有 $f(x, y) = f(y, x\%y)$ $(y > 0)$，如此便可把原问题转化为求两个更小数的最大公约数，直到其中一个数为 0，剩下的另外一个数就是两者最大的公约数。

例如，12 和 30 的公约数有 1、2、3、6，其中 6 就是 12 和 30 的最大公约数。

欧几里德算法，其思想可概括如下：

（1）用较大的数 m 除以较小的数 n，得到的余数存储到变量 b 中；b=m%n;

（2）上一步中较小的除数 n 和得出的余数 b 构成新的一对数，并分别赋值给 m 和 n，继续做上面的除法。

（3）若余数为 0，其中较小的数（即除数）就是最大公约数，否则重复步骤（1）和（2）。

以求 288 和 123 的最大公约数为例，操作如下：

288÷123=2 余 42

123÷42=2 余 39

42÷39=1 余 3

39÷3=13

所以 3 就是 288 和 123 的最大公约数。

在进行辗转相除之前，同样要确定两数中的大数、小数，将其分别存放在不同变量中。

相应程序段如下：

```
#include<stdio.h>
main()
{
 int m,n,temp,b;            /*m 存储较大数，n 存储较小数，b 存储两数相除得到的余数*/
 printf("Input m & n:");
```

```
scanf("%d%d",&m,&n);
printf("The GCD of %d and %d is: ",m,n);
if(m<n)                     /*比较大小，使得 m 中存储大数，n 中存储小数*/
{
        temp=m;
        m=n;
        n=temp;
}
b=m%n;                      /*求 m、n 的余数存到 b 中*/
while(b!=0)
{
        m=n;                /*原来的小数作为下次运算时的大数*/
    n=b;                    /*将上一次的余数作为下次相除时的小数*/
        b=m%n;
}
printf("%d\n",n);
}
```

8. 运行结果

在 VC 6.0 下运行程序，屏幕上提示 "Input m & n:"，输入 "245 87" 后，结果为 1，输入 "78 102" 后，结果为 6，如图 4.3 所示。

（a）运行结果 1   （b）运行结果 2

图 4.3　运行结果

9. 拓展训练

求一个最小的正整数，这个正整数被任意 n（2<=n<=10）除都是除不尽的，而且余数总是（n-1）。例如，被 9 除时的余数为 8。要求设计一个算法，不答应枚举与除 2、除 3、…、除 9、除 10 有关的命令，求出这个正整数。

4.2　最小公倍数

1. 问题描述

求任意两个正整数的最小公倍数（LCM）。

2. 问题分析

最小公倍数（Least Common Multiple，LCM），如果有一个自然数 a 能被自然数 b 整除，则称 a 为 b 的倍数，b 为 a 的约数，对于两个整数来说，指该两数共有倍数中最小的一个。计算最小公倍数时，通常会借助最大公约数来辅助计算。

最小公倍数=两数的乘积/最大公约（因）数，解题时要避免和最大公约（因）数问题混淆。

对于最小公倍数的求解，除了利用最大公约数外，还可根据定义进行算法设计。要求任意两个正整数的最小公倍数即，求出一个最小的能同时被两整数整除的自然数。

3．算法设计

根据定义可知，两个整数的最小公倍数不小于两者中的任意一个，若大数不是小数的倍数，则可由大数开始利用递增的方法找到第一个满足条件的数。利用定义求最小公倍数的关键，是找到两整数中的大数。

对于输入的两个正整数 m 和 n，每次输入的大小顺序可能不同，为了使程序具有一般性，首先对整数 m 和 n 进行大小排序，规定变量 m 中存储大数、变量 n 中存储小数。

若输入时 m 的值小于变量 n 的值，则需要交换两个变量中存储的内容。再次强调：交换两个变量中的内容并不是简单的相互赋值，而要借助中间变量，将其中一个变量的值暂存（防止在交换过程中将原来的内容丢失）。此过程在例 4.1 及第 1 章 1.8 中已介绍过不再缀述。

```
if(m<n)
{    /*交换 m、n 的值*/
     temp=m;
     m=n;
     n=temp;
}
```

若输入的两个数，大数 m 是小数 n 的倍数，那么大数 m 即为所求的最小公倍数；若大数 m 不能被小数 n 整除则需要寻找一个能同时被两数整除的自然数。从大数 m 开始依次向后递增直到找到第一个能同时被两数整除的数为止，所以循环变量 i 的初值为 m，寻找第一个能同时被两整数整除的自然数，并将其输出。需要注意的是，在找到第一个满足条件的 i 值后，循环没必要继续下去，所以用 break 来结束循环。

在上面的分析过程中没有提到循环变量的终止条件，因 i 的最大值不能确定，像这种终止条件不确定的情况如何来表示呢？方法有两种，第一，可以把判定条件表示成循环变量满足的基本条件，如本例终止条件可表示成 $i>0$；第二，终止条件省略不写，利用循环体中的语句结束循环，如在找到第一个满足条件的自然数时利用 break 语句结束循环。

```
for(i=m;i>0;i++)
/*寻找第一个能同时被 m、n 整除的自然数*/
if(i%m==0&&i%n==0)
{
    printf("The LCW of %d and %d is: %d\n",m,n,i);
    break;
}
```

for 语句的格式如下：

```
for(表达式 1;表达式 2;表达式 3)
    循环体语句;
```

- ❏ 表达式 1：一般为赋值表达式，给控制变量赋初值。
- ❏ 表达式 2：关系表达式或逻辑表达式，循环控制条件。
- ❏ 表达式 3：一般为赋值表达式，给控制变量增量或减量。

❏ 循环体语句：循环体，当有多条语句时，必须使用复合语句。

对于 for 语句格式中的三个表达式，在书写时可以省略其中的任何一个、两个甚至三个表达式都省略，但需要注意的是：无论省略几个但表达式中间的分号必须保留。如 for(；表达式 2；表达式 3)、for(表达式 1；；)、for(；；)这 3 种写法都是正确的。

4．确定程序框架

程序流程图如图 4.4 所示。

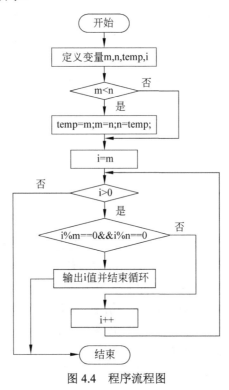

图 4.4　程序流程图

5．完整程序

根据上面的分析，编写程序如下：

```c
#include<stdio.h>
main()
{
    int m,n,temp,i;
    printf("Input m & n:");
    scanf("%d%d",&m,&n);
    if(m<n)                          /*比较大小，使得 m 中存储大数，n 中存储小数*/
    {
        temp=m;
        m=n;
        n=temp;
    }
    for(i=m;i>0;i++)                 /*从大数开始寻找满足条件的自然数*/
        if(i%m==0&&i%n==0)
        {   /*输出满足条件的自然数并结束循环*/
```

```
            printf("The LCW of %d and %d is: %d\n",m,n,i);
            break;
        }
}
```

最小公倍数不可以像最大公约数那样直接利用辗转相除的算法求出，但可以借助辗转相除法求得的最大公约数来求最小公倍数。辗转相除法求最大公约数的代码在 4.1 节中已经给出，在已知最大公数的情况下，借助公式：最小公倍数=两数的乘积/最大公约（因）数，求出两整数的最小公倍数。

由 4.1 节中求解最大公约数的代码可知，在辗转相除的过程中，变量 m、n 的值是一直在变化的，程序结束时与最初输入的值已不同，但在求最小公倍数时要用到两变量初值的乘积，因此在进入循环进行辗转相除之前应先将两变量的乘积保存，假设存储到变量 k 中，根据公式用变量 k 的值除以求得的最大公约数 n 得到的值即为所求的最小公倍数。对应代码如下：

```
#include<stdio.h>
main()
{
    int m,n,temp,b,lcw,k;/*m 存储较大数，n 存储较小数，b 存储两数相除得到的余数*/
    printf("Input m & n:");
    scanf("%d%d",&m,&n);
    k=m*n;
    printf("The LCW of %d and %d is: ",m,n);
    if(m<n)                    /*比较大小，使得 m 中存储大数，n 中存储小数*/
    {
        temp=m;
        m=n;
        n=temp;
    }
    b=m%n;                     /*求 m、n 的余数存到 b 中*/
    while(b!=0)
    {
        m=n;                   /*原来的小数作为下次运算时的大数*/
        n=b;                   /*将上一次的余数作为下次相除时的小数*/
        b=m%n;
    }
    lcw=k/n;
    printf("%d\n",lcw);
}
```

当然根据定义求得的最大公约数，也可由公式最小公倍数=两数的乘积/最大公约（因）数，再次求出最小公倍数。方法同上述代码，不再介绍。

6. 运行结果

在 VC 6.0 下运行程序，屏幕上提示“Input m & n:”，输入 45 63 后，结果为 315，输入 4 5 后，结果为 20，如图 4.5 所示。

| （a）运行结果 1 | （b）运行结果 2 |

图 4.5　运行结果

4.3 歌星大奖赛

1. 问题描述

在歌星大奖赛中，有 10 个评委为参赛的选手打分，分数为 1~100 分。选手最后得分为：去掉一个最高分和一个最低分后其余 8 个分数的平均值。请编写一个程序实现。

2. 问题分析

求一组数中的最大值、最小值是 C 语言编程或计算机等级考试中常见的一类问题，这类问题的算法十分简单，定义两个变量 max、min 分别存储最大值、最小值，利用两个变量与给定的数依次比较的方法求出最大、最小值。但是要注意在程序中判定最大、最小值的变量是如何赋值的。

3. 算法设计

确定变量初值。变量 max、min 要分别与每个数进行比较，因此在第一次比较时用到两变量的初值，max、min 的初值赋多少合适呢？一般情况可按照下面的方法赋值，最大值 max 的初值尽量小、最小值 min 的初值尽量大。对于变量 max 来说只有其初值尽可能小的时候，在第一次与给定的数比较时，数 1 才会大于 max，才能把数 1 赋给 max，作为变量 max 的新值，接着与数 2 比较，若数 2>max，同样把数 2 的值作为新值赋给 max；若数 2<max，则 max 中的值保持不变。重复上面的过程直到 max 与所有的数都比较完，则 max 中存储的就是最大值。若刚开始 max 的值就很大，那么在比较过程中给定的数若都比当前 max 的值小，经过一轮比较结束时变量 max 中存储的仍然是最初所赋的初值，那么这样的比较是没有意义的。过程如表 4.1（以 5 个数为例进行说明）所示。

表 4.1 比较过程

比较次数＼数值	max	给定数 1	给定数 2	给定数 3	给定数 4	给定数 5
	−32768	67	56	79	83	70
第一次：max<数 1	**67**	67	56	79	83	70
第二次：max>数 2	**67**	67	56	79	83	70
第三次：max<数 3	**79**	67	56	79	83	70
第四次：max<数 4	**83**	67	56	79	83	70
第五次：max>数 5	**83**	67	56	79	83	70

比较完之后 max 的值为 83，正好是所给数中的最大值。对于变量 min 的比较与赋值过程同上，在最初赋值是为了保证给定的任意一个数都比 min 小，所以应该把 min 的初值赋予的尽可能大。

对于 10 个评委的评分利用循环结构实现，循环变量 i 记录已经输入的评分的个数，初值为 0，判定条件为 i<10。评分的总和采用累加的方式存储到变量 sum 中，即循环体执行一次输入一个分数，接着将其累加到变量 sum 上，等到循环结束时，sum 中即为所有评分

的总和。求解最大值、最小值的过程如表 4.1 所示，每输入一个分数，就与当前的最大（小）值与其比较，若其大（小）于变量 max（min）的值，就把此分数赋值给 max（min）。由上述过程可以看出，无论是输入分数、求解总和还是寻找最大（小）值，都可以在一个循环过程中实现，代码如下：

```c
for(i=1;i<=10;i++)
{
    printf("Input number %d: ",i);
    scanf("%d",&integer);              /*输入评委的评分*/
    sum+=integer;                      /*计算总分*/
    if(integer>max)max=integer;        /*通过比较筛选出其中的最高分*/
    if(integer<min)min=integer;        /*通过比较筛选出其中的最低分*/
}
```

4．程序框架

程序流程图如图 4.6 所示。

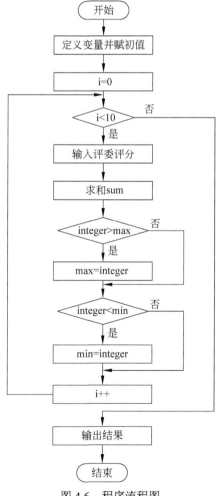

图 4.6　程序流程图

5．完整程序

根据上面的分析，编写程序如下：

```c
#include<stdio.h>
void main()
{
 int integer,i,max,min,sum;
 max=-32768;                    /*先假设当前的最大值 max 为 C 语言整型数的最小值*/
 min=32767;                     /*先假设当前的最小值 min 为 C 语言整型数的最大值*/
 sum=0;                         /*将求累加和变量的初值置为 0*/
 for(i=0;i<10;i++)
 {
    printf("Input number %d: ",i);
    scanf("%d",&integer);           /*输入评委的评分*/
    sum+=integer;                   /*计算总分*/
    if(integer>max)                 /*通过比较筛选出其中的最高分*/
            max=integer;
    if(integer<min)                 /*通过比较筛选出其中的最低分*/
            min=integer;
 }
 printf("Canceled max score:%d\nCanceled min score:%d\n",max,min);
 printf("Average score:%d\n",(sum-max-min)/8);          /*输出结果*/
}
```

6．运行结果

按照屏幕提示输入 number 　1、number 2、number 3……，运行结果如图 4.7 所示。

7．问题拓展

题目条件不变，但考虑同时对评委评分进行裁判，即在 10 个评委中找出最公平（即评分最接近平均分）和最不公平（即与平均分的差距最大）的评委，程序应该怎样实现？

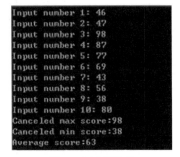

图 4.7　运行结果

问题分析与算法设计

要找出最公平与最不公平的评委，在求出平均值后，需要与所有分数进行比较，求出与平均值差的绝对值最大和最小的两个评分所对应的评委即为所求。因有个比较过程，因此在输入完评委的评分后需要将其存储,若在上述代码基础上进行改进,则需要另外定义 10 个变量来存储评委评分。此算法虽然可以满足题目要求，但是写起来麻烦，为解决这个问题可以利用数组来实现，这样不必定义 10 个变量，只需要定义一个含量有 10 个元素的数组，第 1～10 个评委的评分分别存储到数组 score[0]到 score[10]。

最公平的评委即求出与平均值差值最小评分所对应的评委，若有一个评分正好等于平均分，则此分数对应的评委即为最公平的；若都不相同，则需要将差值进行比较选出最小值，算法与求一组数最小值的思路相同。最不公平的评委一定在所求的最大值、最小值对应的评委中产生。

代码如下：

```c
#include "stdio.h"
#include "math.h"
void main()
{
    float score[10],max,min,ave,sum,s;
    int i,j,m,n,temp;                  /*m、n 用来记录最大值、最小值的下标*/
    sum=0;
    for(i=0;i<10;i++)
    {
        score[i]=1+rand()%100;         /*利用数学函数 rand()生成 10 个随机数据*/
        printf("%f ",score[i]);        /*输出随机生成的数据*/
        sum=sum+score[i];
    }
    printf("\n");
    max=score[0];                      /*给 max 赋初值*/
    m=0;
    for(j=1;j<10;j++)
    {
        if(max<score[j])
        {
            max=score[j];
            m=j;                       /*记录最大值的下标*/
        }
    }
    printf("max is %5.2f\n",max);
    min=score[0];
    n=0;
    for(j=1;j<10;j++)
    {
        if(min>score[j])
        {
            min=score[j];
            n=j;                       /*记录最小值的下标*/
        }
    }
    printf("min is %5.2f\n",min);
    ave=(sum-max-min)/8;               /*计算平均值*/
    printf("average is %5.2f\n",ave);
    temp=0;                  /*temp 用来记录最公平与最不公平评委给出的评分存储的下标*/
    s=fabs(score[0]-ave);              /*s 记录评分与平均值差的绝对值*/
    for(i=0;i<10;i++)
    {
        if(fabs(score[i]-ave)==0)
        {
            temp=i;
            printf("最公平的评委是%d\n",temp+1);
        }
    }
    temp=0;
    s=fabs(score[0]-ave);
    for(i=0;i<10;i++)
    {
        if(fabs(score[i]-ave)!=0)
        {
            if(s>fabs(score[i]-ave))
            {
```

```
                        s=fabs(score[i]-ave);
                        temp=i;
                    }
                }
            }
        printf("最公平的评委是%d\n",temp+1);
        if((ave-min)==(max-ave))
        {
            printf("最不公平的评委是%d %d\n",m+1,n+1);
        }
        else
            if((ave-min)>(max-ave))
            {
                printf("最不公平的评委是%d",n+1);
            }
            else
            {
                printf("最不公平的评委是%d",m+1);
            }
            printf("\n");
}
```

4.4 将真分数分解为埃及分数

1. 问题描述

现输入一个真分数，请将该分数分解为埃及分数。

2. 问题分析

真分数（a proper fraction）：分子比分母小的分数，叫做真分数。真分数的分数值小于 1。如 1/2，3/5，8/9 等。

分子是 1 的分数，叫单位分数。古代埃及人在进行分数运算时，只使用分子是 1 的分数。因此这种分数也叫做埃及分数，或者叫单分子分数。

如 8/11=1/2+1/5+1/55+1/110。

我们约定分子分母都是自然数，分数的分子用 a 表示，分母用 b 表示。

若真分数的分子 a 能整除分母 b，则真分数经过化简就可以得到埃及分数；若真分数的分子不能整除分母，则可以从原来的分数中分解出一个分母为（b/a）+1 的埃及分数。用这种方法将剩余部分反复分解，最后可得到结果。

3. 算法设计

真分数分解为埃及分数的思路可归纳如下：

（1）分数的分子用 a 表示、分母用 b 表示，变量 c 用来存储各个埃及分数的分母。

（2）如果分母是分子的倍数，直接约简成埃及分数。

此时，埃及分数的分母 c=b/a；分子为 1，即直接将变量 a 赋值为 1。

（3）否则分数中一定包含一个分母为（b/a）+1 的埃及分数。

若分母不是分子倍数，则可以分解出一个分母为（b/a）+1 的埃及分数，即变量 c 的值为（b/a）+1。

（4）如果分子是 1，表明已经是埃及分数，不用再分解，结束。

因为若分数的分子 a 为 1，说明此时的分数已经是埃及分数无须再分解，可结束循环。对于这种不受循环条件限制，当某一条件满足时便可结束循环的情况，可用 break 语句实现。

```
if(a= =1)
{
    printf("1/%ld\n",c);
    break;                          /*a 为 1 标志结束*/
}
```

（5）如果分子是 3 而且分母是偶数，直接分解成两个埃及分数 1/（b/2）和 1/b，结束。

因分母为偶数，所以变量 b 一定是 2 的倍数，对于分解出的分数 1/（b/2）经过约分之后肯定能得到一个埃及分数。原分数分解为两个埃及分数之后便可利用 break 语句结束循环。

```
if(a= =3&&b%2= =0)              /*若余数分子为 3，分母为偶数，输出最后两个埃及分数*/
{
    printf("1/%ld + 1/%ld\n",b/2,b);
    break;
}
```

（6）从分数中减去这个分母为（b/a）+1 的埃及分数，回到步骤（2）重复上述过程。

分解出此埃及分数之后用原分数 a/b 减去此埃及分数，得到新的分数。此新分数的分子 a= a*c-b，分母 b=b*c。

整个程序没有明确的循环条件，所以为了能使循环继续，将循环条件用一个非 0 的常量表示条件为真。从上述过程可以看出，虽然利用循环条件不能结束循环，当满足某一条件时利用 break 语句，仍然可以避免程序进入死循环。

对于某一真分数分解为一个以上的埃及分数时最后输出时要求以各分数相加的形式输出，所以在输出语句中"+"作为普通字符输出。

```
printf("1/%ld + ",c);
```

4．输出语句 printf

printf()函数的一般调用形式为：

```
格式: printf(格式控制,输出表列);
```

在 printf()函数的最后面写上;号就是输出语句。

（1）格式说明符：给输出项提供输出格式说明。

❏ 作用：就是使数据按格式说明符的要求进行输出。

❏ 组成：由%号和紧跟在其后的格式描述符组成。

常用的数据类型及其对应的格式说明符如表 4.2 所示。

表 4.2　数据类型及其对应的格式说明符

数据类型	格式说明符	数据类型	格式说明符
int	%d	double	%f 或%e
float	%f 或%e	char	%c

（2）提供原样输出的文字或字符。

在双引号中除了格式说明符之外的内容要全部原样输出。

输出表列中各个输出项之间要用逗号隔开。输出项可以是任意合法的常量、变量或表达式。

注意事项：

❏　格式说明符要与输出项一一对应。

❏　输出语句中还可以有 \n　\r　\t　\a 等转义字符。

❏　尽量不要在输出语句中改变输出变量的值。

❏　输出的数据中如果存在变量，一定是已经定义过的。

输入语句 scanf

格式：scanf(格式控制,输入表列);

例如：想通过键盘输入 3 个数分别给变量 a、b、c。并且它们分别为整型、浮点型和双精度型。

输入语句为 scanf("%d%f%lf",&k,&a,&y);

说明：

❏　格式说明符与输出语句一样。

❏　在格式串中，必须含有与输入项一一对应的格式说明符。

❏　在 VC 6.0 的环境下，要输入的 double 型数据的格式说明符一定要用%lf，否则数据不能正确的输入。

❏　由于输入是一个字符流，所以当输入的数据少于输入项时，程序会等待用户输入，直到满足要求。当输入的数据多于输入项时，多余的数据会自动作废。

❏　在双引号中除了格式说明符之外的内容要全部原样输入。

例如，本程序中的语句 scanf("%ld/%ld",&a,&b);因双引号"　"中除了格式说明符之后还有普通字符"/"，因此在给变量 a、b 赋值时要用格式：3/5。

5．程序框架

程序流程图如图 4.8 所示。

6．完整程序

根据上面的分析，编写程序如下：

```
#include<stdio.h>
void main()
{
    long int a,b,c;
    printf("Please enter a optional fraction(a/b):");
```

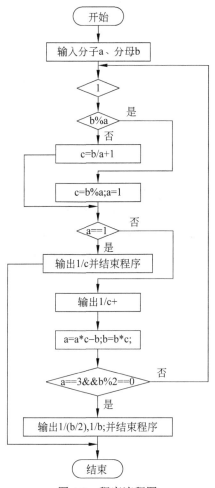

图 4.8 程序流程图

```
scanf("%ld/%ld",&a,&b);                    /*输入分子 a 和分母 b*/
printf("It can be decomposed to:");
while(1)
{
    if(b%a)        /*若分子不能整除分母，则分解出一个分母为 b/a+1 的埃及分数*/
        c=b/a+1;
    else           /*否则，输出化简后的真分数(埃及分数)*/
    {
        c=b/a;
        a=1;
    }
    if(a==1)
    {
        printf("1/%ld\n",c);
        break;              /*a 为 1 标志结束*/
    }
    else
        printf("1/%ld + ",c);
    a=a*c-b;                /*求出余数的分子*/
    b=b*c;                  /*求出余数的分母*/
    if(a==3&&b%2==0)        /*若余数分子为 3，分母为偶数，输出最后两个埃及分数*/
    {
```

```
            printf("1/%ld + 1/%ld\n",b/2,b);
            break;
        }
    }
}
```

7. 运行结果

在 VC 6.0 下运行程序，根据屏幕提示按照"数 1/数 2"的格式输入分子 a、分母 b 的值。先输入 3/5，再输入 132/155，两次不同输入的运行结果如图 4.9 所示。读者还可以输入其他的分数来观察程序的运行结果。

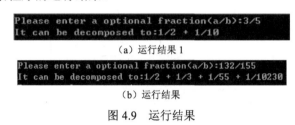

（a）运行结果 1

（b）运行结果

图 4.9　运行结果

4.5　列出真分数序列

1. 问题描述

按递增顺序依次列出所有分母为 40，分子小于 40 的最简分数。

2. 问题分析

分子、分母只有公因数 1 的分数叫做最简分数或者说分子和分母是互质数的分数，叫做最简分数，又称既约分数，如 2/3，8/9，3/8 等。

方法一：求分子小于 40 的最简分数，对分子采用穷举的方法。根据最简分数定义知：分子分母的最大公约数为 1，利用最大公约数的方法，判定分子与 40 是否构成真分数。

方法二：分子、分母的公因数只有 1 的分数为最简分数，若分子、分母在 1～分子（num2）（题目要求分子小于 40，分子、分母的公约数小于两者中的任意一个）之间除了 1 之外还有其他的公因数，则此分数肯定不是最简分数。

3. 算法分析

变量 num1、num2 分别存储分母、分子的值。

方法一：

求最大公约数一般采用辗转相除的思想，具体步骤如下。

（1）用较大的数 num1 除以较小的数 num2，得到的余数存储到变量 temp 中，temp=num1%num2。

（2）上一步中较小的除数 num2 和得出的余数 temp 构成新的一对数，并分别赋值给 num1 和 num2，继续做上面的除法。

（3）当 num2 为 0 时，num1 就是最大公约数，否则重复步骤（1）、（2）。

对于辗转相除法的思想在例 4.1 中已经详细说明，此处不再缀述。

方法二：

分数的分子仍然采用穷举法。对于每一个可能的分子，都要判断在 1～num2 范围内，分数 num1/num2 除了 1 之外是否有其他的公因数，循环初值为 2。

在 2～num2 内若有一个数 j 能同时整除分子、分母，说明此分数不是最简分数，j～num2 之间的数也无须再判断，利用 break 语句结束循环。循环结束时 j<num2。循环过程中若没有一个数可以同时整除分子、分母即条件 if(num1%j==0&&num2%j==0)不成立，则 break 语句不执行，循环正常结束，即条件 j<=num2 不成立，循环结束时 j>num2。利用 j 与 num2 的大小关系可判断分数是否为最简分数。

4．程序框架

辗转相除法求最大公约数的流程图例 4.1 已给出，下面给出方法二的流程图，如图 4.10 所示。

5．完整程序

代码 1：

```
#include<stdio.h>
void main()
{
    int i,num1,num2,temp,n=0;              /*n 记录最简分数的个数*/
    printf("The fraction serials with demominator 40 is:\n");
    for(i=1;i<40;i++)                      /*穷举 40 以内的全部分子*/
    {
        num1=40;
        num2=i;
        /*采用辗转相除法求出最大公约数*/
        while(num2!=0)
        {
            temp=num1%num2;
            num1=num2;
            num2=temp;
        }
        if(num1==1)                        /*若最大公约数为 1，则为最简真分数*/
        {
            n++;
            printf("%2d/40  ",i);
            if(n%8==0)                     /*每行输出 8 个数*/
                printf("\n");
        }
    }
}
```

代码 2：

```
#include<stdio.h>
void main()
{
    int i,num1,num2,j,n=0;                    /*n 记录最简分数的个数*/
    printf("The fraction serials with demominator 40 is:\n");
```

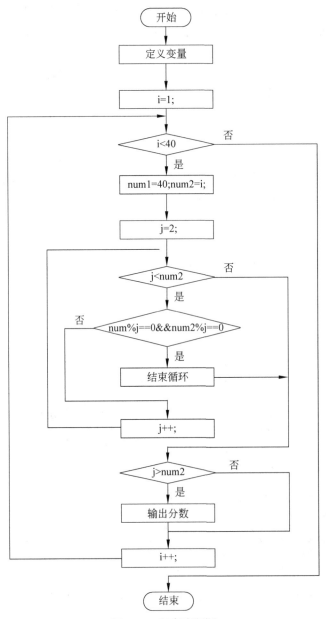

图 4.10　程序流程图

```
for(i=1;i<40;i++)                              /*穷举 40 以内的全部分子*/
{
    num1=40;
    num2=i;
    for(j=2;j<=num2;j++)
/*判断 2~num2 之间分子、分母是否有公约数，如果有 j 满足条件，则结束循环，说明此时的分
数不是最简分数*/
        if(num1%j==0&&num2%j==0)
            break;
        if(j>num2)
        /*若 j>num2 说明 2~num2 之间没有分子、分母的公约数，分数为最简分数*/
        {
            printf("%2d/40  ",i);
```

```
            n++;
            if(n%8==0)                        /*每行输出 8 个数*/
                printf("\n");
        }
    }
}
```

6. 运行结果

在 VC 6.0 下运行程序，运行结果如图 4.11 所示。

```
The fraction serials with demominator 40 is:
 1/40    3/40    7/40    9/40   11/40   13/40   17/40   19/40
21/40   23/40   27/40   29/40   31/40   33/40   37/40   39/40
```

图 4.11　运行结果

7. 拓展训练

按递增顺序依次列出所有分母小于等于 40 的最简真分数。

问题分析与算法设计

分母为 40，分子小于 40 的最简分数的算法如上所述，当分母为 30，求分子小于 30 的最简分数时思路与上述思路相同，只需将 num1 的值改为 30，分母为 39、38、37……1 时，求最简分数都可用上述方法求得。要求分母小于等于 40 的最简真分数，只需在上述程序基础上加一外层循环来控制分母的取值即可，for(k=1;k<=40;k++)。

代码如下：

```
#include<stdio.h>
void main()
{
    int i,num1,num2,j,n,k;                  /*n 记录最简分数的个数*/
    printf("The fraction serials with demominator 40 is:\n");
    for(k=1;k<=40;k++)
    {   num1=k;n=0;
        for(i=1;i<num1;i++)                 /*穷举 num1 以内的全部分子*/
        {
            num2=i;
            for(j=2;j<=num2;j++)
/*判断 2～num2 之间分子、分母是否有公约数。如果有 j 满足条件，则结束循环，说明此是的分
数不是最简分数*/
                if(num1%j==0&&num2%j==0)
                    break;
            if(j>num2)
            /*若 j>num2，说明 2～num2 之间没有分子、分母的公约数，分数为最简分数*/
            {
                printf("%2d/%2d  ",num2,num1);
                n++;
                if(n%10==0)                 /*每行输出 10 个数*/
                    printf("\n");
            }
        }
        printf("\n");
    }
}
```

4.6 多项式之和

1．问题描述

计算下列多项式的值：

$$S = 1 + \frac{1}{1 \times 2} + \frac{1}{1 \times 2 \times 3} + \cdots + \frac{1}{1 \times 2 \times 3 \times \cdots 50}$$

例如，从键盘上输入 50 后，输出为 1.718282。

2．问题分析

方法一：把上面多项式中的每一个分项标上记号，第 1 个式子的记号为 1，第 2 个式子的记号为 2，第 3 个式子的记号为 3……，依此类推。可以发现式子的分母与记号之间的关系如表 4.3 所示。

表 4.3　分母与记号间的关系

项数	1	2	3	4	5	……
分母	1	1×2	1×2×3	1×2×3×4	1×2×3×4×5	……
	1!	2!	3!	4!	5!	……

由表格 4.3 可以发现，每一项分式的分母都是对应项标记的阶乘。所以只要求出每一项的阶乘再将其倒数和加在一起即为所求多项式的结果。

方法二：整体去看每一个分式之间的联系，每一个分式用一个字母来代替，第一个分式用 t1 表示，第二个分式用 t2 表示……，如表 4.4 所示。

表 4.4　分式间的联系

项数	1	2	3	4	……
分式	t1=1/1	t2=1/(1×2)	t3=1/(1×2×3)	t4=1/(1×2×3×4)	……
	t1=1×1	t2=t1×(1/2)	t3=t2×(1/3)	t4=t3×(1/4)	……

由表 4.4 可以看出，后面一项等于前一项乘以当前项数的倒数，如果这里的每一项都用同一个变量 t 表示的话，那么第 i 项就可以用一个公式表示，即 t=t*1/i;。这样可以只用一层循环来实现，循环变量 i 控制对应的项数，取值范围为 1～n。

3．算法分析

n 的阶乘算法如下：$n! = 1 \times 2 \times 3 \times 4 \times 5 \times \cdots \times n$，可用循环来实现，代码如下：

```
for(j=1;j<=i;j++)            /*i 为对应的项数*/
    t=t*j;                   /*t 表示每一项的分母*/
```

对于每一项都是求出其分母即项数 i 对应的阶乘，是一个循环重复的过程，所以可用另外一层循环来控制项数，范围为 1～n，代码如下：

```
for(i=1;i<=n;i++)                /*i为每个分式对应的标记*/
{
...
}
```

对于存储阶乘的变量 t，每一次记录新的阶乘之前都要把其值赋为 1，否则下一项的阶乘值会受上一项的影响，所以在每次执行内层循环求下一项阶乘之前，要把 t 的值再次赋为 1：$t=1$;。

方法二的算法分析此处省略，后面给出相关程序。

4. 程序框架

程序流程图如图 4.12 所示。

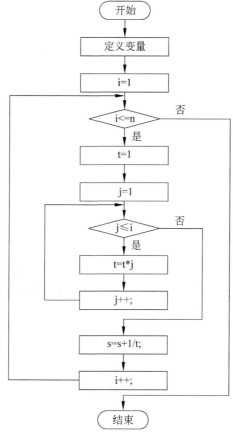

图 4.12　程序流程图

5. 完整程序

方法一：

```
#include<stdio.h>
main()
{
    double s=0,t;                 /*s记录多项式的和、t记录每一项分式的分母*/
```

```
    int i,n,j;                              /*n 控制项数*/
    printf("please input the number of n:");        /*输入 n 的值*/
    scanf("%d",&n);
    for(i=1;i<=n;i++)                       /*i 控制对应项数*/
    {
        t=1;                                /*每次循环之前给 t 赋初值*/
        for(j=1;j<=i;j++)
            t=t*j;                          /*求每一项的阶乘*/
        s=s+1/t;
    }
    printf("%f",s);
}
```

方法二：

```
#include<stdio.h>
main()
{
    double s=0,t=1;              /*s 记录多项式的和、t 记录每一项分式的分母*/
    int i,n;                     /*n 控制项数*/
    printf("please input the number of n:");        /*输入 n 的值*/
    scanf("%d",&n);
    for(i=1;i<=n;i++)            /*i 控制对应项数*/
    {
        t=t*1/i;                 /*将分式的值赋给变量 t*/
        s=s+t;
    }
    printf("%f",s);
}
```

这里将变量 *t* 定义为 double 而不是 float 型，因为单精度型能表示的范围不如双精度，对于 50 的阶乘有可能已经超出单精度类型所表示的范围。

6．运行结果

在 VC 6.0 下运行程序，屏幕上提示"please input the number of n:"，运行结果如图 4.13 所示。

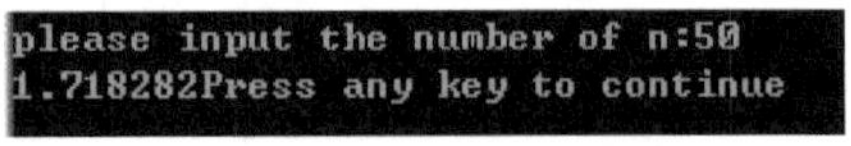

```
please input the number of n:50
1.718282Press any key to continue
```

图 4.13 运行结果

4.7 分 数 比 较

1．问题描述

比较两个分数的大小。

2．问题分析

人工方式下比较分数大小最常用的方法是：进行分数的通分后比较分子的大小。通分的步骤可描述如下：

（1）先求出原来几个分数（式）的分母的最简公分母。

（2）根据分数（式）的基本性质，把原来分数（式）化成以最简公分母为分母的分数（式）。如，比较分数 $\frac{7}{12}$ 与 $\frac{5}{7}$ 的过程如下：

两分数的分母没有公约数，所以通分后最简分母为两分母之积：12*7=84

分子为最简公分母除以原来分数的分母再乘以分子，两分数的分子分别为 84/12*7、84/7*5 通分后两分数分别为 $\frac{49}{84}$ 和 $\frac{60}{84}$，故 $\frac{7}{12}<\frac{5}{7}$。

若两分数的分母有公约数，则应求出通分后的最简公分母，即两分母之积/分母的最大公约数。

3．算法分析

由上述分析知，要求通分后的最简公分母，即求两分母的最小公倍数。求最小公倍数的前提是求出两数的最大公约数，最大公约数的求解采用辗转相除的方法，步骤如下：

（1）用较大的数 m 除以较小的数 n，得到的余数存储到变量 b 中；b=m%n；

（2）上一步中较小的除数 n 和得出的余数 b 构成新的一对数，并分别赋值给 m 和 n，继续做上面的除法；

（3）若余数为 0，其中较小的数（即除数）就是最大公约数，否则重复步骤（1）和（2）。

对于最大公约数的求解用自定义函数 zxgb 实现，程序代码如下：

```
int zxgb(int a,int b)
{
   long int c;
   int d;
   /*若a<b，则交换两变量的值，a存储大数，b存储小数*/
   if(a<b)
   {
       c=a;
       a=b;
       b=c;
   }
   /*求分母a、b的最大公约数*/
   for(c=a*b;b!=0;)              /*辗转相除过程*/
   {
       d=b;
       b=a%b;
       a=d;
   }
   return (int)c/a;              /*返回最小公倍数*/
}
```

通分后的分子为：通分后的分母/原分数分母*原分数分子，两分数的分母分别用变量 j，1 表示，分子用变量 i,k 表示。求解分子的代码如下：

```
m=zxgb(j,l)/j*i;              /*求出第一个分数通分后的分子*/
n=zxgb(j,l)/l*k;              /*求出第二个分数通分后的分子*/
```

只需比较变量 m、n 的值即可，若m>n，则第一个分数大于第二个分数，若m=n，则两分数相等，否则第一个分数小于第二个分数。

4．程序框架

程序流程图如图 4.14 所示。最大公约数流程图参照图 4.1 所示。

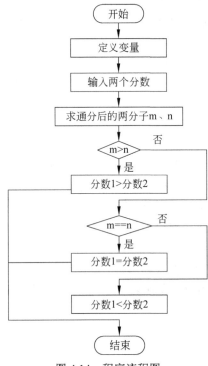

图 4.14　程序流程图

5．完整程序

根据上面的分析，编写程序如下：

```c
#include<stdio.h>
int zxgb(int a,int b);                          /*函数声明*/
void main()
{
    int i,j,k,l,m,n;
    printf("Input two FENSHU:\n");
    scanf("%d/%d,%d/%d",&i,&j,&k,&l);           /*输入两个分数*/
    m=zxgb(j,l)/j*i;                            /*求出第一个分数通分后的分子*/
    n=zxgb(j,l)/l*k;                            /*求出第二个分数通分后的分子*/
    if(m>n)                                     /*比较分子的大小*/
        printf("%d/%d>%d/%d\n",i,j,k,l);
    else
        if(m==n)
            printf("%d/%d=%d/%d\n",i,j,k,l);    /*输出比较的结果*/
        else
            printf("%d/%d<%d/%d\n",i,j,k,l);
}
int zxgb(int a,int b)
{
    long int c;
    int d;
```

```
    /*若 a<b,则交换两变量的值*/
    if(a<b)
    {
        c=a;
        a=b;
        b=c;
    }
    /*求分母 a、b 的最大公约数*/
    for(c=a*b;b!=0;)
    {
        d=b;
        b=a%b;
        a=d;
    }
    return (int)c/a;
}
```

6. 运行结果

为了验证程序的正确性，对于大于、小于、等于 3 种情况分别进行验证，以及分数有无公约数两种情况也分别进行验证，选择的 3 组数据分别为 4/5 与 6/7、8/4 与 16/32、16/32 与 4/8。运行结果如图 4.15 所示。

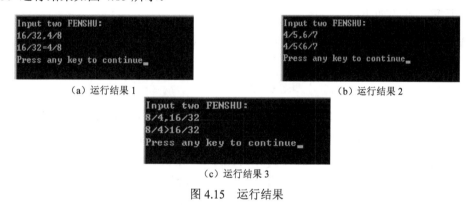

(a) 运行结果 1　　　　　　　　　　　　(b) 运行结果 2

(c) 运行结果 3

图 4.15　运行结果

4.8　计算分数精确值

1. 问题描述

使用数组精确计算 $M/N(0<M<N<=100)$ 的值。假如 M/N 是无限循环小数，则计算并输出它的第一循环节，同时要求输出循环节的起止位置（小数位的序号）。

2. 问题分析

由于计算机字长的限制，常规的浮点运算都有精度限制，为了得到高精度的计算结果，就必须自行设计实现方法。

为了实现高精度的计算，可将商存放在一维数组中，数组的每个元素存放一位十进制数，即商的第 1 位存放在第 1 个元素中，商的第 2 位存放在第 2 个元素中……，依次类推。

这样就可以使用数组来表示一个高精度的计算结果。

进行除法运算时可以模拟人工操作，即每次求出商的第一位后，将余数乘以 10，再计算商的下一位，重复以上过程，当某次计算后的余数为 0 时，表示 M/N 为有限不循环小数。某次计算后的余数与前面的某个余数相同时，则 M/N 为无限循环小数，从该余数第一次出现之后所求得的各位数就是小数的循环节。

程序具体实现时，采用了数组和其他一些技巧来保存除法运算所得到的余数和商的各位数。

3．算法分析

在运算过程中，每次得到的余数都要看一下在前面的运算过程中是否已经出现，所以余数及商都要存储在数组中。分别定义两个数组 remainder[101]，quotient[101]来存放运算过程中每一步的余数，及得到的每一位商。

被除数、除数分别用变量 m、n 存储，由题意知 $m<n$。数组元素 remainder[m]的下标表示运算过程中得到的余数，remainder[m]=i;语句的作用是，记录余数 m 所存储的位置 i，即小数点后的位置。quotient[i]=m/n;把第 i 次相除得到的商存储到数组中下标为 i 的位置。因每次除完之后，得到的余数肯定比除数 n 小，所以在下一次进行相除之前，余数项先乘以 10 再运算。代码如下：

```
remainder[m]=i;          /*m:得到的余数 remainder[m]:该余数对应的商的位数*/
m*=10;                   /*余数扩大 10 倍*/
quotient[i]=m/n;         /*商*/
m=m%n;                   /*求余数*/
```

对于得到的余数 m 进行判断，看 m 的值是否为 0，若为 0，则说明此分数是有限循环小数，结束循环。若 m 的值不为 0，则要判断此余数是否已经出现过（定义时将数组 remainder 元素的值全部初始化为 0，若 remainder[m]的值为 0，则说明此余数没有出现过；若值不为 0，则说明前面已出现过相同的余数，此分数为无限循环小数），若没有出现继续相除；若已经出现过则说明分数为无限循环小数，第一个循环节为起始位置为数组 quotient[1]结束位置数组元素 remainder[m]对应下标 i。代码如下：

```
if(m==0)                              /*余数为 0 则表示是有限小数*/
    {
    for(j=1;j<=i;j++)
        printf("%d",quotient[j]);     /*输出商*/
    break;                            /*退出循环*/
    }
if(remainder[m]!=0)                   /*若该余数对应的位在前面已经出现过*/
    {
    for(j=1;j<=i;j++)
        printf("%d",quotient[j]);     /*则输出循环小数*/
    printf("\n\tand it is a infinite cyclic fraction from %d\n",
    remainder[m]);
    printf("\tdigit to %d digit after decimal point.\n",i);
                                      /*输出循环节的位置*/
    break;                            /*退出循环*/
    }
```

4. 完整程序

根据上面的分析，编写程序如下：

```c
#include<stdio.h>
void main()
{
    int m,n,i,j;
int remainder[101]={0},quotient[101]={0};
/*remainder:存放除法的余数;quotient:依次存放商的每一位*/
    printf("Please input a fraction(m/n)(<0<m<n<=100):");
    scanf("%d/%d",&m,&n);                  /*输入被除数和除数*/
    printf("%d/%d it's accuracy value is:0.",m,n);
    for(i=1;i<=100;i++)                    /*i:商的位数*/
    {
        remainder[m]=i;   /*m:得到的余数 remainder[m]:该余数对应的商的位数*/
        m*=10;                             /*余数扩大10倍*/
        quotient[i]=m/n;                   /*商*/
        m=m%n;                             /*求余数*/
        if(m==0)                           /*余数为0则表示是有限小数*/
        {
            for(j=1;j<=i;j++)
                    printf("%d",quotient[j]);         /*输出商*/
            break;                                    /*退出循环*/
        }
        if(remainder[m]!=0)               /*若该余数对应的位在前面已经出现过*/
        {
            for(j=1;j<=i;j++)
                    printf("%d",quotient[j]);         /*则输出循环小数*/
            printf("\n\tand it is a infinite cyclic fraction from %d\n",
            remainder[m]);
            printf("\tdigit to %d digit after decimal point.\n",i);
                                                /*输出循环节的位置*/
            break;                                    /*退出循环*/
        }
    }
}
```

5. 运行结果

在 VC 6.0 下运行程序，屏幕上提示"Please input a fraction(m/n)(0<m<n=100):"，则输入一个有限分数 1/40 后运行结果如图 4.16 所示。

```
Please input a fraction(m/n)(<0<m<n<=100):1/40
1/40 it's accuracy value is:0.025Press any key to continue
```

图 4.16　运行结果 1

输入一个有限分数 1/6 后运行结果如图 4.17 结果 2 所示。

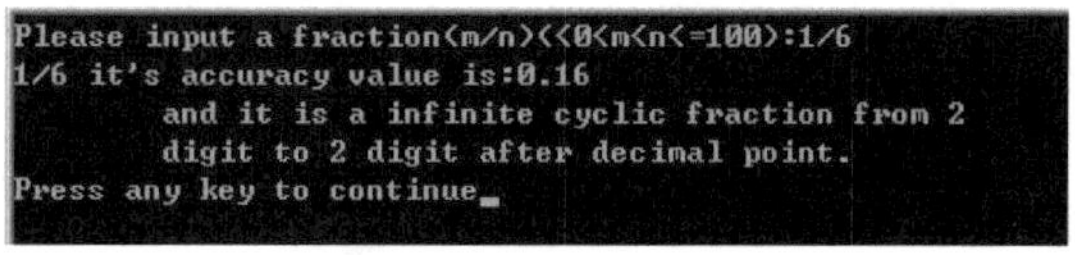

```
Please input a fraction(m/n)(<0<m<n<=100):1/6
1/6 it's accuracy value is:0.16
        and it is a infinite cyclic fraction from 2
        digit to 2 digit after decimal point.
Press any key to continue
```

图 4.17　运行结果 2

输入一个有限分数 25/95 后运行结果如图 4.18 结果 3 所示。

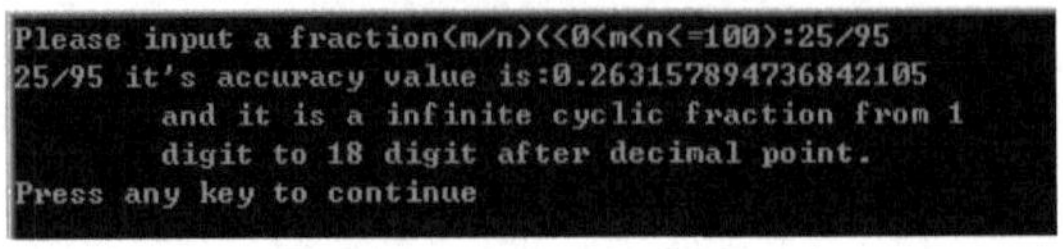

```
Please input a fraction(m/n)((0<m<n<=100):25/95
25/95 it's accuracy value is:0.263157894736842105
          and it is a infinite cyclic fraction from 1
          digit to 18 digit after decimal point.
Press any key to continue
```

图 4.18　运行结果 3

第5章 趣味素数

素数是指除了 1 和它本身两个自然数以外再没有其他因子的自然数。在数论中，素数是最纯粹、也最令人着迷的概念。在所有的素数中，只有 2 是唯一的一个偶数，其他的素数都是奇数。

本章首先介绍如何判别一个自然数是否为素数，在掌握素数判别方法的基础上，介绍几种有趣的素数，这些素数都各有各的特点，但它们的共同点是都用到了素数的判别方法。因此，对于素数部分的学习，读者应该熟练掌握素数的概念和判别方法，再通过本章介绍的几种特殊的素数来开阔思路，提高学习兴趣。本章主要内容如下：

- ❑ 素数；
- ❑ 哥德巴赫猜想；
- ❑ 要发就发；
- ❑ 可逆素数；
- ❑ 回文素数；
- ❑ 孪生素数；
- ❑ 梅森素数。

5.1 素　　数

1．问题描述

求给定范围 start～end 之间的所有素数。

2．问题分析

素数指的是只能由 1 和它自身整除的整数。

判定一个整数 m 是否为素数的关键就是要判定整数 m 能否被除 1 和它自身以外的任何其他整数所整除，若都不能整除，则 m 即为素数。

本题求的是给定范围 start～end 之间的所有素数，考虑到程序的通用性，需要从键盘上输入 start 和 end 值，例如输入 start=1，end=1000，则所编写的程序应能够打印出 1～1000 之间的所有素数。

3．算法设计

由问题分析可知，该问题考虑用双层循环结构实现。

外层循环对 start～end 之间的每个数进行迭代，逐一检查其是否为素数。外层循环的循环变量用变量 m 表示，m 即代表当前需要进行判断的整数，显然其取值范围为 start≤m≤end。

内层循环稍显复杂，完成的功能是判断当前的 m 是否为素数。设内循环变量为 i，程序设计时 i 从 2 开始，直到 $\sqrt{m}$ 为止。用 i 依次去除需要判定的整数 m，如果 m 能够被 2～$\sqrt{m}$ 中的任何一个整数所整除，则表示 i 必然小于或等于 $\sqrt{m}$，则可以确定当前的整数 m 不是素数，因此，应提前结束该次循环。如果 n 不能被 2～$\sqrt{m}$ 中的任何一个整数所整除，则在完成最后一次循环后，i 还需要加 1，即 $i=\sqrt{m}+1$，之后才终止循环。此时，可以确定当前的整数 m 为素数。

我们可以使用标志位 flag 来监控内外循环执行的情况。在定义变量时将 flag 初值设为 1，在内层循环中判断时，如果 m 能够被 2～$\sqrt{m}$ 中的任何一个整数所整除，则在内循环中将 flag 设置为 0。如果 m 不能被 2～$\sqrt{m}$ 中的任何一个整数所整除，则在内循环中不会修改 flag 标志的值，退出内循环后它的值仍为 1。此时在外循环中对 flag 的值进行判断，如果 flag=0，则显然当前的 m 不是素数，如果 flag=1，则当前的 m 是素数，应该将其打印出来。

还需要注意的是，在外循环中，每次要进行下一次迭代之前，要先将 flag 标志再次置为 1。

在设计算法时我们还可以定义 count 变量用来保存最后求的 start～end 之间的素数的总个数。

4．确定程序框架

（1）输入 start 和 end 并判断输入是否合法

使用 do-while 语句输入 start 和 end 值，如果满足条件 start>0 且 start<end，则输入范围合法，否则重复输入。

```
do{
    /*读入 start 值和 end 值*/
    }
while(!(start>0&&start<end));              /*判断输入范围是否正确*/
```

（2）求素数

在算法设计中我们已经知道，求指定范围内的素数需要使用双重循环，下面代码描述了求素数的过程。

```
/*外层循环,对 start~end 之间的每个数进行迭代,检查是否为素数*/
for(m=start;m<=end;m++)
{
    k=sqrt(m);
    /*内层循环,判断 2~k 之间的每个数是否能被 m 整除*/
    for(i=2;i<=k;i++)
    {
        /*若存在一个数能被 m 整除,则跳出内层循环*/
        /*否则,m 是素数,打印 m*/
    }
}
```

（3）每输出 10 个素数则换行

定义变量 count，初值为 0。使用 count 计数，每找到一个素数就将 count 加 1，接着判断当前 count 值是否能被 10 整除，若能整除则换行，否则在当前行继续打印。代码如下：

```
if(count%10==0)                    /*变量 h 控制每行打印的个数,每打印 10 个数换行*/
    printf("\n");
```

该程序的流程图如图 5.1 所示。

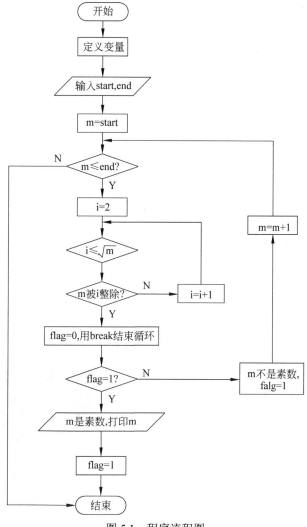

图 5.1　程序流程图

5．完整程序

根据上面的分析，编写程序如下：

```
#include<stdio.h>
#include<math.h>
#include<iostream>
main()
{
int start,end,i,k,m,flag=1,count=0;
do{
    printf("Input START and END:");
```

```
    scanf("%d%d",&start,&end);              /*输入求素数的范围*/
    }while(!(start>0&&start<end));          /*判断输入范围是否正确*/
printf("........ prime table(%d-%d).........\n",start,end);
/*外层循环,对 start~end 之间的每个数进行迭代,检查是否为素数*/
for(m=start;m<=end;m++)
{
    k=sqrt(m);
    for(i=2;i<=k;i++)                       /*内层循环,判断 2~k 之间的每个数是否能被 m 整除*/
        if(m%i==0)
        {
            flag=0;
            break;
        }
        if(flag)                            /*如果 flag=1,则当前的 m 为素数*/
        {
            printf("%-4d",m);
            count++;
            if(count%10==0)                 /*变量 h 控制每行打印的个数,每打印 10 个数换行*/
                printf("\n");
        }
        flag=1;
}
printf("\nThe total is %d\n",count);
                                            /*打印 start~end 之间包含的素数的总个数*/
system("pause");
}
```

6. 运行结果

在 VC 6.0 下运行程序,屏幕上提示"Input START and END:"。输入"1 1000",即打印 1~1000 之间的所有素数,运行结果如图 5.2 所示。

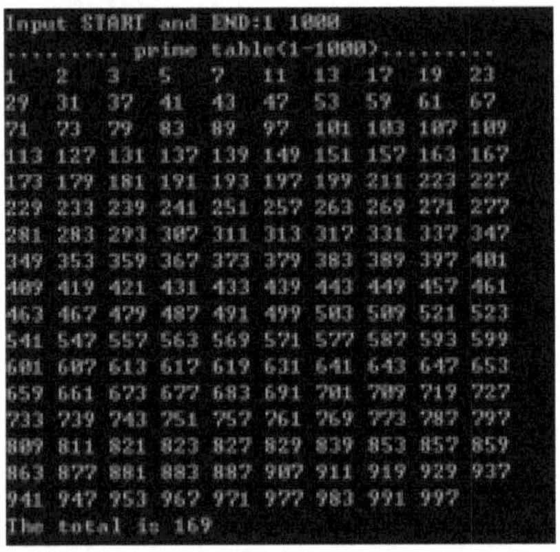

由运行结果可以看到,程序中使用了变量 h 来控制每行打印的素数个数,每打印 10 个数就换行,最后把 count 变量中保存的总的素数个数打印出来,这里 count=169。

7. 问题拓展

在问题分析中,我们指出素数是只能由 1 和它自身整除的整数。判定一个整数 m 是否为素数的关键就是要判定整数 m 能否被除 1 和它自身以外的任何其他整数所整除,若都不能整除,则 m 即为素数。因此,实际上求素数最直观的方法就是用 m 依次除以 2~m 之间的所有整数,从而做出判断。

图 5.2　运行结果

因此最简单直观的判断方法就是使用下面的代码,在下面代码中循环变量 i 的变化范围就是 2~m。

```
/*判断 m 是否为素数*/
for(i=2;i<=m;i++)
{
    if(m%i==0)
```

```
        printf("m 不是素数");
    printf("m 是素数");
}
```

而我们在解决该问题时循环变量 i 的变化范围是 $2\sim\sqrt{m}$，显然该范围需要判断的次数要小于对 $2\sim m$ 之间的每个数进行判断的次数。

之所以只需要对 $2\sim\sqrt{m}$ 之间的每个数进行判断的依据为如下定理：

定理：如果 m 不是素数，则 m 必有满足 $1<i<=sqrt(m)$ 的一个因子 i 存在。

根据上面的定理，我们就可以有效地减少循环判断的次数，即将循环变量 i 的变化范围改为 $2\sim sqrt(m)$，从而提高算法的效率。代码如下：

```
/*判断 m 是否为素数*/
for(i=2;i<=sqrt(m);i++)
{
    if(m%i==0)
        printf("m 不是素数");
    printf("m 是素数");
}
```

8．拓展训练

请思考问题：找出 10 个最小的连续自然数，它们个个都是合数（非素数）。

5.2　哥德巴赫猜想

1．问题描述

2000 以内的不小于 4 的正偶数都能够分解为两个素数之和（即验证歌德巴赫猜想对 2000 以内的正偶数成立）。

2．问题分析

根据问题描述，为了验证歌德巴赫猜想对 2000 以内的正偶数都是成立的，要将整数分解为两部分，然后判断分解出的两个整数是否均为素数。若是，则满足题意，否则应重新进行分解和判断。

针对该问题，我们可以给定如下的输入和输出限定。

输入时：每行输入一组数据，即 2000 以内的正偶数 n，一直输入到文件结束符为止。

输出时：输出 n 能被分解成的素数 a 和 b。如果不止一组解，则输出其中 a 最小的那组解。

当然，读者可以根据实际的需要规定不同的输入和输出形式。

输入示例：

```
4
6
8
10
```

```
12
```

输出示例:

```
2 2
3 3
3 5
3 7
5 7
```

也可在一行输入多个数据,多个数据之间使用空格间隔:

```
4 6 8 10 12
```

其输出形式仍然为:

```
2 2
3 3
3 5
3 7
5 7
```

3.算法设计

该问题我们可以采用函数来解决。

定义一个函数,函数名设为 fun,在其中判断传进来的实际参数(设为 n($n \geq 2$)),是否为素数,如果是素数则返回 1,否则返回 0。在判断是否为素数时,可以采用 5.1 节中介绍的方法。需要注意的是,在所有偶数中,只有 2 是唯一的素数。因此,在函数 fun 中,可以分为以下 4 种情况来判断。

❑ n=2,是素数,返回 1。
❑ n 是偶数,不是素数,返回 0。
❑ n 是奇数,不是素数,返回 0。
❑ $n \neq 2$,是素数,返回 1。

在主函数中,使用循环结构,每输入一个数据就处理一次,直到遇到文件结束符则终止输入。下面详述主函数中处理数据的过程。

由于我们已经对输出做了限定,即当输出结果时,如果有多组解,则输出 a 最小的那组解。显然,对每个读入的数据 n,a 必然小于或等于 $n/2$,因此,定义循环变量 i,使其从 2~$n/2$ 进行循环,每次循环都做如下判断:fun(i)&&fun(n-i)是否为 1。

如果 fun(i)&&fun(n-i)=1,则表示 fun(i)=1 同时 fun(n-i)=1。由 fun()函数的定义可知,此时 i 和 n-i 都为素数,又由于 i 是从 2~$n/2$ 按由小到大的顺序来迭代的,因此(i, n-i)是我们求出的一组解,且该组解必然是所有可能解中 a 值最小的。

还需要注意的是,由于除了 2 以外的偶数不可能是素数,因此 i 值的可能取值只能是 2 和所有的奇数。

4.确定程序框架

(1)程序主框架

程序的主框架是一个 while 循环,每输入一个数据就处理一次,直到遇到文件结束符

则终止输入。代码如下:

```
while(scanf("%d",&n)!=EOF)
{
    ok=0;                          /*进入循环前置标志位*/
    for(i=2;i<=n/2;i++)
    {
        /*如果 i 和 n-i 都是素数,则打印,同时置 ok 为 1*/
        if(i!=2)
            i++;
        if(ok)
            break;                 /*已打印出所需要的输出结果,跳出循环*/
    }
}
```

（2）使用函数判断 n 是否为素数

在算法设计中我们详细介绍了 fun()函数,它的功能就是判断传进来的形参 n 是否为素数,其代码如下:

```
int fun(int n)
{
    int i;
    if(n==2)
        return 1;                  /*n 是 2,返回 1*/
    if(n%2==0)
        return 0;                  /*n 是偶数,不是素数,返回 0*/
    for(i=3;i<=sqrt(n);i+=2)
        if(n%i==0)
            return 0;              /*n 是奇数,不是素数,返回 0*/
    return 1;                      /*n 是除 2 以外的素数返回 1*/
}
```

该程序的流程图如图 5.3 所示。

5. 完整程序

根据上面的分析,编写程序如下:

```
#include<math.h>
#include<stdio.h>
int fun(int n)
{
    int i;
    if(n==2)
        return 1;                  /*n 是 2,返回 1*/
    if(n%2==0)
        return 0;                  /*n 是偶数,不是素数,返回 0*/
    for(i=3;i<=sqrt(n);i+=2)
        if(n%i==0)
            return 0;              /*n 是奇数,不是素数,返回 0*/
    return 1;                      /*n 是除 2 以外的素数返回 1*/
}
main()
{
    int n,i,ok;
    while(scanf("%d",&n)!=EOF)
    {
```

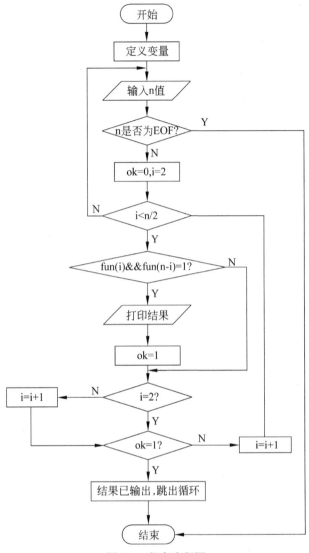

图 5.3　程序流程图

```
   ok=0;                           /*进入循环前先置标志位*/
for(i=2;i<=n/2;i++)
{
    if(fun(i))
      if(fun(n-i))
      {
          printf("%d %d\n",i,n-i);   /*i 和 n-i 都是素数, 则打印*/
          ok=1;
      }
    if(i!=2)
      i++;
    if(ok)
      break;                       /*已打印出所需要的输出结果, 跳出循环*/
  }
}
}
```

6．运行结果

在 VC 6.0 下运行程序，分别输入 "4,6,8,10,12"，每输入一个数据，按下回车，则立即打印出该数据的结果。接着再输入 "4,6,8,10,12"，以空格间隔，按下回车后，则一次打印出所有结果。

文件结束符 EOF 的 ASCII 码是 0x1A，在 Windows 下键盘输入 EOF 使用 Ctrl+C 键，在 Linux 下则使用 Ctrl+D 键。结束输出后，按下 Ctrl+Z 键则退出程序，如图 5.4 所示。

图 5.4　运行结果

7．问题拓展

在该问题中我们定义了 fun() 函数来判断数 n 是否为素数，在 fun() 函数中，针对 n 的奇偶性进行了不同的处理，只要 n 是偶数，则肯定不是素数，这样就只需对 n 是奇数的情况进行判断，如下面代码中加粗的部分所示。

```
int fun(int n)
{
    ...
    for(i=3;i<=sqrt(n);i+=2)
        if(n%i==0)
            return 0;                    /*n 是奇数，不是素数，返回 0*/
    return 1;
}
```

如果 n 是奇数，则 n 包含的因子也只能为奇数，否则 n 就应该是偶数。因此循环变量 i 每次自增 2，且 i 的变化范围为 $3 \sim \sqrt{n}$。使用这种方式来判断素数，与从 $2 \sim \sqrt{n}$ 逐个比较相比，进一步缩小了比较范围，处理速度也进一步获得了提高。

5.3　要 发 就 发

1．问题描述

"1898–要发就发"。请将不超过 1993 的所有素数从小到大排成第一行，第二行上的每个数都等于它上面相邻两个素数之差。编程求出：第二行数中是否存在若干个连续的整数，它们的和恰好为 1898？假如存在的话，又有几种这样的情况？

两行数据分别如下：

第一行：2 3 5 7 11 13 17……1979 1987 1993

第二行：1 2 2 4 2 4……8 6

2．问题分析

从数学上对该问题进行分析如下。

假设第一行中的素数为 n[1]、n[2]、n[3]…n[i]、…而第二行中的差值为 m[1]、m[2]、

m[3]…m[j]…。则 m[j]可以表示为:

```
m[j]=n[j+1]-n[j]。
```

第二行中连续 N 个数的和 sum 可以表示为:

$$
\begin{aligned}
sum &= m[k]+m[k+1]+m[k+2]+m[k+3]+…+m[j] \\
&= (n[k+1]-n[k])+(n[k+2]-n[k+1])+(n[k+3]-n[k+2])+…+(n[j+1]-n[j]) \\
&= n[k+1]-n[k]+n[k+2]-n[k+1]+n[k+3]-n[k+2]+…+n[j+1]-n[j] \\
&= n[j+1]-n[k]
\end{aligned}
$$

其中 $j>k\geqslant 1$。

因此,原题目可以转换成这样的等价问题:在不超过 1993 的所有素数中是否存在这样两个素数,它们的差恰好是 1898。若存在,则第二行中必有所需整数序列,且其和恰为 1898。

显然,对原问题的等价问题的求解是比较简单的。

由上面分析可知,在求解等价问题时,第一行的素数序列可以从 3 开始考虑,因为任意的素数与 2 的差一定为奇数,不可能为 1898,所以在求解时素数序列中不需要包含 2。

3. 算法设计

首先采用数组 number[NUM]来存放第一行中的全部素数,由前面分析可知,从 3 开始存放即可,一直到 1993。

在产生不超过 1993 的素数序列时可以采用类似于 5.2 节中的函数来判断一个整数是否为素数。如果是素数 ,则将其存放到数组中,否则不需存放。

定义一个函数,函数名设为 fun,在其中判断传进来的形参是否为素数,如果是素数则返回 1,否则返回 0。需要注意的是,在所有偶数中,只有 2 是唯一的素数。在函数 fun()中,可以分为以下 5 种情况来判断:

- $n\leqslant 1$,由题意可知,本题不考虑素数为 1 的情况,且 n<1 时显然不是素数,所以返回 0。
- $n=2$,是素数,返回 1。
- n 是偶数,不是素数,返回 0。
- n 是奇数,不是素数,返回 0。
- $n\neq 2$,是素数,返回 1。

在主函数中,使用循环结构。

从第一行中最大的素数开始搜索,用它逐个减去 number[0]、number[1]、……每减一次判断一次,看它们的差值是否大于 1989。直到在数组 number[NUM]中找到一个位置 j,使得最大素数与 number[j]的差值不大于 1989。此时,需要判断它们的差值是否等于 1989,如果恰好等于 1989,则最大素数与 number[j]中存放的素数就是我们找到第一个结果集。

对第一行中次大的素数重复该搜索过程,依次类推,直到第一行中大于 1989 且与 1989 最接近的那个素数为止。

4. 确定程序框架

该程序的流程图如图 5.5 所示。

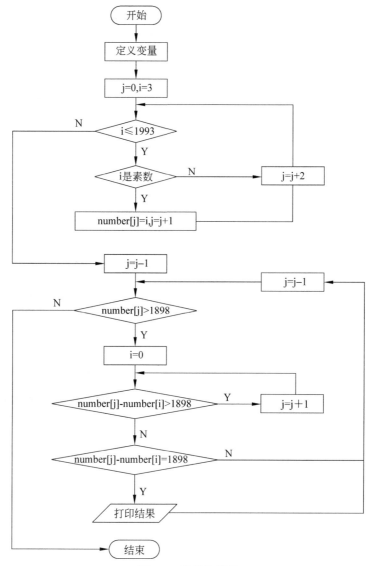

图 5.5 程序流程图

5. 完整程序

根据上面的分析，编写程序如下：

```
#include<stdio.h>
#include<math.h>
#define NUM 320
int number[NUM];                        /*存放不超过 1993 的全部素数*/
int fun(int i);
main()
{
```

```
    int i,j,count=0;
    printf("列出第一行中差值为 1989 的所有素数组合:\n");
    for(j=0,i=3;i<=1993;i+=2)               /*求出不超过 1993 的全部素数*/
        if(fun(i)) number[j++]=i;
    /*从最大的素数开始向 1898 搜索*/
    for(j--;number[j]>1898;j--)
    {
        /*循环查找满足条件的素数*/
        for(i=0;number[j]-number[i]>1898;i++);
        /*若两个素数的差为 1898,则输出*/
        if(number[j]-number[i]==1898)
            printf("(%d).%3d,%d\n",++count,number[i],number[j]);
    }
}
/*判断是否为素数,为 1 是素数,为 0 不是素数*/
int fun(int i)
{
    int j;
    if(i<=1)
        return 0;
    if(i==2)
        return 1;                           /*n 是 2,返回 1*/
    if(!(i%2))
        return 0;                           /*n 是偶数,不是素数,返回 0*/
    for(j=3;j<=(int)(sqrt((double)i)+1);j+=2)
        if(!(i%j)) return 0;                /*n 是奇数,不是素数,返回 0*/
    return 1;                               /*n 是除 2 以外的素数返回 1*/
}
```

6. 运行结果

在 VC 6.0 下运行程序,结果如图 5.6 所示。

图 5.6　运行结果

7. 拓展训练

将 1、2、3、…20 这 20 个连续的自然数排成一圈,使任意两个相邻的自然数之和均为素数。

5.4　可逆素数

1. 问题描述

请从小到大输出所有 4 位数的可逆素数。

可逆素数指:一个素数将其各位数字的顺序倒过来构成的反序数也是素数。

2. 问题分析

通过前面几节的分析,相信读者对求素数的方法已经很熟悉了。本题要求的是可逆素数,根据问题描述可知,题目的难点已经不在于判断一个数是否为素数,而在于如何求一个整数的反序数。

求一个整数的反序数可按照以下操作步骤进行。

（1）从该整数的最后一位开始，依次向前截取当前整数的最后一位数字。每截取一次，整数的位数减少一位。

（2）每次都将新截取到的数字作为其反序数的最后一位（个位），然后与上一次生成的反序数乘以 10 以后的数值相加。

（3）如此进行下去，原来整数的数字被从低位到高位不断的截取，依次形成其反序数中从高位到低位的各位数字。

下面以 4 位整数 1234 为例说明反序数的生成过程。

（1）截取个位 4，原整数变为 123，新生成的反序数为 4。

$$1234 \rightarrow 0*10+4=4$$

（2）截取当前整数的个位 3，原整数变为 12，用 3 与上一次生成的反序数 4 乘以 10 后的数值相加，则新生成的反序数为 43。

$$123 \rightarrow 4*10+3=43$$

（3）截取当前整数的个位 2，原整数变为 1，用 2 与上一次生成的反序数 43 乘以 10 后的数值相加，新生成的反序数为 432。

$$12 \rightarrow 43*10+2=432$$

（4）截取当前整数的个位 1，用 1 与上一次生成的反序数 432 乘以 10 后的数值相加，新生成的反序数为 4321。

$$1 \rightarrow 432*10+1=4321$$

最后得到 1234 的反序数为 4321。

3．算法设计

解决该问题的算法可以使用穷举法，对所有的四位整数及其相应的反序数都依次进行判断。当该整数本身和其反序数都是素数时，该整数即为可逆素数，此时可以将该整数打印输出。

判断一个整数是否为素数的方法在前面已经多次用到，此处仍可以使用函数来完成素数的判断。将函数名设为 fun，在其中判断传进来的形参是否为素数，如果是素数则返回 1，否则返回 0。该函数已经多次使用过，此处不再详述，有问题的读者可参考 5.2 及 5.3 节中对 fun 函数的说明。

算法的核心是如何穷举所有的四位整数及其对应的反序数。由于是 4 位整数，因此算法设计时可以使用四重嵌套循环，每重循环对应一个数位。当所有循环执行完毕后，也就完成了对所有 4 位整数的迭代。

显然，第 1 重循环对应的是 4 位整数的千位，同时也是其反序数的个位，第 2 重循环对应的是 4 位整数的百位，同时也是其反序数的十位，第 3 重循环对应的是 4 位整数的十位，同时也是其反序数的百位，第 4 重循环（也是最内层循环）对应的是 4 位整数的个位，同时也是其反序数的千位。这样，每次在最内层循环的循环体内，都可以得到用 4 个循环变量组成的一个 4 位整数及其对应的反序数，我们只需判断这两个整数是否为素数即可，如果它们都为素数，则输出原 4 位整数，否则不输出。

程序无输入（不需要从键盘输入数据，但是该程序会在屏幕上输出数据），输出时每行输出 10 个可逆素数。

4．确定程序框架

程序的主框架为四重循环，具体如下：

```
for(a=1;a<=9;a++)
    for(b=0;b<=9;b++)
        for(c=0;c<=9;c++)
            for(d=1;d<=9;d++)
            {
                /*判断4位整数是否为素数*/
                /*判断4位整数的反序数是否为素数*/
                /*如果该4位整数及其反序数都为素数，则打印该4位整数*/
            }
```

该程序的流程图如图 5.7 所示。

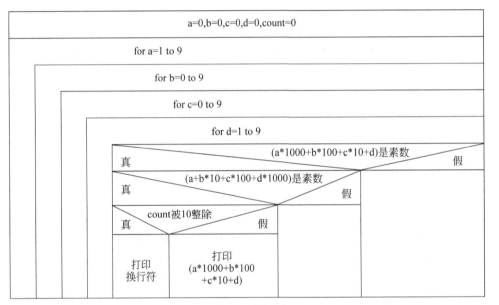

图 5.7　流程图

5．完整程序

根据上面的分析，编写程序如下：

```
#include<math.h>
#include<stdio.h>
/*判断n是否为素数*/
int fun(int n)
{
    int i;
    if(n==2)
        return 1;
    if(n%2==0)                              /*n为偶素，返回0*/
        return 0;
    for(i=3;i<=sqrt(n);i+=2)                /*n不是素数，返回0*/
        if(n%i==0)
            return 0;
    return 1;                               /*n是素数，返回1*/
}
```

```
main()
{
int a,b,c,d,count=0;
        /*四重循环*/
    for(a=1;a<=9;a++)
        for(b=0;b<=9;b++)
            for(c=0;c<=9;c++)
                for(d=1;d<=9;d++)
                if(fun(a*1000+b*100+c*10+d))       /*判断 4 位整数是否为素数*/
                    if(fun(a+b*10+c*100+d*1000))
                                 /*判断 4 位整数的反序数是否为素数*/
                    {
                        if(count%10==0)
                             /*变量 count 控制每行打印的个数，每打印 10 个数换行*/
                             printf("\n");
                        printf("%d ",a*1000+b*100+c*10+d);
                        count++;
                    }
    printf("\n");
}
```

对程序的说明如下：

- ❑ 在上面程序中，使用了四重循环，有 4 个循环变量 *a*，*b*，*c* 和 *d*。由于要求是四位整数，因此 *a* 从 1 开始取值，其取值范围为[1,9]。又因为个位为 0 的四位数肯定不是素数，因此 *d* 也从 1 开始取值，其取值范围为[1,9]。
- ❑ 使用 *a*，*b*，*c* 和 *d* 这 4 个循环变量，可以将四位整数表示为 *a**1000+*b**100+*c**10+*d*，其反序数为 *a*+*b**10+*c**100+*d**1000。
- ❑ 程序中使用 count 变量控制每行输出 10 个整数。

6. 运行结果

在 VC 6.0 下运行程序，结果如图 5.8 所示。

```
1009 1021 1031 1033 1061 1069 1091 1097 1103 1109
1151 1153 1181 1193 1201 1213 1217 1223 1229 1231
1237 1249 1259 1279 1283 1301 1321 1381 1399 1409
1429 1439 1453 1471 1487 1499 1511 1523 1559 1583
1597 1601 1619 1657 1669 1723 1733 1741 1753 1789
1811 1831 1847 1867 1879 1901 1913 1933 1949 1979
3011 3019 3023 3049 3067 3083 3089 3109 3121 3163
3169 3191 3203 3221 3251 3257 3271 3299 3301 3319
3343 3347 3359 3371 3373 3389 3391 3407 3433 3463
3467 3469 3511 3527 3541 3571 3583 3613 3643 3697
3719 3733 3767 3803 3821 3851 3853 3889 3911 3917
3929 7027 7043 7057 7121 7177 7187 7193 7207 7219
7229 7253 7297 7321 7349 7433 7457 7459 7481 7507
7523 7529 7547 7561 7577 7589 7603 7643 7649 7673
7681 7687 7699 7717 7757 7817 7841 7867 7879 7901
7927 7949 7951 7963 9001 9011 9013 9029 9041 9103
9127 9133 9161 9173 9209 9221 9227 9241 9257 9293
9341 9349 9403 9421 9437 9439 9467 9479 9491 9497
9521 9533 9547 9551 9601 9613 9643 9661 9679 9721
9749 9769 9781 9787 9791 9803 9833 9857 9871 9883
9923 9931 9941 9967
```

图 5.8　运行结果

7. 拓展训练

求 1000 以内的孪生素数。孪生素数是指：若 *a* 为素数，且 *a*+2 也是素数，则素数 *a* 和 *a*+2 称为孪生素数。

5.5 回 文 素 数

1. 问题描述

本节要研究回文素数的问题，先来看看什么是回文素数。

所谓回文素数指的是，对一个整数 n 从左向右和从右向左读其数值都相同且 n 为素数，则称整数 n 为回文素数。

对于偶数位的整数，除了 11 以外，都不存在回文素数。即所有的 4 位整数、6 位整数、8 位整数…都不存在回文素数。下面列出两位和三位整数中包含的所有回文素数。

两位回文素数：11

三位回文素数：101、131、151、181、191、313、353、373、383、727、757、787、797、919、929

本节要求解的问题是：求出所有不超过 1000 的回文素数。

2. 问题分析

本题仍旧要使用判断素数的方法。判断素数的方法读者已经比较熟悉了，因此本题实际要解决的问题在于如何求一个整数的回文数。

我们采用的方法是穷举法。对 1000 以内的每一个整数 n 进行考察，判断 n 是否为回文数。如果 n 是回文数，再判断它是否为素数，对于既是回文数也是素数的整数 n，就是我们要求的回文素数，将其打印输出即可。

由于题目要求解的是所有不超过 1000 的回文素数，因此最后的结果中应该包含两位和三位的回文数。

不超过 1000 的回文数包括二位和三位的回文数，我们采用穷举法来构造一个整数并求与其对应的反序数，若整数与其反序数相等，则该整数是回文数。

3. 算法设计

在问题分析中我们已经确定要采用穷举法逐一考察 1000 以内的每个整数，因此本题的算法设计可以采用循环结构来完成。

通过三重循环来遍历所有 1000 以内的整数。用三个循环变量来构造整数 n，同时，这三个循环变量反序便可以构造出 n 的反序数 m。其中，特别要注意的是如果 n 的个位为 0，

接下来要做的就是比较 m 和 n 的值是否相等，如果相等，则表明整数 n 是回文数。再来判断 n 是否是素数，如果 n 同时也为素数，则 n 为回文素数，将其打印出来即可。

4. 确定程序框架

该程序的流程图如图 5.9 所示。

5. 完整程序

根据上面的分析，编写程序如下：

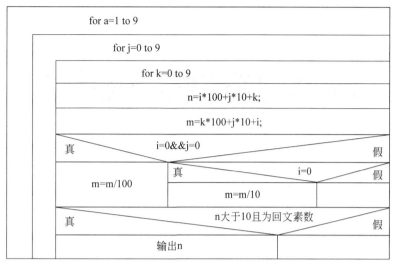

图 5.9 流程图

```c
#include<stdio.h>
int fun(int n);
main()
{
    int i,j,k,n,m;
    printf("不超过 1000 的回文数:\n");
    for(i=0;i<=9;++i)                    /*穷举第一位*/
        for(j=0;j<=9;++j)                /*穷举第二位*/
            for(k=0;k<=9;++k)            /*穷举第三位*/
            {
                n=i*100+j*10+k;          /*计算组成的整数*/
                m=k*100+j*10+i;          /*计算对应的反序数*/
                if(i==0 && j==0)         /*处理整数的前两位为 0 的情况*/
                {
                    m=m/100;
                }
                else if(i==0)            /*处理整数的第一位为 0 的情况*/
                {
                    m=m/10;
                }
                if(n>10 && n==m && fun(n))  /*若大于 10 且为回文素数,则输出*/
                {
                    printf("%d\t",n);
                }
            }
    printf("\n");
}
/*判断参数 n 是否为素数*/
int fun(int n)
{
    int i;
    for(i=2;i<(n-1)/2;++i)
    {
        if(n%i == 0)
            return 0;
    }
    return 1;
}
```

6．运行结果

在 VC 6.0 下运行程序，结果如图 5.10 所示。

图 5.10　运行结果

7．拓展训练

考虑是否有其他方法可以判断一个整数是否为回文素数。

5.6　孪 生 素 数

1．问题描述

本节要研究孪生素数的问题，先来看看什么是孪生素数。

所谓孪生素数指的是间隔为 2 的两个相邻素数，因为它们之间的距离已经近的不能再近了，如同孪生兄弟一样，所以将这一对素数称为孪生素数。

显然，最小的一对孪生素数是（1,3）。我们可以写出 3～100 以内的孪生素数，一共有 8 对，分别是（3,5），（5,7），（11,13），（17,19），（29,31），（41,43），（59,61）和（71,73）。随着数字的增大，孪生素数的分布也越来越稀疏，人工寻找孪生素数变得非常困难。

关于孪生素数还存在着一个著名的猜想——孪生素数猜想，即孪生素数是否有无穷多对，这是数论中还有待解决的一个重要问题。此处我们只讨论在有限范围内的孪生素数求解问题。

本节要解决的问题是：编程求出 3~1000 以内的所有孪生素数。

2．问题分析

只要明白了什么是孪生素数，该问题便很好理解了。下面我们给出孪生素数更准确的定义。

孪生素数是指：若 a 为素数，且 $a+2$ 也是素数，则素数 a 和 $a+2$ 称为孪生素数。

要编程求解的问题是找出 3～1000 以内的所有孪生素数，因此很自然的可以使用穷举法对 3～1000 以内的每一个整数 n 进行考察，先判断 n 是否为素数，再判断 $n+2$ 是否为素数，如果 n 和 $n+2$ 同时为素数，则（n,n+2）就是一对孪生素数，将其打印输出即可。

读者根据输出结果便可获知 3~1000 以内的孪生素数共有多少对。

3．算法设计

在问题分析中，我们已经确定要采用穷举法逐一考察 3～1000 以内的每个整数，因此在本题的算法设计中需要采用循环结构。

在判断是否为素数时可以定义一个函数 prime()，每次判断整数 n 是否为素数时都将 n 作为实参传递给函数 prime()，在 prime()函数中使用前面介绍过的判别素数的方法进行判断。如果 n 为素数，则 prime()函数返回值为 1，否则 prime()函数返回值为 0。

4．确定程序框架

该程序的流程图如图 5.11 所示。

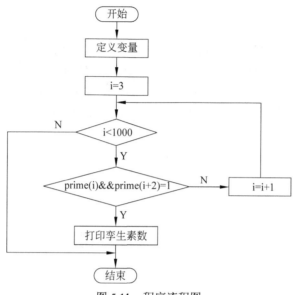

图 5.11　程序流程图

5．完整程序

根据上面的分析，编写程序如下：

```
#include <stdio.h>
#include <math.h>
/*prime 函数用于判断是否为素数*/
int prime(int n)
{
    int j;
    long k;
    k=sqrt(n)+1;
    for(j=2;j<=k;j++)
    {
        if (n%j==0)
            return 0;           /*n 能被 j 整除，不是素数，返回 0*/
    }
    return 1;                   /*n 是素数，返回 1*/
}
main ()
{
    int i,count=0;
    printf("The twin prime pairs between 3 and 1000 are: \n");
    for (i=3; i<1000; i++)
        if(prime(i)&&prime(i+2))
        {
            printf("(%-3d,%3d)  ",i,i+2);
```

```
            count++;
            if(count%5==0)
                        /*变量 count 控制每行打印的个数, 每打印 5 对孪生素数换行*/
            printf("\n");
    }
}
```

6. 运行结果

在 VC 6.0 下运行程序,结果如图 5.12 所示。

```
The twin prime pairs between 3 and 1000 are:
(3   , 5 )  (5   , 7 )  (11 , 13)  (17 , 19)  (29 , 31)
(41 , 43)  (59 , 61)  (71 , 73)  (101,103)  (107,109)
(137,139)  (149,151)  (179,181)  (191,193)  (197,199)
(227,229)  (239,241)  (269,271)  (281,283)  (311,313)
(347,349)  (419,421)  (431,433)  (461,463)  (521,523)
(569,571)  (599,601)  (617,619)  (641,643)  (659,661)
(809,811)  (821,823)  (827,829)  (857,859)  (881,883)
```

图 5.12　运行结果

观察图 5.12 可知,输出结果时每行都打印了 5 对孪生素数,一共打印了 7 行,因此,在 3～1000 范围内的孪生素数一共有 35 对。

5.7　梅森素数

1. 问题描述

梅森素数介绍。

梅森数(Mersenne Prime)指的是形如 2^n-1 的正整数,其中指数 n 是素数,即为 Mn。如果一个梅森数是素数,则称其为梅森素数。例如 $2^2-1=3$、$2^3-1=7$ 都是梅森素数。

当 n=2,3,5,7 时,Mn 都是素数,但 n=11 时,Mn=M$_{11}$=2^{11}-1=2047=23×89,显然不是梅森素数。

1722 年,瑞士数学大师欧拉证明了 $2^{31}-1$=2147483647 是一个素数,它共有 10 位数,成为当时世界上已知的最大素数。

迄今为止,人类仅发现了 47 个梅森素数。梅森素数历来都是数论研究中的一项重要内容,也是当今科学探索中的热点和难点问题。

了解了梅森素数后,现在来看本节要解决的编程问题。

试求出指数 n<20 的所有梅森素数。

2. 问题分析

只要理解了梅森素数的定义,该问题并不难求解。

要编程求解的问题是找出指数 n<20 的所有梅森素数。根据梅森素数的定义,我们可以先求出 n<20 的所有梅森数,再逐一判断这些数是否为素数。如果是素数,则表示该数为梅森素数,打印输出即可;否则不是梅森素数。

3．算法设计

由问题分析可知，我们要求出 $n<20$ 的所有梅森数，因此在本题的算法设计中需要采用循环结构。

设变量 mp 存储梅森数，整数 i 表示指数，其取值从 2~19，i 每变化一次，都相应的计算出一个梅森数，存放在 mp 中。对每次计算得到的当前 mp 值，都调用函数 prime()进行判断。

在判断 mp 是否为素数时，可以定义一个函数 prime()，每次都将 mp 的当前值作为实参传递给函数 prime()，在 prime()中使用前面介绍过的判别素数的方法进行判断。如果 n 为素数，则 prime()函数返回值为 1，否则 prime()函数返回值为 0。

若 prime()函数返回值为 1，则当前 mp 为梅森素数，应该将其输出；若 prime()函数返回值为 0，则当前 mp 不是梅森素数。

4．确定程序框架

程序框架如图 5.13 所示。

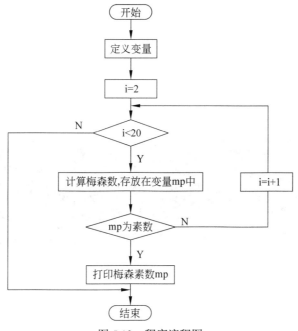

图 5.13　程序流程图

5．完整程序

根据上面的分析，编写程序如下：

```
#include<math.h>
#include <stdio.h>
/*prime()函数用于判断是否为素数*/
int prime(int n)
{
    int i;
```

```
    long k;
    k=sqrt(n)+1;
    for(i=2;i<=k;i++)
        if(n%i==0)
            return 0;                   /*n 能被 i 整除，不是素数，返回 0*/
    return 1;                           /*n 是素数，返回 1*/
}
main()
{
    long mp,n=0,i;                      /*变量 mp 存储梅森数*/
    printf("Mersenne Prime:\n");
    for(i=2;i<20;i++)
    {
        mp=pow(2,i)-1;                  /*求梅森数*/
        if(prime(mp))                   /*判断 mp 是否为梅森素数*/
        {
            n++;
            printf("M(%d)=%d",i,mp);
                                        /*若当前 mp 为梅森素数，则打印，i 为指数*/
            printf("\n");
        }
    }
    printf("the number of Mersenne Prime less than 20 is:%d\n",n);
                                        /*打印小于 20 的梅森素数的个数*/
}
```

6. 运行结果

在 VC 6.0 下运行程序，结果如图 5.14 所示。由图 5.14 可见，M(2)=3，表示 3 是指数为 2 的梅尼素数，其他的结果可类似解释。由运行结果可知，$n<20$ 的所有梅森素数共有 7 个。

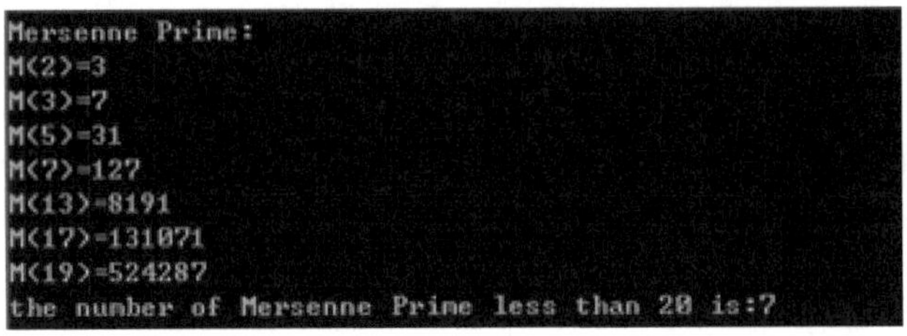

```
Mersenne Prime:
M(2)=3
M(3)=7
M(5)=31
M(7)=127
M(13)=8191
M(17)=131071
M(19)=524287
the number of Mersenne Prime less than 20 is:7
```

图 5.14 运行结果

第6章 趣味逻辑推理

逻辑推理问题在 C 语言程序设计中也是一类很常见的问题。要充分利用题目中给定的已知条件，通过合理的分析和判断，得出正确的结论。而使用计算机编程解决逻辑推理问题的关键，是在理解题意的基础上写出正确的逻辑表达式。在 C 语言中提供了丰富的算数和逻辑操作符，通过这些操作符可以将复杂的逻辑推理问题转化为简明的逻辑表达式来表达。将要求解问题中给出的限定条件用程序语言描述清楚后，就可以使用穷举法得到最终的判断结果。这是解决逻辑推理问题的一种通用方法。

本章共有 7 个例子，每个例子都提供了一段有趣的小故事，读者可根据这些小故事自己进行分析判断，得到一个判断，再与使用 C 语言编程实现的结果进行比较，从而更好地掌握逻辑推理问题的编程方法，提高解决问题的能力。本章主要内容如下：

- ❑ 谁家孩子跑的最慢；
- ❑ 新郎和新娘；
- ❑ 谁在说谎；
- ❑ 谁是窃贼；
- ❑ 旅客国籍；
- ❑ 委派任务；
- ❑ 谜语博士的难题；
- ❑ 黑与白。

6.1 谁家孩子跑的最慢

1．问题描述

假设有张王李三家，每家都有 3 个孩子。某一天，这三家的 9 个孩子一起比赛短跑，规定不考虑年龄大小，第 1 名得 9 分，第 2 名得 8 分，第 3 名得 7 分，依次类推。比赛结束后统计分数发现三家孩子的总分是相同的，同时限定这 9 个孩子的名次不存在并列的情况，且同一家的孩子不会获得相连的名次。现已知获得第 1 名的是李家的孩子，获得第 2 名的是王家的孩子，要求编程求出获得最后一名的是哪家的孩子。

2．问题分析

根据问题描述可知：

（1）参加比赛的一共有 9 个孩子，得分情况依次从 1 分~9 分。由此可知，该场比赛总共的分数为 9+8+7+6+5+4+3+2+1=45 分。

（2）由于"比赛结束后统计分数发现三家孩子的总分是相同的"，因此每家孩子的得分都为 15 分。

（3）由于"获得第一名的是李家的孩子，获得第二名的是王家的孩子"，因此可推知获得第三名的一定是张家的孩子，否则李家（或王家）的孩子总分就会超过 15 分。

（4）由于"这 9 个孩子的名次不存在并列的情况，且同一家的孩子不会获得相连的名次"，因此可推知获得第 4 名的一定不是张家的孩子。

3. 算法设计

将问题分析中的文字进一步具体化。

先确定使用什么结构来存储九个孩子的分数，这里考虑使用二维数组，设数组名为 score，且 score[1]中存放张家 3 个孩子的分数，score[2]中存放王家 3 个孩子的分数，score[3] 中存放李家 3 个孩子的分数。因为"同一家的孩子不会获得相连的名次"，则张家 3 个孩子的分数分别按由大到小的顺序依次存放在数组元素 score[1][1]、score[1][2]和 score[1][3]中；王家 3 个孩子的分数分别按由大到小的顺序依次存放在数组元素 score[2][1]、score[2][2]和 score[2][3]中，李家 3 个孩子的分数分别按由到大到小的顺序依次存放在数组元素 score[3][1]、score[3][2]和 score[3][3]中。

因此，由问题分析中第（2）点可知：

```
score[1][1]+score[1][2]+score[1][3]=15
score[2][1]+score[2][2]+score[2][3]=15
score[3][1]+score[3][2]+score[3][3]=15。                    ①
```

由问题分析中第（3）点可知：

```
score[3][1]=9, score[2][1]=8, 而 score[1][1]=7。            ②
```

由问题分析中第（4）点可知：

```
score[1][2]≠6
```

由于"9 个孩子的名次不存在并列的情况，且同一家的孩子不会获得相连的名次"，因此 score 数组中存放的 9 个值应该各不相同，分数为 1～9。由①、②可推知：

```
score[1][2]+score[1][3] ≠score[2][2]+score[2][3] ≠
score[3][2]+score[3][3]
```

因为 9 个孩子的名次不会并列，且每家孩子的分数是按大小顺序依次存放在二维数组中的，因此

```
score[1][2] ≠score[2][2] ≠score[3][2]
score[1][3] ≠score[2][3] ≠score[3][3]                      ③
```

且 score[1][2]、score[2][2]、score[3][2]应该占据了分数段的 4～6 分这几个分值，score[1][3]、score[2][3]、score[3][3]则占据了分数段的 1～3 分这几个分值。

由上面分析可知，由于已经明确了 score[1][2]、score[2][2]、score[3][2]这 3 个数组元素中存放的值所占据的分数段为 4 分～6 分，则可以使用循环结构来判断出 3 个元素中存放的值分别是几。判断的依据是在循环体中检测，保证③的成立。

4．确定程序框架

该程序的流程图如图 6.1 所示。

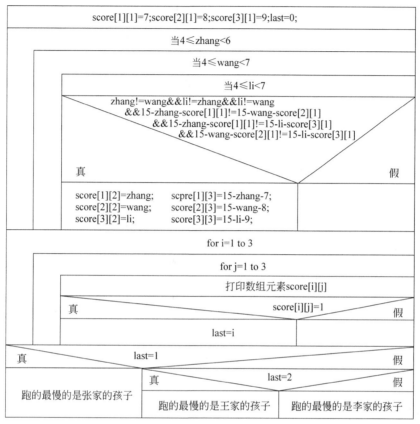

图 6.1　程序流程图

5．完整程序

根据上面的分析，编写程序如下：

```c
#include<stdio.h>
int main()
{
    int score[4][4];
    int zhang,wang,li,last,i,j;
    score[1][1]=7;                          /*score[1]存放张家三个孩子的分数*/
    score[2][1]=8;                          /*score[2]存放王家三个孩子的分数*/
    score[3][1]=9;                          /*score[3]存放李家三个孩子的分数*/
    for(zhang=4;zhang<6;zhang++)
                    /*张家孩子在4到6分段可能取值的分数为4,5,不能取6*/
        for(wang=4;wang<7;wang++)
                    /*王家孩子在4到6分段可能取值的分数为4, 5, 6*/
            for(li=4;li<7;li++)
                    /*李家孩子在4到6分段可能取值的分数为4, 5, 6*/
                /*9个孩子名次不存在并列的情况*/
                if(zhang!=wang&&li!=zhang&&li!=wang
                    &&15-zhang-score[1][1]!=15-wang-score[2][1]
```

```
                    &&15-zhang-score[1][1]!=15-li-score[3][1]
                    &&15-wang-score[2][1]!=15-li-score[3][1])
                {
                    /*将结果存入对应的数组元素*/
                    score[1][2]=zhang;  score[1][3]=15-zhang-7;
                    score[2][2]=wang;   score[2][3]=15-wang-8;
                    score[3][2]=li; score[3][3]=15-li-9;
                }
    printf("array score:\n");          /*打印二维数组 score，输出各家孩子的分数*/
    for(last=0,i=1;i<=3;i++)
        for(j=1;j<=3;j++)
        {
            printf("%d",score[i][j]);
            printf(" ");
            if(j==3)
                printf("\n");           /*每输出三个值换行*/
            if(score[i][j]==1)
                last=i;                 /*记录最后一名孩子所来自的家庭*/
        }
    /*输出最后一名孩子来自的家庭*/
    if(last==1)
        printf("The last one reached the end is a child from family
        Zhang.\n");
    else if(last==2)
            printf("The last one reached the end is a child from family
            Wang.\n");
        else
            printf("The last one reached the end is a child from family
            Li.\n");
}
```

在上面程序中需要注意的是，循环变量 zhang 可能的取值为 4 和 5，不能为 6，这是由于同一家的孩子不会获得连续的名次。

6. 运行结果

在 VC 6.0 下运行程序，运行结果如图 6.2 所示。

图 6.2　运行结果

由运行结果可以看到，我们使用矩阵的形式将 3 家孩子的分数打印出来。张家 3 个孩子的分数由大到小分别为 7 分、5 分和 3 分，王家 3 个孩子的分数由大到小分别为 8 分、6 分和 1 分，而李家 3 个孩子的分数由大到小分别为 9 分、4 分和 2 分。

获得最后一名的孩子也就是跑的最慢的孩子是王家的孩子。

6.2　新郎和新娘

1. 问题描述

有 3 对情侣结婚，假设 3 个新郎为 A、B、C，3 个新娘为 X、Y、Z。有参加婚礼的人搞不清谁和谁结婚，所以去询问了这 6 位新人中的 3 位，得到的回答如下：新郎 A 说他要和新娘 X 结婚；新娘 X 说她的未婚夫是新郎 C；而新郎 C 说他要和新娘 Z 结婚。听到这样的回答后，提问者知道他们都是在开玩笑，说的都是假话，但他仍搞不清谁和谁结婚，现在请编程求出到底哪位新郎和哪位新娘结婚。

2．问题分析

根据问题描述，提问者得到的回答都是假话，因此新郎 A 的新娘不是 X，X 的新郎不是 C，C 的新娘不是 Z。

显然，一个新郎只能和一个新娘结婚，他们之间是一对一的关系。

3．算法设计

该问题我们可以采用穷举法来解决。

设 3 个 char 型变量 x、y 和 z 分别表示与新娘 X 结婚的新郎、与新娘 Y 结婚的新郎和与新娘 Z 结婚的新郎，它们可能取值的集合是{'A', 'B', 'C'}。

根据问题分析中获得的结论，可以得出判断依据如下：

- ❑ x!='A'　　表示新郎 A 的新娘不是 X；
- ❑ x!='C'　　表示与新娘 X 结婚的新郎不是 C；
- ❑ z!='C'　　表示 C 的新娘不是 Z；
- ❑ x!=y　　表示与新娘 X 结婚的新郎不会与新娘 Y 结婚；
- ❑ x!=z　　表示与新娘 X 结婚的新郎不会与新娘 Z 结婚；
- ❑ y!=z　　表示与新娘 Y 结婚的新郎不会与新娘 Z 结婚。

将上面的判断依据组合起来，找到变量 x、y 和 z 所满足的条件如下：

```
x!='A'&&x!='C'&&z!='C'&&x!=y&&x!=z&&y!=z
```

找到上面的条件以后，我们就可以在程序中使用三重循环来穷举 x、y 和 z 的所有取值，找出满足上述条件的 x 值、y 值和 z 值，这样便解决了到底哪位新郎和哪位新娘结婚的问题了。

4．确定程序框架

该程序的流程图如图 6.3 所示。

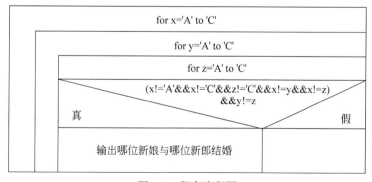

图 6.3　程序流程图

5. 完整程序

根据上面的分析，编写程序如下：

```
main()
{
    char x,y,z;
    /*穷举所有可能情况*/
    for(x='A';x<='C';x++)
        for(y='A';y<='C';y++)
            for(z='A';z<='C';z++)
                if(x!='A'&&x!='C'&&z!='C'&&x!=y&&x!=z&&y!=z)
                                                    /*判断条件*/
                {
                    /*输出判断结果*/
                    printf("新娘 X 与新郎%c 结婚。\n",x);
                    printf("新娘 Y 与新郎%c 结婚。\n",y);
                    printf("新娘 Z 与新郎%c 结婚。\n",z);
                }
}
```

6. 运行结果

在 VC 6.0 下运行程序，结果如图 6.4 所示。由图 6.4 可见，新娘 X 与新郎 B 结婚，新娘 Y 与新郎 C 结婚，新娘 Z 与新郎 A 结婚。

图 6.4 运行结果

6.3 谁在说谎

1. 问题描述

现有张三、李四和王五 3 个人，张三说李四在说谎，李四说王五在说谎，而王五说张三和李四两人都在说谎。要求编程求出这 3 个人中到底谁说的是真话，谁说的是假话。

2. 问题分析

显然该题是一个逻辑推断问题。张三、李四和王五 3 个人都可能说真话，也都可能说假话，那么如何来判断他们到底谁在说谎呢？

由问题描述可得到如下 3 个结论：

❑ 由于"张三说李四在说谎"，因此，如果张三说的是真话，则李四就在说谎；反之，如果张三在说谎，则李四说的就是真话。

❑ 由于"李四说王五在说谎"，因此，如果李四说的是真话，则王五就在说谎；反之，如果李四在说谎，则王五说的就是真话。

❑ 由于"王五说张三和李四两人都在说谎"，因此，如果王五说的是真话，则张三和李四两人都在说谎；反之，如果王五在说谎，则张三和李四两人至少一人说的是真话。

3．算法设计

该问题同样可用穷举法进行解决。

首先将问题分析中得到的 3 个分析结果用表达式表达出来。用变量 x、y 和 z 分别表示张三、李四和王五 3 人说话真假的情况，当 x、y 或 z 的值为 1 时表示该人说的是真话，值为 0 时表示该人说的是假话。则问题分析中的 3 个结论可以使用如下的表达式进行表示：

❏ $x==1\&\&y==0$ 　　　　　表示张三说的是真话，李四在说谎；
❏ $x==0\&\&y==1$ 　　　　　表示张三在说谎，李四说的是真话；
❏ $y==1\&\&z==0$ 　　　　　表示李四说的是真话，王五在说谎；
❏ $y==0\&\&z==1$ 　　　　　表示李四在说谎，王五说的是真话；
❏ $z==1\&\&x==0\&\&y==0$ 表示王五说的是真话，则张三和李四两人就都在说谎；
❏ $z==0\&\&x+y!=0$ 　　　　表示王五在说谎，则张三和李四两人至少一人说的是真话。

我们已经知道，在 C 语言中，有了关系运算符和逻辑运算符以后，就可以使用一个逻辑表达式来表达出一个复杂的关系。将上面的表达式进行整理获得 C 语言的表达式如下：

```
(x&&!y || !x&&y) && (y&&!z || !y&&z) && (z&&x+y= =0 || !z&&x+y !=0)
```

4．确定程序框架

该程序的流程图如图 6.5 所示。

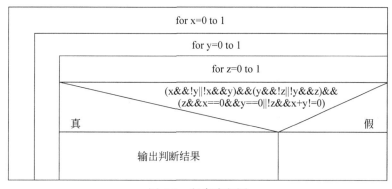

图 6.5　程序流程图

5．完整程序

根据上面的分析，编写程序如下：

```
#include<stdio.h>
void main()
{
    int x,y,z;
    /*使用三重循环穷举所有情况*/
    for(x=0;x<=1;x++)
        for(y=0;y<=1;y++)
            for(z=0;z<=1;z++)

    if((x&&!y||!x&&y)&&(y&&!z||!y&&z)&&(z&&x==0&&y==0||!z&&x+y!=0))
                                                  /*判断条件*/
```

```
            {
                printf("张三说的是%s.\n",x?"真话":"假话");
                printf("李四说的是%s.\n",y?"真话":"假话");
                printf("王五说的是%s.\n",z?"真话":"假话");

            }
}
```

程序说明：

在输出结果的时候使用了条件表达式。它的应用背景是当使用 if 语句时，不论表达式为"真"还是"假"，都只执行一个赋值语句给同一个变量赋值，这种情况下便可以使用条件运算符来代替 if 语句进行处理，以简化程序的书写。

例如，有如下的 if 语句：

```
If（x>0) y=x;
else y=-x;
```

该 if 语句可以使用如下的条件运算符来表达：

```
y=(x>0)? x : -x
```

它的执行过程为：如果(x>0)条件为真，则条件表达式的值为 x，则 $y=x$；如果条件为假，则条件表达式的值为 $-x$，则 $y=-x$。

条件运算符是 C 语言中唯一的一个三目运算符，它有 3 个操作对象。条件表达式的语法如下：

```
表达式 1? 表达式 2：表达式 3
```

对条件表达式的说明如下。

（1）条件表达式的求解过程为：先求解表达式 1，如果为非 0 值再求解表达式 2，表达式 2 的值就作为整个条件表达式的最终值。如果表达式 1 的值为 0，再求解表达式 3，表达式 3 的值就作为整个条件表达式的值。

（2）条件运算符的优先级。

条件运算符的优先级高于赋值运算符，但是低于关系运算符和算术运算符。

对 $y=(x>0)? x : -x$ 求解时，是求解赋值号右边的条件表达式的值，再将条件表达式的值赋值给左边的变量 y。

在书写条件表达式 $(x>0)? x : -x$ 时，可去掉其中的括号，即写成 $x>0? x : -x$ 的形式，并不影响运算结果。

（3）条件运算符的结合方向为"自右至左"。例如有如下的表达式：

```
x>0 ? x : y>z ? y : z
```

该表达式中含有两个条件表达式，根据条件表达式的结合方向可知，上式等价于

```
x>0 ? x : (y>z ? y : z)
```

6. 运行结果

在 VC 6.0 下运行程序，显示结果如图 6.6 所示。由图 6.6 可知，张三说的是假话，李

四说的是真话，王五说的是假话。

图 6.6　运行结果

7．问题拓展

在本题中，首先根据题意进行逻辑分析，得到"问题分析"中的 3 条结论；接着，将这些结论用 C 语言中的表达式表达出来，作为我们程序设计中进行判断的依据。

对这类逻辑推理问题都可以类似地进行处理。由于该类问题中往往要将推理结论转换成逻辑表达式，因此这里对逻辑表达式的相关内容再做一下归纳。

逻辑表达式内容总结。

（1）首先要明确的是逻辑表达式的值是逻辑量——"真"或"假"。对 C 语言编译系统而言，当逻辑表达式运算结果为"真"时，则该表达式值为 1，当逻辑表达式运算结果为"假"时，该表达式值为 0。需要注意的是，在判断一个量的"真"或"假"时，并不要求该量的值一定为 1 时才为"真"，只要该量的值非 0 就代表"真"，为 0 时则代表"假"。

```
例如：x=2,则!x=0
```

（2）逻辑运算符两侧的运算对象既可以是 0 和 1，也可以是其他整数，还可以是字符型、实型或指针型。例如：

```
'a'||'b'
```

（3）在对逻辑表达式求解时，并不是所有的逻辑运算符都会被执行到，只有当该逻辑运算符影响表达式的求解时才执行该运算符。

例如：4&&0&&5，对该逻辑表达式求解时，只需执行 4&&0 即可确定整个表达式的结果为 0，其中第二个"&&"运算符并没有被执行。

在逻辑表达式 $x||y||z$ 中，只要 x 非 0（为真），就不需要再判断 y 和 z 的值。只有当 x 为假时，才需要继续判断 y 的值。而仅当 x 和 y 都为假时，才需要判别 z 值。

6.4　谁　是　窃　贼

1．问题描述

警察审问 4 名窃贼嫌疑犯。现在已知，这 4 人当中仅有一名是窃贼，还知道这 4 个人中的每个人要么是诚实的，要么总是说谎。

这 4 个人给警察的回答如下。

❑ 甲说："乙没有偷，是丁偷的。"
❑ 乙说："我没有偷，是丙偷的。"
❑ 丙说："甲没有偷，是乙偷的。"
❑ 丁说："我没有偷。"

请根据这 4 个人的回答判断谁是窃贼。

2．问题分析

显然该题是一个逻辑推断问题。已知 4 个人中的每个人要么是诚实的，要么总是说谎，那么如何来判断他们到底谁是窃贼呢？

由问题描述可知，甲、乙、丙、丁 4 人中仅有一名窃贼，且这 4 个人中每个人要么是诚实的，要么总是说谎。分析甲、乙、丙 3 人所说的话可以发现，他们每人都说了两句话，即："X 没有偷，是 Y 偷的（其中，X、Y 指代甲、乙、丙、丁中的某一个）"，因此，不论这 3 人是否说谎，他们所提到的这两个人中必有一个是窃贼。而丁只说了他自己没有偷，所以无法判断其真假。

假设用变量 A、B、C、D 分别代表 4 个人，变量的值为 1 代表该人是窃贼，则根据 4 个人的说法可列出下面的 4 个条件：

甲说："乙没有偷，是丁偷的。"	——	$B+D=1$	①
乙说："我没有偷，是丙偷的。"	——	$B+C=1$	②
丙说："甲没有偷，是乙偷的。"	——	$A+B=1$	③
丁说："我没有偷。"	——	$A+B+C+D=1$	④

由于甲、乙、丙 3 人的话中都提到了 2 个人，其中必有一人是小偷，所以在根据他们的话列出条件表达式时，可以不关心谁说的是真话，谁说的是假话。

由于丁的话无法判断真假，所以根据丁的话列出的表达式只反映了 4 人中仅有一名是窃贼的条件。

3．算法设计

该问题的关键是使用 C 语言中的逻辑表达式将问题分析中得到的 4 个条件表达出来，逻辑表达式如下：

$$B+D==1\&\&B+C==1\&\&A+B==1 \qquad ⑤$$

条件④表示 A、B、C、D 中必有一个为 1。

在程序中可依次假定甲、乙、丙、丁分别为窃贼，带入⑤进行测试，满足条件⑤的那个人为窃贼，具体如下：

（1）先假定甲为窃贼，即 A=1,B=0,C=0,D=0，带入条件⑤测试是否成立，若成立则不再对乙、丙、丁进行测试。

（2）若不成立，则再假定乙为窃贼，即 A=0,B=1,C=0,D=0，带入条件⑤测试是否成立，若成立则可确定乙为窃贼，不再对丙、丁进行测试。

（3）若不成立，再假定丙为窃贼，即 A=0,B=0,C=1,D=0，带入条件⑤测试是否成立，若成立则可确定丙为窃贼，不再对丁进行测试。

（4）若不成立，再假定丁为窃贼，即 A=0,B=0,C=0,D=1，带入条件⑤测试是否成立，若成立则确定丁为窃贼。

4．确定程序框架

该程序的流程图如图 6.7 所示。

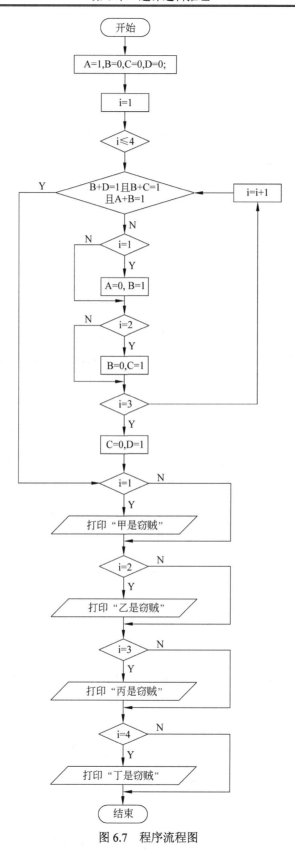

图 6.7　程序流程图

5．完整程序

根据上面的分析，编写程序如下：

```c
#include<stdio.h>
main()
{
    int i,A=1,B=0,C=0,D=0;          /*先假定甲是窃贼*/
    for(i=1;i<=4;i++)
        if(B+D==1&&B+C==1&&A+B==1)
                                    /*测试甲乙丙丁谁是窃贼，符合该条件的即为窃贼*/
            break;
        else
        {
            if(i==1)
            {
                A=0;B=1;            /*甲不是窃贼，测试乙是否是窃贼*/
            }
            if(i==2)
            {
                B=0;C=1;            /*甲乙均不是窃贼，测试丙是否是窃贼*/
            }
            if(i==3)
            {
                C=0;D=1;            /*甲乙丙都不是窃贼，测试丁是否是窃贼*/
            }
        }
    /*输出结果*/
    printf("判断结果：\n");
    if(i==1)
        printf("甲是窃贼\n");
    if(i==2)
        printf("乙是窃贼\n");
    if(i==3)
        printf("丙是窃贼\n");
    if(i==4)
        printf("丁是窃贼\n");
}
```

对程序的说明如下：

❑ 程序中使用变量 i 控制循环次数，因为要分别对甲、乙、丙、丁进行测试，所以循环次数为 4。

❑ 输出时根据 i 的取值来确定输出结果。

6．运行结果

在 VC 6.0 下运行程序，结果如图 6.8 所示。由运行结果可知，乙是窃贼。

判断结果：
乙是窃贼

图 6.8　运行结果

6.5　旅　客　国　籍

1．问题描述

在一个旅馆中住着 6 个不同国籍的人，他们分别来自美国、德国、英国、法国、俄罗斯和意大利这几个国家。他们的名字分别叫 A、B、C、D、E 和 F，要说明的是名字的顺序与前面提到的国籍不一定是相互对应的。现在已知：

（1）A 和美国人是医生。
（2）E 和俄罗斯人是教师。
（3）C 和德国人是技师。
（4）B 和 F 曾经当过兵，而德国人从未参过军。
（5）法国人比 A 年龄大，意大利人比 C 年龄大。
（6）B 同美国人下周要去西安旅行，而 C 同法国人下周要去杭州度假。

现要求根据上述已知条件，编程求出 A、B、C、D、E 和 F 各是哪国人。

2．问题分析

根据问题描述中给定的条件可进行如下的分析：

❏ 由"A 和美国人是医生"可知 A 不是美国人。
❏ 由"E 和俄罗斯人是教师"可知 E 不是俄罗斯人。
❏ 由"C 和德国人是技师"可知 C 不是德国人。
❏ 又因为 A 的职业是医生，与俄罗斯人和德国人的职业不同，所以 A 不是俄罗斯人也不是德国人。E 的职业是教师，与美国人和德国人的职业不同，所以 E 不是美国人也不是德国人。C 的职业是技师，与美国人和俄罗斯人不同，所以 C 不是美国人也不是俄罗斯人。
❏ 由"B 和 F 曾经当过兵，而德国人从未参过军"可知，B 和 F 不是德国人。
❏ 由"法国人比 A 年龄大，意大利人比 C 年龄大"可知 A 不是法国人，C 不是意大利人。
❏ 由"B 同美国人下周要去西安旅行，而 C 同法国人下周要去杭州度假"可知，B 不是美国人，也不是法国人，C 不是法国人。

用条件矩阵将上面的分析结果表示出来：

	美国	英国	法国	德国	意大利	俄罗斯
A	0		0	0		0
B	0		0	0		
C	0		0	0	0	0
D						
E	0			0		0
F				0		

根据上面的条件矩阵使用消去法，即可得到问题的结果。

3．算法设计

下面给出从条件矩阵初始化到完成消去得到结果的整个过程中条件矩阵每一步的变化，矩阵中加粗的元素表示在该步骤中该元素发生了变化。具体变化过程如下：

（1）初始化条件矩阵

$$\begin{pmatrix} 0 & 1 & 2 & 3 & 4 & 5 & 6 \\ 0 & 1 & 2 & 3 & 4 & 5 & 6 \\ 0 & 1 & 2 & 3 & 4 & 5 & 6 \\ 0 & 1 & 2 & 3 & 4 & 5 & 6 \\ 0 & 1 & 2 & 3 & 4 & 5 & 6 \\ 0 & 1 & 2 & 3 & 4 & 5 & 6 \\ 0 & 1 & 2 & 3 & 4 & 5 & 6 \end{pmatrix}$$

状态（a）

（2）将问题分析中得出的结果在条件矩阵中表示出来

$$\begin{pmatrix} 0 & 1 & 1 & 1 & 1 & 1 & 1 \\ 0 & 0 & 2 & 0 & 0 & 5 & 0 \\ 0 & 0 & 2 & 0 & 0 & 5 & 6 \\ 0 & 0 & 2 & 0 & 0 & 0 & 0 \\ 0 & 1 & 2 & 3 & 4 & 5 & 6 \\ 0 & 0 & 2 & 3 & 0 & 5 & 6 \\ 0 & 1 & 2 & 3 & 0 & 5 & 6 \end{pmatrix}$$

状态（b）

条件矩阵中为 0 的项表示不是该国的人。同时将条件矩阵中每一列的 0 号元素都置位 1，用来表示该列尚未进行处理。

（3）第 4 列只有一个元素为非 0，执行消去操作

执行消去操作时，从只有一个元素为非 0 的列开始消去。

$$\begin{pmatrix} 0 & 1 & 1 & 1 & 0 & 1 & 1 \\ 0 & 0 & 2 & 0 & 0 & 5 & 0 \\ 0 & 0 & 2 & 0 & 0 & 5 & 6 \\ 0 & 0 & 2 & 0 & 0 & 0 & 0 \\ 0 & 0 & 0 & 0 & 4 & 0 & 0 \\ 0 & 0 & 2 & 3 & 0 & 5 & 6 \\ 0 & 1 & 2 & 3 & 0 & 5 & 6 \end{pmatrix}$$

状态（c）

将条件矩阵中非零元素所在行的其他元素都置为 0，同时置 a[0][4]为 0，表示条件矩阵中第 4 列已处理完毕。

（4）第 1 列只有一个元素为非 0，执行消去操作

显然，当条件矩阵位于状态（c）时，第 1 列中只有一个元素非 0，可执行消去操作。

$$\begin{pmatrix} 0 & 0 & 1 & 1 & 0 & 1 & 1 \\ 0 & 0 & 2 & 0 & 0 & 5 & 0 \\ 0 & 0 & 2 & 0 & 0 & 5 & 6 \\ 0 & 0 & 2 & 0 & 0 & 0 & 0 \\ 0 & 0 & 0 & 0 & 4 & 0 & 0 \\ 0 & 0 & 2 & 3 & 0 & 5 & 6 \\ 0 & 1 & 0 & 0 & 0 & 0 & 0 \end{pmatrix}$$

状态（d）

（5）第 3 列只有一个元素为非 0，执行消去操作

显然，当条件矩阵位于状态（d）时，第 3 列中只有一个元素非 0，可执行消去操作。

$$\begin{pmatrix} 0 & 0 & 1 & \mathbf{0} & 0 & 1 & 1 \\ 0 & 0 & 2 & 0 & 0 & 5 & 0 \\ 0 & 0 & 2 & 0 & 0 & 5 & 6 \\ 0 & 0 & 2 & 0 & 0 & 0 & 0 \\ 0 & 0 & 0 & 0 & 4 & 0 & 0 \\ 0 & 0 & \mathbf{0} & 3 & 0 & \mathbf{0} & \mathbf{0} \\ 0 & 1 & 0 & 0 & 0 & 0 & 0 \end{pmatrix}$$

状态（e）

（6）第 6 列只有一个元素为非 0，执行消去操作

显然，当条件矩阵位于状态（e）时，第 6 列中只有一个元素非 0，可执行消去操作。

$$\begin{pmatrix} 0 & 0 & 1 & 0 & 0 & 1 & \mathbf{0} \\ 0 & 0 & 2 & 0 & 0 & 5 & 0 \\ 0 & 0 & \mathbf{0} & 0 & 0 & \mathbf{0} & 6 \\ 0 & 0 & 2 & 0 & 0 & 0 & 0 \\ 0 & 0 & 0 & 0 & 4 & 0 & 0 \\ 0 & 0 & 0 & 3 & 0 & 0 & 0 \\ 0 & 1 & 0 & 0 & 0 & 0 & 0 \end{pmatrix}$$

状态（f）

（7）第 5 列只有一个元素为非 0，执行消去操作

显然，当条件矩阵位于（f）状态时，第 5 列中只有一个元素非 0，可执行消去操作。

$$\begin{pmatrix} 0 & 0 & 1 & 0 & 0 & \mathbf{0} & 0 \\ 0 & 0 & \mathbf{0} & 0 & 0 & 5 & 0 \\ 0 & 0 & 0 & 0 & 0 & 6 & 0 \\ 0 & 0 & 2 & 0 & 0 & 0 & 0 \\ 0 & 0 & 0 & 0 & 4 & 0 & 0 \\ 0 & 0 & 0 & 3 & 0 & 0 & 0 \\ 0 & 1 & 0 & 0 & 0 & 0 & 0 \end{pmatrix}$$

状态（g）

（8）第 2 列只有一个元素为非 0，执行消去操作

当条件矩阵位于（g）状态时，只有第 2 列还未被处理，经观察发现，该非 0 元素所在行（第 3 行）的所有其他元素都已经为 0 了，但在我们编程实现时，程序还是会对该行的每个元素都检查一遍。

$$\begin{pmatrix} 0 & 0 & \mathbf{0} & 0 & 0 & 0 & 0 \\ 0 & 0 & 0 & 0 & 0 & 5 & 0 \\ 0 & 0 & 0 & 0 & 0 & 6 & 0 \\ 0 & 0 & 2 & 0 & 0 & 0 & 0 \\ 0 & 0 & 0 & 0 & 4 & 0 & 0 \\ 0 & 0 & 0 & 3 & 0 & 0 & 0 \\ 0 & 1 & 0 & 0 & 0 & 0 & 0 \end{pmatrix}$$

状态（h）

执行消去操作后的矩阵状态为状态（h）所示。该矩阵中除了第 0 列以外每列都只有一个元素非 0，由此就可推断出 A、B、C、D、E、F 到底是哪国人。

4．确定程序框架

总结上述矩阵状态的变化过程，可得出程序执行的简要流程，如图 6.9 所示。

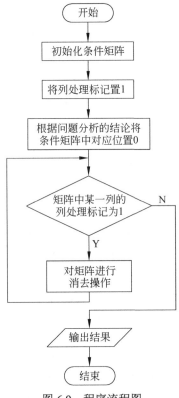

图 6.9　程序流程图

5．完整程序

根据上面的分析，编写程序如下：

```
#include<stdio.h>
char *m[7]={" ","美国","英国","法国","德国","意大利","俄罗斯"};      /*国名*/
main()
{
    int a[7][7],i,j,t,e,x,y;
    for(i=0;i<7;i++)            /*初始化条件矩阵*/
        for(j=0;j<7;j++)        /*行为人，列为国家，元素的值表示某人是该国人*/
            a[i][j]=j;
    for(i=1;i<7;i++)            /*条件矩阵每一列的第 0 号元素作为该列数据处理的标记*/
        a[0][i]=1;              /*标记该列尚未处理*/
    a[1][1]=a[2][1]=a[3][1]=a[5][1]=0;            /*输入条件矩阵中的各种条件*/
    a[1][3]=a[2][3]=a[3][3]=0;                    /*0 表示不是该国的人*/
    a[1][4]=a[2][4]=a[3][4]=a[5][4]=a[6][4]=0;
    a[3][5]=0;
    a[1][6]=a[3][6]=a[5][6]=0;
```

```
while(a[0][1]+a[0][2]+a[0][3]+a[0][4]+a[0][5]+a[0][6]>0)
{
        /*当所有 6 列均处理完毕后退出循环*/
        for(i=1;i<7;i++)  /*i:列坐标*/
            if(a[0][i])                          /*若该列尚未处理，则进行处理*/
            {
                for(e=0,j=1;j<7;j++)
                                /*j 变量保存行坐标，e 变量是该列中非 0 元素计数器*/
                    if(a[j][i])
                    {
                        /*统计每列中的非 0 元素个数*/
                        x=j;                      /*x 变量保存行坐标*/
                        y=i;                      /*y 变量保存列坐标*/
                        e++;
                    }
                if(e==1)                      /*若该列只有一个元素为非 0，则进行消去操作*/
                {
                    for(t=1;t<7;t++)
                    if(t!=i)a[x][t]=0;  /*将非 0 元素所在的行的其他元素置 0*/
                        a[0][y]=0;          /*设置该列已处理完毕的标记*/
                }
            }
}
printf("矩阵最终状态为：\n");
/*输出执行消去操作后矩阵的最终状态*/
for(i=0;i<7;i++)
{
    for(j=0;j<7;j++)
    printf("%d ",a[i][j]);
    printf("\n");
}
printf("\n");
printf("推断结果为：\n");
for(i=1;i<7;i++)  /*输出推理结果*/
{
    printf("%c 来自：",'A'-1+i);
    for(j=1;j<7;j++)
        if(a[i][j]!=0)
        {
            printf("%s.\n",m[a[i][j]]);
            break;
        }
}
}
```

6．运行结果

在 VC 6.0 下运行程序，结果如图 6.10 所示。根据运行结果可知：A 是意大利人，B 是俄罗斯人，C 是英国人，D 是德国人，E 是法国人，F 是美国人。

7．拓展训练

根据题意生成条件矩阵再使用消去法进行推理判断是一种常用的方法，该方法对于解决较为复杂的逻辑问题是十分有效的，希望读者能够掌握。

图 6.10　运行结果

6.6　委派任务

1．问题描述

某项任务需要在 A、B、C、D、E、F 这 6 个人中挑选人来完成，但挑选人受限于以下的条件：

（1）A 和 B 两个人至少去一人；

（2）A 和 D 不能同时去；

（3）A、E 和 F 三人中要挑选两个人去；

（4）B 和 C 同时去或者都不去；

（5）C 和 D 两人中只能去一个；

（6）如果 D 不去，那么 E 也不去。

试编程求出应该让哪几个人去完成这项任务。

2．问题分析

先将问题描述中的限定条件转换成表达式。假设用 A、B、C、D、E、F 这 6 个变量来表示 6 个人，如果某个人被选定去完成任务则对应的变量值为 1，否则，如果某个人未被选中参加该项任务，则其对应的变量值为 0。由此，将限定条件转换为如下表达式：

A+B>=1	表示 A 和 B 两个人至少去一人。
A+D!=2	表示 A 和 D 不能同时去。
A+E+F= =2	表示 A、E 和 F 三人中要挑选两个人去。
B+C= =0‖ B+C= =2	表示 B 和 C 同时去或者都不去。
C+D= =1	表示 C 和 D 两人中只能去一个。
D+E= =0‖ D= =1	表示如果 D 不去，那么 E 也不去（如果 D 去了，那么 E 可以

去也可以不去）。

3．算法设计

求解逻辑推理类问题的关键就是写出正确的逻辑表达式。由于 C 语言中提供了丰富的算术和逻辑操作符，因此可以借助它们有效地将问题化繁为简。将求解问题中的限定条件用程序语言描述清楚后就可以使用穷举法来获得最终的判断结果。对此类问题的求解，都可以依据这种思考方法来进行。

下面使用 C 语言中的逻辑表达式将问题分析中得到的 6 个条件表达出来，这 6 个表达式之间是"与"的关系。逻辑表达式如下：

```
A+B>=1&& A+D!=2&& A+E+F= =2&& (B+C= =0|| B+C= =2)&& C+D= =1&& (D+E= =0|| D=
=1)
```

在程序中穷举每个人去或者不去的各种可能情况，并代入上面的逻辑表达式中进行推理运算，能使该逻辑表达式的值为真的结果就是正确的结果。

4．确定程序框架

该程序的流程图如图 6.11 所示。

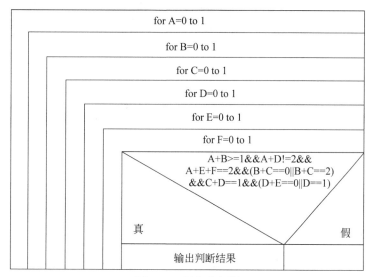

图 6.11 程序流程图

5．完整程序

根据上面的分析，编写程序如下：

```c
#include<stdio.h>
main()
{
    int A,B,C,D,E,F;
    /*穷举所有情况*/
    for(A=0;A<=1;A++)
        for(B=0;B<=1;B++)
            for(C=0;C<=1;C++)
                for(D=0;D<=1;D++)
                    for(E=0;E<=1;E++)
                        for(F=0;F<=1;F++)
                            /*逻辑表达式作为判断条件*/
                            if(A+B>=1&&A+D!=2&&A+E+F==2
                                &&(B+C==0||B+C==2)
```

```
                                    &&C+D==1&&(D+E==0||D==1))
                        {
                            printf("A%s被选择去完成任务。\n",A?"":"未");
                            printf("B%s被选择去完成任务。\n",B?"":"未");
                            printf("C%s被选择去完成任务。\n",C?"":"未");
                            printf("D%s被选择去完成任务。\n",D?"":"未");
                            printf("E%s被选择去完成任务。\n",E?"":"未");
                            printf("F%s被选择去完成任务。\n",F?"":"未");
                        }
}
```

6．运行结果

在 VC 6.0 下运行程序，结果如图 6.12 所示。

图 6.12　运行结果

6.7　谜语博士的难题

谜语博士遇到了两个难题，先看第一个难题。

谜语博士的难题（一）

1．问题描述

诚实族和说谎族是来自两个岛屿的不同民族，已知诚实族的人永远说真话，而说谎族的人永远说假话。

一天，谜语博士遇到 3 个人，知道他们可能是来自诚实族或说谎族的。为了调查这 3 个人到底来自哪个族，博士分别问了他们问题，下面是他们的对话：

博士问："你们是什么族的？"

第 1 个人回答说："我们之中有 2 个来自诚实族。"

第 2 个人说："不要胡说，我们 3 个人中只有一个是来自诚实族的。"

第 3 个人接着第 2 个人的话说："对，确实只有一个是诚实族的。"

请根据他们的回答编程判断出他们分别是来自哪个族的。

2．问题分析

假设这 3 个人分别用 A、B、C 这 3 个变量来代表，若某个人说谎则其对应的变量值为 0，若诚实则其对应的变量值为 1，根据题目中这 3 个人的话分析如下：

（1）第 1 个人回答说："我们之中有两个来自诚实族。"

因此如果第一个人（用 A 代表第一个人）说的是真话，则 A 来自诚实族，另两个人中

一个来自诚实族，一个来自说谎族。则有表达式：A&&A+B+C==2

如果 A 说的是假话，则 A 来自说谎族，A 的话也一定是假话，因此 3 个人中来自诚实族的人必定不是两个。则有表达式：!A&&A+B+C!=2

（2）第 2 个人说："不要胡说，我们 3 个人中只有一个是来自诚实族的。"

如果第 2 个人（用 B 来代表第 2 个人）说的是真话，则 B 来自诚实族，而另两个人都来自说谎族。则有表达式：B&&A+B+C==1

如果第 2 个人 B 说的是假话，则 B 来自说谎族，且 3 个人中来自诚实族的人数必定不是一个。则有表达式：!B&&A+B+C!=1

（3）第 3 个人说："对，确实只有一个是诚实族的。"

如果第 3 个人（用 C 代表第 3 个人）说的是真话，则 C 来自诚实族，另两个人都来自说谎族。则有表达式：C&&A+B+C==1

如果 C 说的是假话，则 C 来自说谎族，且有表达式：!C&&A+B+C!=1

3．算法设计

在问题分析中我们已经列出了各种可能情况，接下来就可以使用穷举法来获得最终的判断结果了。

下面使用 C 语言中的逻辑表达式将问题分析中得到的 6 个条件表达出来，逻辑表达式如下：

```
(A&&A+B+C= =2 || !A&&A+B+C!=2)&& (B&&A+B+C= =1 || !B&&A+B+C!=1)
&& (C&&A+B+C= =1||!C&&A+B+C!=1)
```

在程序中穷举每个人的各种可能情况，并代入上面的逻辑表达式中进行推理运算，能使该逻辑表达式的值为真的结果就是正确的结果。

4．确定程序框架

该程序的流程图如图 6.13 所示。

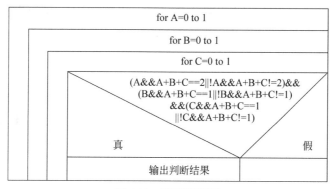

图 6.13　程序流程图

5．完整程序

根据上面的分析，编写程序如下：

```
#include<stdio.h>
```

```
main()
{
    int A,B,C;
    {
        for(A=0;A<=1;A++)
            for(B=0;B<=1;B++)
                for(C=0;C<=1;C++)
                    /*逻辑判断条件*/
                    if((A&&A+B+C==2||!A&&A+B+C!=2)
                            &&(B&&A+B+C==1||!B&&A+B+C!=1)
                            && (C&&A+B+C==1||!C&&A+B+C!=1))
                    {
                        /*输出判断结果*/
                        printf("第一个人来自%s\n",A?"诚实族":"说谎族");
                        printf("第二个人来自%s\n",B?"诚实族":"说谎族");
                        printf("第三个人来自%s\n",C?"诚实族":"说谎族");
                    }
    }
}
```

还可以将上面程序中的逻辑判断条件分开判断，即使用多个 if 语句，代码如下：

```
#include<stdio.h>
main()
{
    int A,B,C;
    {
        for(A=0;A<=1;A++)
            for(B=0;B<=1;B++)
                for(C=0;C<=1;C++)
                    /*使用多个 if 语句判断*/
                    if(A&&A+B+C==2||!A&&A+B+C!=2)
                        if(B&&A+B+C==1||!B&&A+B+C!=1)
                            if(C&&A+B+C==1||!C&&A+B+C!=1)
                            {
                                /*输出判断结果*/
                                printf("第一个人来自%s\n",A?"诚实族":"说谎族");
                                printf("第二个人来自%s\n",B?"诚实族":"说谎族");
                                printf("第三个人来自%s\n",C?"诚实族":"说谎族");
                            }
    }
}
```

两种方式的运行结果都是相同的。

6. 运行结果

图 6.14 运行结果

在 VC 6.0 下运行程序，结果如图 6.14 所示。由图 6.14 可见，这三个人都来自说谎族。

谜语博士的难题（二）

1. 问题描述

两面族是岛屿上的一个新民族，他们的特点是说话时一句真话一句假话，真假交替。即如果第一句说的是真话，则第二句必为假话；如果第一句说的是假话，则第二句必然是真话。但第一句话到底是真是假却不得而知。

现在谜语博士碰到了 3 个人，这 3 个人分别来自 3 个不同的民族，诚实族、说谎族和两面族。谜语博士和这 3 个人分别进行了对话。

首先，谜语博士问左边的人：“中间的人是哪个族的？”，左边的人回答说：“是诚实族的”。

谜语博士又问中间的人：“你是哪个族的？”，中间的人回答说：“两面族的”。

最后，谜语博士问右边的人：“中间的人到底是哪个族的？”，右边的人回答说：“是说谎族的”。

现在请编程求出这 3 个人各自来自哪个族。

2．问题分析

显然，谜语博士碰到的第二个难题要比第一个难题更为复杂。但是解题思路与第一个难题是类似的，相信读者已经对该类问题的解题方法有所了解了。

由于现在不仅需要判断 3 个人的民族，而且这 3 个人还存在相对的位置关系，因此像谜语博士的难题（一）中那样简单的定义 3 个变量还不足以描述难题（二）中的情况。

首先还是用变量将 3 个民族表示出来，表示的时候还要考虑到他们之间的位置关系。我们可以采用如下方式来定义变量：

- ❏ 变量 $L=1$：表示左边的人来自诚实族
- ❏ 变量 $M=1$：表示中间的人来自诚实族
- ❏ 变量 $R=1$：表示右边的人来自诚实族
- ❏ 变量 LL=1：表示左边的人来自两面族
- ❏ 变量 MM=1：表示中间的人来自两面族
- ❏ 变量 RR=1：表示右边的人来自两面族

根据上述变量定义方式，有：

- ❏ 左边的人来自说谎族：$L!=1$ 且 LL!=1
- ❏ 中间的人来自说谎族：$M!=1$ 且 MM!=1
- ❏ 右边的人来自说谎族：$R!=1$ 且 RR!=1

从上述变量定义可以看到，为解决第二个难题，变量的数目已经变为 6 个。下面我们来分析题目中谜语博士与 3 个人的对话。

根据题目中 3 个人的回答做分析如下。

（1）左边的人说中间的人是诚实族的。

若左边的人说的是真话，则他来自诚实族，且中间的人也是诚实族的。这种情况可用表达式表达为：

```
L&&!LL&&M&&!MM
```

上面表达式的含义为左边及中间的人是诚实族的同时，不可能是两面族的。

若左边的人说的是假话，则可以肯定他不是诚实族的，且中间的人也不是诚实族的。这种情况可用表达式表达为：

```
!L&&!M
```

上面表达式的含义为左边及中间的人肯定不是诚实族的，但不能确定他们到底来自说谎族还是两面族。

综合起来，根据左边人的回答可得到逻辑表达式：

```
(L&&!LL&&M&&!MM)||( !L&&!M)
```

（2）中间的人说自己是两面族的。

若中间的人说的是真话，则他来自两面族；若中间的人说的是假话，则他来自说谎族。因此，可以判断出，中间的人肯定不是诚实族的。这种情况可用表达式表达为：

```
!M
```

（3）右边的人说中间的人是说谎族的。

❑ 若右边的人来自诚实族，则中间的人是说谎族的。这种情况可用表达式表达为：

```
R&&!M&&!MM
```

❑ 若右边的人来自两面族，则无法判断其话的真假，即无法确定中间的人来自哪个族。这种情况可用表达式表达为：

```
RR&&!R
```

❑ 若右边的人来自说谎族，且中间的人不是说谎族的，而是诚实族或两面族的。这种情况可用表达式表达为：

```
!R&&!RR&&(M||MM)
```

综合起来，根据右边人的回答可得到逻辑表达式：

```
R&&!M&&!MM|| (RR&&!R) || (!R&&!RR&&(M||MM))
```

（4）由于题目中说"三个人分别来自三个不同的民族"，因此可以得出如下表达式：

```
L+LL!=2&&M+MM!=2&&R+RR!=2 且 L+M+R==1&&LL+MM+RR= =1
```

3．算法设计

在问题分析中我们已经列出了各种可能情况，接下来仍然使用穷举法来获得最终的判断结果。

下面使用 C 语言中的逻辑表达式将问题分析中得到的全部逻辑条件表达出来，逻辑表达式如下：

```
(L&&!LL&&M&&!MM)||( !L&&!M) && !M
&&(R&&!M&&!MM|| (RR&&!R) || (!R&&!RR&&(M||MM)))
&& L+LL!=2&&M+MM!=2&&R+RR!=2 && L+M+R==1&&LL+MM+RR= =1
```

在程序中穷举每个人的各种可能情况，并代入上面的逻辑表达式中进行推理运算，能使该逻辑表达式的值为真的结果就是正确的结果。

4．确定程序框架

如图 6.15 所示为程序流程图。

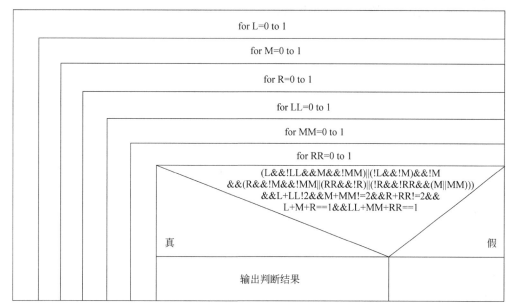

图 6.15　程序流程图

5. 完整程序

根据上面的分析，编写程序如下：

```
#include<stdio.h>
main()
{
    int L,M,R,LL,MM,RR;
    for(L=0;L<=1;L++)
        for(M=0;M<=1;M++)
            for(R=0;R<=1;R++)
                for(LL=0;LL<=1;LL++)
                    for(MM=0;MM<=1;MM++)
                        for(RR=0;RR<=1;RR++)
                            if((L&&!LL&&M&&!MM||!L&&!M)&&!M
                            &&(R&&!M&&!MM||(RR&&!R)||
                            (!R&&!RR&&(M||MM)))
                            &&
                            L+LL!=2&&M+MM!=2&&R+RR!=2&&L+M+R==1&&
                            LL+MM+RR==1)
                            {
                                printf("左边的人来自%s\n",LL?"两面族":(L?"诚
                                实族":"说谎族"));
                                printf("中间的人来自%s\n",MM?"两面族":(M?"诚
                                实族":"说谎族"));
                                printf("右边的人来自%s\n",RR?"两面族":(R?"诚
                                实族":"说谎族"));
                            }
}
```

6. 运行结果

在 VC 6.0 下运行程序，结果如图 6.16 所示。由图 6.16 可见，左

图 6.16　运行结果

边的人来自两面族，中间的人来自说谎族，右边的人来自诚实族。

6.8 黑 与 白

1. 问题描述

有 A、B、C、D、E 这 5 个人，每个人额头上都帖了一张黑或白的纸。5 人对坐，每个人都可以看到其他人额头上纸的颜色。5 人相互观察后，

A 说："我看见有 3 人额头上贴的是白纸，1 人额头上贴的是黑纸。"

B 说："我看见其他 4 人额头上贴的都是黑纸。"

C 说："我看见 1 人额头上贴的是白纸，其他 3 人额头上贴的是黑纸。"

D 说："我看见 4 人额头上贴的都是白纸。"

E 什么也没说。

现在已知额头上贴黑纸的人说的都是谎话，额头贴白纸的人说的都是实话。问这 5 人谁的额头上贴的是白纸，谁的额头上贴的是黑纸？

2. 问题分析

该问题是一个逻辑推理问题。分析 A、B、C、D 这 4 个人所说的话可以得出 4 个条件。

假设用变量 a、b、c、d、e 分别代表 A、B、C、D、E 这 5 个人额头上贴纸的颜色，当变量的取值为 1 时表示该人额头上贴纸的颜色为白色，当变量取值为 0 时表示该人额头上贴纸的颜色为黑色。则分析题目中 4 个人所说的话如下：

A 说："我看见有 3 人额头上帖的是白纸，1 人额头上贴的是黑纸。"

如果 A 额头上贴的是白纸，那么他说的是实话，则有表达式：a&&b+c+d+e= =3；

如果 A 额头上贴的是黑纸，那么他说的是谎话，则有表达式：!a&&b+c+d+e!=3。

B 说："我看见其他 4 人额头上贴的都是黑纸。"

如果 B 额头上贴的是白纸，那么他说的是实话，则有表达式：b&&a+c+d+e= =0；

如果 B 额头上贴的是黑纸，那么他说的是谎话，则有表达式：!b&&a+c+d+e!=0。

C 说："我看见 1 人额头上贴的是白纸，其他 3 人额头上贴的是黑纸。"

如果 C 额头上贴的是白纸，那么他说的是实话，则有表达式：c&&a+b+d+e=1；

如果 C 额头上贴的是黑纸，那么他说的是谎话，则有表达式：!c&&a+b+d+e!=1。

D 说："我看见 4 人额头上贴的都是白纸。"

如果 D 额头上贴的是白纸，那么他说的是实话，则有表达式：d&&a+b+c+e= =4；

如果 D 额头上贴的是黑纸，那么他说的是谎话，则有表达式：!d&&a+b+c+e!=4。

3. 算法设计

求解逻辑推理类问题的关键就是写出正确的逻辑表达式。将问题分析中列出的限定条件用程序语言描述清楚后就可以使用穷举法来获得最终的判断结果。

下面使用 C 语言中的逻辑表达式，将问题分析中得到的几个条件表达出来，得到的逻辑表达式如下：

```
(a&&b+c+d+e= =3||!a&&b+c+d+e!=3)&& (b&&a+c+d+e= =0||!b&&a+c+d+e!=0)&&
( c&&a+b+d+e=1||!c&&a+b+d+e!=1)&&(d&&a+b+c+e= =4||!d&&a+b+c+e!=4)
```

在程序中穷举每个人额头帖纸的颜色的所有可能的情况，并代入上面的逻辑表达式中
进行推理运算，能使该逻辑表达式的值为真的结果就是正确的结果。

4．确定程序框架

在程序中使用五重循环来穷举出所有可能情况，该程序的流程图如图 6.17 所示。

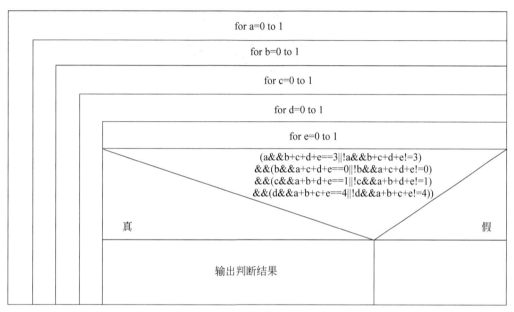

图 6.17　程序流程图

5．完整程序

根据上面的分析，编写程序如下：

```c
#include<stdio.h>
int main()
{
    int a,b,c,d,e;                      /*0 表示黑色，1 表示白色*/
    /*穷举 5 个人额头贴纸颜色的全部可能*/
    for(a=0;a<=1;a++)
        for(b=0;b<=1;b++)
            for(c=0;c<=1;c++)
                for(d=0;d<=1;d++)
                    for(e=0;e<=1;e++)
                    if((a&&b+c+d+e==3||!a&&b+c+d+e!=3)  /*逻辑表达式*/
                       &&(b&&a+c+d+e==0||!b&&a+c+d+e!=0)
                       &&(c&&a+b+d+e==1||!c&&a+b+d+e!=1)
                       &&(d&&a+b+c+e==4||!d&&a+b+c+e!=4))
                    {    /*输出结果*/
                        printf("A 额头上的贴纸是%s 色的.\n",a?"白":"黑");
                        printf("B 额头上的贴纸是%s 色的.\n",b?"白":"黑");
                        printf("C 额头上的贴纸是%s 色的.\n",c?"白":"黑");
```

```
                                     printf("D 额头上的贴纸是%s 色的.\n",d?"白":"黑");
                                     printf("E 额头上的贴纸是%s 色的.\n",e?"白":"黑");
                            }
}
```

6. 运行结果

在 VC 6.0 下运行程序，结果如图 6.18 所示。由图 6.18 可见，A、B、D 额头上贴的是黑纸，C、E 额头上的贴的是白纸。

图 6.18　运行结果

第 7 章　趣 味 游 戏

本章以趣味游戏作为主题，为读者提供了 8 个小游戏，在对 8 个游戏分析讲解的过程中，结合了相关 C 语言语法知识的回顾和总结，使读者在提高编程技巧的同时查漏补缺，牢固掌握 C 语言的语法。

通过一些趣味小游戏来学习编程，可以极大地提高读者学习 C 语言程序设计的兴趣，起到事半功倍的效果。本章主要内容如下：

- ❏ 人机猜数；
- ❏ 搬山游戏；
- ❏ 抢 30；
- ❏ 黑白子交换；
- ❏ 自动发牌；
- ❏ 常胜将军；
- ❏ 24 点；
- ❏ 掷骰子。

7.1　人 机 猜 数

1．问题描述

由计算机随机产生一个四位整数，请人猜这四位整数是多少。人输入一个四位数后，计算机首先判断其中有几位猜对了，并且对的数字中有几位位置也正确，将结果显示出来，给人以提示，请人再猜，直到人猜出计算机随机产生的四位数是多少为止。

例如：计算机产生一个四位整数"1234"请人猜，可能的提示如下。

人猜的整数　计算机判断有几个数字正确，有几个位置正确：

1122 2A1B

3344 2A1B

3312 3A0B

4123 4A0B

1243 4A2B

1234 4A4B

游戏结束。请编程实现该游戏。

2．问题分析

判断相同位置上的数字是否相同不需要特殊的算法。只要截取相同位置上的数字进行比较即可。但在判断几位数字正确时，则应当注意：计算机随机产生的是"1123"，而人所猜的是"1576"，则正确的数字只有 1 位。

程序中截取计算机随机产生的数中的每位数字与人所猜的数字按位比较。若有两位数字相同，则要记住所猜中数字的位置，使该位数字只能与一位对应的数字"相同"。当截取下一位数字进行比较时，就不应再与上述位置上的数字进行比较，以避免所猜的数中的一位与对应数中多位数字"相同"的错误情况。

3．随机数

随机数，顾名思义就是随机产生的、无规则的数。在编程中，有时我们不想手动从键盘输入数据，而想让电脑自动产生一些数据供使用（例如生成 100 个两位数），这时就要用到随机数。

随机数的生成方法很简单，在 TC 环境下，我们通过调用随机函数 random(n)来产生随机数。random(n)函数是 C 语言的标准库函数，和我们常用的输入输出函数（scanf 和 printf）一样可以在程序中直接调用。

random(n)函数的用法为：首先在程序开头预处理命令部分加上#include<stdlib.h>，其中<stdlib.h>是 C 中的标准库头文件，在使用 random(n)函数时需要用到这个头文件。它的作用是对 random(n)函数进行引用性声明，以便在下面的程序中使用它。这和我们在使用scanf()和 printf()函数时需要在程序开头写上#include<stdio.h>（标准输入/输出头文件）是一样的。然后在 main()函数中使用"randomize();"语句把随机数系统初始化。

随机函数 random(n)使用的格式为：

```
A= random(n);
```

这条语句的意思是，自动产生一个以 0 为下限，以 *n*-1 为上限的随机数，并把值赋给 A。

例如，有如下语句：

```
int a; a=random(90)+10;
```

执行该语句后，*a* 即可得到一个 10～99 之间的整数赋值，注意与 a=random(100);的区别。执行这条语句，*a* 可能取值的上限同样为 99，但下限为 0，*a* 可以取到 10 以下的数。相当于：a=random(100)+0。

在 VC 环境下，随机数使用稍有不同。首先在 main 的前面用 include 包含文件windows.h，即：# include < windows.h >，然后在 main 中用"srand( );"语句把随机数系统初始化，括号中放一个初始数据，为了模拟随机的效果，可以用当前的时间作为括号中的初始数据；例如，"srand(GetCurrentTime( ));"，最后使用 rand()函数产生一个随机整数。

随机函数 rand()的每一次调用，都可得到一个很可能不同于上一次调用时的值，其取值一般在 0～65535 之间。66536 个整数值每一个值出现的几率都几乎相同。注意 rand()函数调用的两个特点：第一，调用时不需要参数，即函数调用时用 rand()，圆括号中不必填入实际参数；第二，每次函数调用返回的值，从表面上看起来是不确定的，即是伪随机的，但实际上是有周期性的，只是这个周期比较大。

随机函数 rand() 使用的格式为：

```
A=rand()%x+y;
```

这条语句的意思是，自动产生一个以 y 为下限，以 $x+y-1$ 为上限的随机数，并把值赋给 A。即 A 为 y 到 $x+y-1$ 之间的随机数。

例如，有如下语句：

```
int a; a=rand()%90+10;
```

执行该语句后，a 即可得到一个 $10\sim99$ 之间的整数赋值，注意与 a=rand()%100;的区别。执行这条语句，a 可能取值的上限同样为 99，但下限为 0，a 可以取到 10 以下的数。相当于：a=rand()%100+0。

4．程序框架

程序流程图如图 7.1 所示。

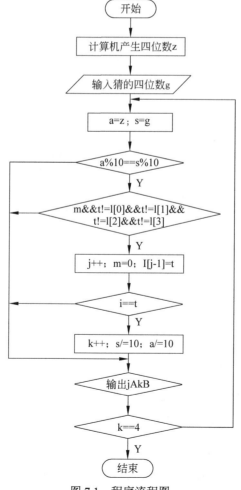

图 7.1　程序流程图

5．完整程序

根据上面的分析，编写程序如下：

```
#include<stdio.h>
#include<time.h>
#include<stdlib.h>
int main()
{
    int stime,a,z,t,i,c,m,g,s,j,k,l[4];
                            /*变量 j 表示数字正确的位数，变量 k 表示位置正确的位数*/
    long ltime;
    ltime=time(NULL);
    stime=(unsigned int)ltime/2;
    srand(stime);
    if((rand()%10000)>=1000&&(rand()%10000)<=9999)
        z=rand()%10000;             /*计算机给出一个随机数*/
    printf("机器输入四位数****\n");
    printf("\n");
    for(c=1;;c++)                       /*变量 c 为猜数次数计数器*/
    {
        printf("请输入你猜的四位数:");
        scanf("%d",&g);             /*输入所猜的四位数*/
        a=z;j=0;k=0;l[0]=l[1]=l[2]=l[3]=0;
        for(i=1;i<5;i++)
                    /*变量 i 表示原数中的第 i 位数。个位为第一位，千位为第 4 位*/
        {
            s=g;
            m=1;
            for(t=1;t<5;t++)            /*人所猜想的数*/
            {
                if(a%10==s%10)          /*若第 i 位与人猜的第 t 位相同*/
                {
                    /*若该位置上的数字尚未与其他数字"相同"*/
                    if(m&&t!=l[0]&&t!=l[1]&&t!=l[2]&&t!=l[3])
                    {
                        j++;
                        m=0;
                        l[j-1]=t;   /*记录相同数字时，该数字在所猜数字中的位置*/
                    }
                    if(i==t)
                        k++;                /*若位置也相同，则计数器 k 加 1*/
                }
                s/=10;
            }
            a/=10;
        }
        printf("你猜的结果是");
        printf("%dA%dB\n",j,k);
        if(k==4)
        {
            printf("****你赢了****\n");
            printf("\n~~********~~\n");
            break;                      /*若位置全部正确，则人猜对了，退出*/
        }
    }
    printf("你总共猜了 %d 次.\n",c);
}
```

6. 运行结果

在 VC 6.0 下运行程序，先由计算机随机产生一个四位数，接着提示"请输入你猜的四位数："，输入猜的四位数后，机器会给出一个判断结果，接着再猜，直至猜对为止，运行结果如图 7.2 所示。

图 7.2　运行结果

7. 拓展训练

在一个 3×3 的棋盘上，甲乙两个人进行对弈。已知两人轮流在棋盘上放棋子，当某一方的棋子连成一条直线时（包括横线、竖线或斜线），则该方获胜。请编写游戏程序来实现人机之间的比赛，并输出比赛结果。比赛有 3 种结果，分别是输、赢和平局。

7.2　搬 山 游 戏

1. 问题描述

设有 n 座山，计算机与人作为比赛的双方，轮流搬山。规定每次搬山数不能超过 k 座，谁搬最后一座谁输。游戏开始时，计算机请人输入山的总数 n 和每次允许搬山的最大数 k，然后请人开始，等人输入了需要搬走的山的数目后，计算机马上打印出它搬多少座山，并提示尚余多少座山。双方轮流搬山直到最后一座山搬完为止。计算机会显示谁是赢家，并问人是否要继续比赛。如果人不想玩了，计算机便会统计出共玩了几局，双方胜负如何。

2. 问题分析

程序结构：

程序中先输入山的座数，要求每次搬山的最大数，从而找出最佳的搬山座数以获得游戏的胜利。

程序在若干次游戏结束后还记录了电脑跟人的胜负次数。程序中应用了条件语句、循环语句和逻辑判断语句来实现功能。

函数实现：

在有 n 座山的情况下，计算机为了将最后一座山留给人，而且又要控制每次搬山的数目不超过最大数 k，应搬山的数目要满足关系：$(n-1)\%(k+1)$。

3. 算法设计

计算机参加游戏时应遵循下列原则：

（1）当剩余山的数目–1≤可移动的最大数 k 时，计算机要移（剩余山数目–1）座，以便将最后一座山留给人。

（2）对于任意正整数 x，y，一定有：

```
0≤x%(y+1)≤y
```

在有 *n* 座山的情况下，计算机为了将最后一座山留给人，而且又要控制每次搬山的数目不超过最大数 *k*，则它应搬山的数目要满足下列关系：

```
(n-1)%(k+1)
```

如果算出结果为 0，即整除无余数，则规定只搬一座山，以防止冒进后发生问题。

4．确定程序框架

简单流程图如图 7.3 所示。

5．完整程序

根据上面的分析，编写程序如下：

```c
#include<stdio.h>
main()
{
    int n,k,x,y,cc,pc,g;
    printf("More Mountain Game\n");
    printf("Game Begin\n");
    pc=cc=0;
    g=1;
    for(;;)
    {
        printf("No.%2d game \n",g++);
        printf("-------------\n");
        printf("How many mountains are there?");
        scanf("%d",&n);                       /*读入山的总数*/
        if(!n)
            break;
        printf("How many mountains are allowed to each time?");
        do
        {
            scanf("%d",&k);                   /*读入允许的搬山数*/
            if(k>n||k<1)                      /*判断搬山数*/
                printf("Repeat again!\n");
        }while(k>n||k<1);
        do
        {
            printf("How many mountains do you wish move away?");
            scanf("%d",&x);
            if(x<1||x>k||x>n)                 /*判断搬山数是否符合要求*/
            {
                printf("IIIegal,again please!\n");
                continue;
            }
            n-=x;
            printf("There are %d mountains left now.\n",n);
            if(!n)
            {
                printf("……………I win. You are failure…………\n\n");
                cc++;
            }
            else
```

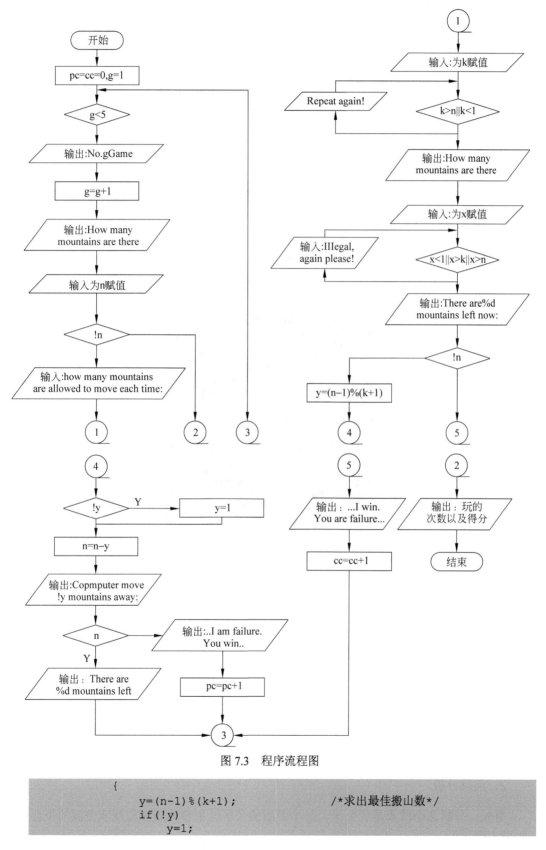

图 7.3 程序流程图

```
    {
        y=(n-1)%(k+1);                /*求出最佳搬山数*/
        if(!y)
            y=1;
```

```
            n-=y;
            printf("Copmputer move %d mountains away.\n",y);
            if(n)
                printf(" There are %d mountains left now.\n",n);
            else
            {
                printf("……………I am failure. You win………………\n\n");
                pc++;
            }
        }
    }while(n);
}
/*打印结果*/
printf("Games in total have been played %d.\n",cc+pc);
printf("You score is win %d,lose %d.\n",pc,cc);
printf("My score is win %d,lose %d.\n",cc,pc);
}
```

6．运行结果

在 VC 6.0 下运行程序，结果如图 7.4 所示。

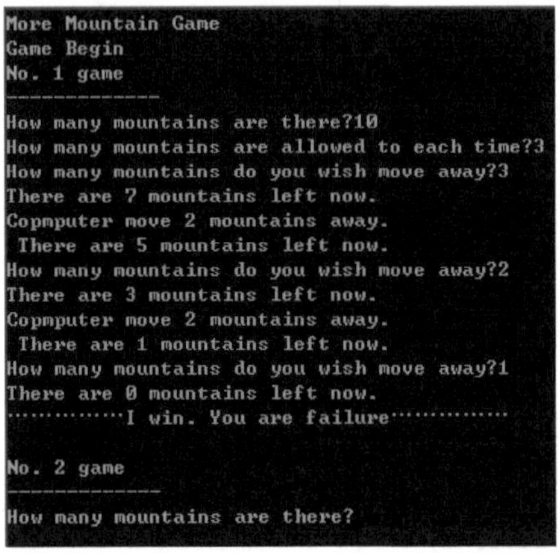

图 7.4　运行结果

7.3　抢 30

1．问题描述

由两个人玩"抢 30"游戏，游戏规则是：第一个人先说"1"或"1，2"，第二个人要接着往下说一个或两个数，然后又轮到第一个人，再接着往下说一个或两个数。这样两人反复轮流，每次每个人说一个或两个数都可以，但是不可以连说三个数，谁先抢到 30，谁得胜。

2．问题分析

首先，分析这个游戏是否公平。一个游戏的公平性主要体现在游戏双方赢的机会性，如果机会性一样大，就公平；否则，就不公平。那么，这个游戏中两人赢的机会性是不是一样大呢？

经分析可知，获胜者最后总能说到 27，还有呢？获胜者陆续说出了 24，21，18，15，12，9，6，3。因此，只要能控制讲出上述数，就一定能在最后"抢到 30"。在大家不知情的情况下，不管先说后说，都有赢的可能性，但游戏里潜藏着人为可控的必胜因素。还可以发现，失败者报 1 个数，获胜者就报 2 个数；失败者报 2 个数，获胜者就只报 1 个数。所以获胜者总能迅速报数。

结论：如果有人利用数学规律，掌握了必胜的秘诀，巧妙设计，就可以做到每战必赢，这个游戏其实是不公平的。

然后，探究只赢不输的奥秘。

（1）规律 1 使用逆推的方法。

要想抢到 30，必须先抢到 27，这样，无论对方说 28 或 28、29，自己总能抢到 30。现在问题转化为如何抢到 27。要想抢到 27，必须先抢到 24，这样，无论对方说 25 或 25、26，自己总能抢到 27……照此推理下去，要想抢到 6，必须先要抢到 3，这样无论对方说 4 或 4、5，自己总能抢到 6。最后，问题转化为如何抢到 3，要想抢到 3，只有让对方先开始，这样，无论对方先说 1 或 1、2，自己总能抢到 3。由此可见，这个游戏是偏向后开口的人，若这个人能抢到 3，6，9，12，……，21，24，27，则一定会赢，因此，这个游戏是不公平的。

（2）规律 2 使用循环法。

根据游戏规则，第一个人可以在 1 或 1、2 中选择一个或两个数字，对于"抢 30"游戏，第二个人总是可以控制每轮报数的个数为 3，由于 30 可以被 3 整除，因此第二个人可以控制自己最后说到 30 从而获胜。

如果把"抢 30"游戏改成"抢 50"，可类似地进行分析。要先抢到 50，就要先抢到 47，44，41，…，5，2。因此，我们发现，"抢 50"的游戏是偏向先开口的人。

3. C 语言函数介绍

C 语言是函数的语言，对于函数，我们可以从以下几个方面去理解和把握。

（1）小函数大程序

意思是说，一个 C 语言程序可以很大，但是通常是由多个函数组成的。从这个意义上说，函数往往就比较短小。

- 一个程序需要由几个函数来实现，这取决于你对 C 语言的掌握程度和领悟能力，没有硬性规定，以方便编程、方便调试、方便升级为原则。

- 一个程序分解成几个函数，有利于快速调试程序，也有利于提高程序代码的利用率。因为函数是可以多次被调用的，调用次数和调用场合没有限制。除 main 函数以外，任何一个函数都可以调用另外一个函数。

- 不要指望通过一个函数就解决程序中的所有问题。事实上，每个函数都应该做自己最应该做的事情，即每个函数都应该具有相对独立的功能。

（2）main 函数及其作用

- 不管是规模很大的 C 语言程序，还是比较短小的 C 语言程序，永远都只能有一个而且只能有一个 main 函数。

- ❑ main 函数可以放在程序中的任何一个地方，可以在程序首部，也可以在程序中间，还可以在程序尾部。
- ❑ 在 C 语言程序中，不管 main 函数放在程序的什么地方，都一定是从 main 函数开始执行程序，从 main 函数结束程序。所以，main 函数又被称为主函数，它是 C 程序执行的入口。
- ❑ main 函数通常定义成 void 类型，形式参数也通常为 void 类型。

（3）函数的种类

函数通常分为库函数（标准函数）和自定义函数（用户函数）两大类。

- ❑ 库函数是指由 C 语言本身提供的，可供直接调用以实现特定功能的函数，例如，求正弦函数（sin()）、求平方根函数（sqrt()）、输出函数（printf()）等。
- ❑ 自定义函数是指由编程者自己开发、编写的用以实现特定功能的函数。所谓编写 C 程序或开发 C 程序，在很大程度上就是指编写若干个自定义函数（包括 main 函数）。

（4）函数的定义、调用和说明

自定义函数时会涉及 3 个方面的问题，即这个函数的功能及实现方法、如何来调用、调用前必要的准备。这 3 个方面分别对应着 C 语言中的 3 个概念：函数定义、函数调用、函数说明。函数定义最为关键，因为函数必须要先定义才能使用。

简单地归纳函数定义的语法如下：

```
函数类型 函数名（函数的参数及其各自的类型）
{
函数体（即函数的具体程序，由若干条语句组成）
}
```

注意上述定义的格式。

- ❑ 函数类型：即函数值的类型；

函数名：可随意取，但最好做到见名知义，而且其命名必须要符合 C 关于标识符（identifier）定义的 3 条规则。

- ❑ 函数的参数：又叫形式参数，可以是一个，也可以是多个，一个函数也可以没有参数，如果没有参数，规范的定义应该使用 void 类型表示。

C 语言中的所有函数都是相对独立的，即不能在一个函数内定义另外一个函数。也就是我们常说的 C 语言中的函数不能嵌套定义，但可以嵌套使用。

函数调用的语法很简单，形式为：

```
函数名(实际参数)
```

函数调用可以出现在任何一个表达式或语句中。

函数说明是函数调用前必须做的一项准备工作。函数说明又叫函数声明，其语法是：

```
函数类型 函数名(函数参数及其各自的类型);
```

注意：函数声明实际上是一条简单的语句，所以千万别忘记在末尾加上 "；"。

库函数在调用前也必须先声明，声明的语法是：

```
#include <该函数对应的头文件> 或者 #include "该函数对应的头文件"
```

这两种声明方式唯一的区别在于，后者会从多路径来寻找指定的头文件并把它包含到用户所在的程序中，而前者只在 C 系统文件所在的路径下寻找。所以，可以通俗地理解为，后者比前者更保险就可以了。

（5）函数内的变量及其作用范围

凡是在函数内部定义的变量，均称为局部变量，局部变量只在定义它的函数内起作用。因此，在不同函数内定义的变量不会发生同名冲突的现象。这实际上就是变量作用域的不同。

函数内定义的变量通常为动态变量，与函数同存亡。即，该函数被调用时，这些变量就被启用，编译器为这些变量分配存储空间，而该函数结束时，这些变量占用的内存会被释放掉。

在任何函数外定义的变量，叫做全局变量，它对所有函数都起作用，可以被所有函数使用，此时在函数内部不要再定义与全局变量同名的局部变量，否则该局部变量会覆盖全局变量。全局变量通常用来在函数之间传递数据，因为每一个 C 函数只能有一个值，如果要传递的值不止一个，全局变量是解决这个问题的一种办法。

（6）return 语句

return 语句只能用在函数内，作用有两个，一是表示函数到此结束，二是函数的值可以通过该语句向函数的外部传递。

其使用语法有以下两种形式：

```
格式一：return(表达式);
格式二：return 表达式;
```

因为这是一条 C 语言的语句，所以千万别忘了语句末尾的"；"。通过该语句，表达式的值作为函数的结果（函数值），返回给调用该函数的其他程序（函数）。

4. 完整程序

根据上面的分析，编写程序如下：

```c
#include<stdio.h>
#include<stdlib.h>
#include<math.h>
int input(int t);
int copu(int s);
int main()
{
    int tol=0;
    printf("\n* * * * * * *catch thirty* * * * * * * \n");
    printf("Game Begin\n");
    randomize();                        /*初始化随机数发生器*/
    /*取随机数决定机器和人谁先走第一步。若为 1，则表示人先走第一步*/
    if(rand(2)==1)
        tol=input(tol);
    while(tol!=30)                      /*游戏结束条件*/
        if((tol=copu(tol))==30)         /*计算机取一个数，若为 30 则机器胜利*/
            printf("I lose! \n");
        else
            if((tol=input(tol))==30)    /*人取一个数，若为 30 则人胜利*/
                printf("I win! \n");
```

```
        printf(" * * * * * * *Game Over * * * * * * * *\n");
}

int input(int t)
{
    int a;
do{
    printf("Please count:");
    scanf("%d",&a);
    if(a>2||a<1||t+a>30)
        printf("Error input,again!");
    else
        printf("You count:%d\n",t+a);
}while(a>2||a<1||t+a>30);
return t+a;                        /*返回当前已经取走的数的累加和*/
}

int copu(int s)
{
    int c;
    printf("Computer count:");
    if((s+1)%3==0)                 /*若剩余的数的模为 1，则取 1*/
        printf(" %d\n",++s);
    else
        if((s+2)%3==0)
        {
            s+=2;                  /*若剩余的数的模为 2，则取 2*/
            printf(" %d\n",s);
        }
        else
        {
            c=rand(2)+1;           /*否则随机取 1 或 2*/
            s+=c;
            printf(" %d\n",s);
        }
        return s;
}
```

5．运行结果

在 TC 3.0 下运行程序，结果如图 7.5 所示。

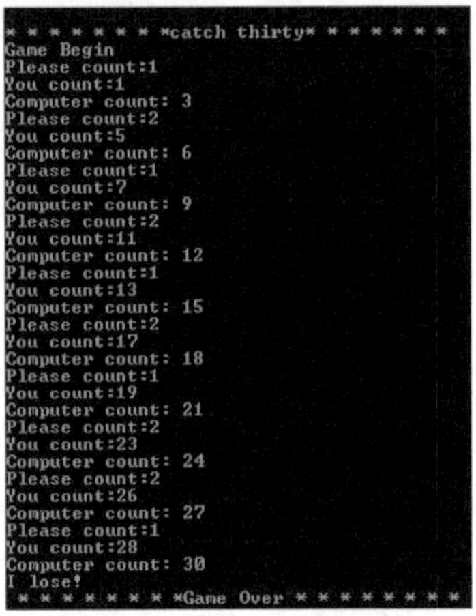

6．拓展训练

已知桌上有 25 颗棋子，现在要求游戏双方轮流取棋子，每人每次至少取走一颗棋子，最多可取走三颗棋子。照此取下去，直到将所有棋子取完，此时必然有一方手中的棋子数为偶数，而另一方手中的棋子数为奇数，规定偶数方获胜，编程实现此人机游戏。

图 7.5　运行结果

7.4　黑白子交换

1．问题描述

有三个白子和三个黑子如图 7.6 所示布置。

图 7.6　初始位置

游戏的目的是用最少的步数将图 7.6 中白子和黑子的位置进行交换，使得最终结果如图 7.7 所示。

图 7.7　最终位置

游戏的规则是：

（1）一次只能移动一个棋子。

（2）棋子可以向空格中移动，也可以跳过一个对方的棋子进入空格。

（3）白色棋子只能往右移动，黑色棋子只能向左移动，不能跳过两个子。

请用计算机实现上述游戏。

2．问题分析

计算机解决这类问题的关键是要找出问题的规律，或者说是要制定一套计算机行动的规则。分析本题，先用人来解决问题，可总结出以下规则：

（1）黑子向左跳过白子落入空格，转（5）；

（2）白子向右跳过黑子落入空格，转（5）；

（3）黑子向左移动一格落入空格（但不应产生棋子阻塞现象），转（5）；

（4）白子向右移动一格落入空格（但不应产生棋子阻塞现象），转（5）；

（5）判断游戏是否结束，若没有结束，则转（1）继续。

所谓的"阻塞"现象指的是：在移动棋子的过程中，两个尚未到位的同色棋子连接在一起，使棋盘中的其他棋子无法继续移动。

例如，按下列方法移动棋子（"○"代表白子，"●"代表黑子，"△"代表空格）：

0：○ ○ ○ △ ● ● ●

1：○ ○ △ ○ ● ● ●

2：○ ○ ● ○ △ ● ●

3：○ ○ ● △ ○ ● ●

4：两个●连在一起产生阻塞

○ ○ ● ● ○ △ ●

或两个○连在一起产生阻塞

○ △ ● ○ ○ ● ●

产生阻塞的现象的原因是在第（2）步时，棋子○不能向右移动，只能将●向左移动。

总结产生阻塞的原因，当棋盘出现"黑、白、空、黑"或"白、空、黑、白"状态时，不能向左或向右移动中间的棋子，只移动两边的棋子。按照上述规则，可以保证在移动棋子的过程中，不会出现棋子无法移动的现象，且可以用最少的步数完成白子和黑子的位置交换。

3. 算法设计

可以有 4 种移动方式（"○"代表白子，"●"代表黑子，"△"代表空格，"～"代表任意）：

白棋跳过黑棋：～ ○ ● △ ～～～

黑棋跳过白棋：～～ △ ○ ● ～～

白棋移向空格：～～～ ○ △ ～～

黑棋移向空格：～～～ △ ● ～～

（1）黑白棋要是能跳，则先跳

根据游戏规则，如果出现下列情况 1，黑棋不能往右，此时只能白棋跳过黑棋往右；同样，如果出现下列情况 2，白棋不能往左，此时只能黑棋跳过白棋往左。

情况 1：～ ○ ● △ ○ ～～

情况 2：～ ● △ ○ ● ～～

是否存在黑棋既能往左跳，存在白棋又可往右跳的可能性呢？即，情况 3 或情况 4 同时存在的现象。

情况 3：～ ○ ● △ ○ ● ～

情况 4：○ ● △ ○ ● ～～

事实证明这两种情况是存在的。

（2）棋子只能移动时

① 若向右移动白子不会产生阻塞，则白子向右移动，分 $i=1$ 和 $i>1$ 两种情况：

❑ $i=1$ 时，白棋只能往右移，即：

○ △ ～～～～～

❑ $i>1$ 时，i 处的白棋只有在 i-1 和 i+2 位置上的棋子不同时才能往右移动，即情况 5 或情况 6。

情况 5：～ ● ○ △ ○ ～～

情况 6：～ ○ ○ △ ● ～～

分析：如果 i-1 和 i+2 位置上的棋子相同时，即情况 7。

情况 7：～～ ● ○ △ ● ～

如果将白子（"○"）向左移动到空格（"△"）处，会转变成情况 8。如果在情况 7 时，第二个任意子（"～"）位置是白子（"○"），白子跳过黑子右移，会出现两个白子相连的情况，如情况 9，将产生阻塞；或者出现倒数第二个黑子跳过白子左移，出项两个黑子相连的情况，如情况 10，同样产生阻塞。

情况 8：～～ ● △ ○ ● ～

情况 9：～ △ ● ○ ○ ● ～

情况 10：~ ~ ● ● ○ △ ~

相应代码如下：

```
for(i=0;flag&&i<6;i++)
if(t[i]==1&&t[i+1]==0&&(i==0||t[i-1]!=t[i+2]))
```

② 若向左移动黑子不会产生阻塞，则黑子向左移动 ，分 i=5 和 i>1 两种情况：

❑ i=5，黑棋只能往左移：

~ ~ ~ ~ ~ △ ●

❑ i>1 时，i+1 处的黑棋只有在 i-1 和 i+2 位置上的棋子不同时才能往左移动，即，情况 11 或情况 12。

情况 11：~ ○ △ ● ● ~ ~

情况 12：~ ● △ ● ○ ~ ~

相应代码如下：

```
for(i=0;flag&&i<6;i++)
if(t[i]==0&&t[i+1]==2&&(i==5||t[i-1]!=t[i+2]))
```

4．完整程序

根据上面的分析，编写程序如下：

```
#include<stdio.h>
int number;
void print(int a[]);
void change(int *n,int *m);
int main()
{
    int t[7]={1,1,1,0,2,2,2};          /*初始化数组 1：白子 2：黑子 0：空格*/
    int i,flag;
    print(t);
    /*若还没有完成棋子的交换则继续进行循环*/
    while(t[0]+t[1]+t[2]!=6||t[4]+t[5]+t[6]!=3)          /*判断游戏是否结束*/
    {
        flag=1;                   /*flag 为棋子移动一步的标记,flag=1 表示尚未移动棋子,
                                  /*flag=0 表示已经移动棋子*/
        for(i=0;flag&&i<5;i++)      /*若白子可以向右跳过黑子，则白子向右跳*/
            if(t[i]==1&&t[i+1]==2&&t[i+2]==0)
            {
                change(&t[i],&t[i+2]);
                print(t);
                flag=0;}
        for(i=0;flag&&i<5;i++)   /*若黑子可以向左跳过白子，则黑子向左跳*/
            if(t[i]==0&&t[i+1]==1&&t[i+2]==2)
            {
                change(&t[i],&t[i+2]);
                print(t);
                flag=0;
            }
        for(i=0;flag&&i<6;i++)
                        /*若向右移动白子不会产生阻塞，则白子向右移动*/
            if(t[i]==1&&t[i+1]==0&&(i==0||t[i-1]!=t[i+2]))
            {
                change(&t[i],&t[i+1]);
```

```
                          print(t);
                          flag=0;
                    }
                    for(i=0;flag&&i<6;i++)
                          /*若向左移动黑子不会产生阻塞,则黑子向左移动*/
                          if(t[i]==0&&t[i+1]==2&&(i==5||t[i-1]!=t[i+2]))
                          {
                                change(&t[i],&t[i+1]);
                                print(t);
                                flag=0;
                          }
      }
}

void print(int a[])
{
    int i;
    printf("No. %2d:.........................\n",number++);
    printf(" ");
    for(i=0;i<=6;i++)
        printf(" | %c",a[i]==1?'*':(a[i]==2?'@':' '));
    printf(" |\n .........................\n\n");
}

void change(int *n,int *m)
{
    int term;
    term=*n;
    *n=*m;
    *m=term;
}
```

5．运行结果

在 VC 6.0 下运行程序，结果如图 7.8 所示。

图 7.8　运行结果

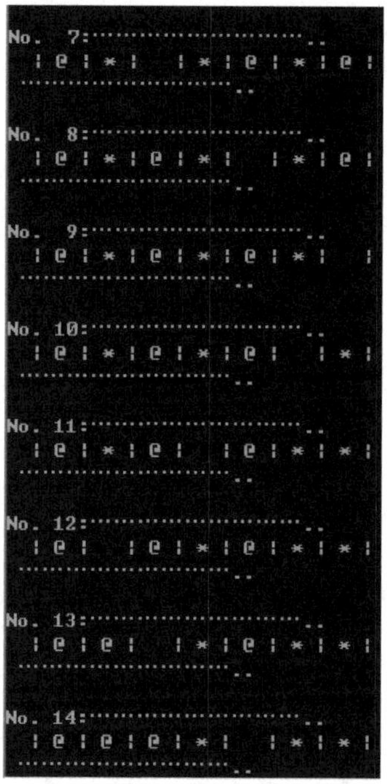

图 7.8 （续）

7.5 自 动 发 牌

1. 问题描述

一副扑克有 52 张牌，打桥牌时应将牌分给 4 个人。请设计一个程序完成自动发牌的工作。要求：黑桃用 S（Spaces）表示，红桃用 H（Hearts）表示，方块用 D（Diamonds）表示，梅花用 C（Clubs）表示。

2. 问题分析

按照打桥牌的规定，每人应当有 13 张牌。在人工发牌时，先进行洗牌，然后将洗好的牌按一定的顺序发给每一个人。为了便于计算机模拟，可将人工方式的发牌过程加以修改：先确定好发牌顺序：1、2、3、4；将 52 张牌顺序编号：黑桃 2 对应数字 0，红桃 2 对应数字 1，方块 2 对应数字 2，梅花 2 对应数字 3，黑桃 3 对应数字 4，红桃 3 对应数字 5，……；然后从 52 张牌中随机为每个人抽牌。

这里采用 C 语言库函数的随机函数，生成 0～51 之间的共 52 个随机数，以产生洗牌后发牌的效果。有关随机函数的使用方法可以参看 7.1 节。

3. 完整程序

根据上面的分析，编写程序如下：

```
#include<stdlib.h>
```

```
#include<stdio.h>
int comp(const void *j,const void *i);
void p(int b[],char n[]);
int main(void)
{
    static char n[]={'2','3','4','5','6','7','8','9','T','J','Q',
    'K','A'};
    int a[53],b1[13],b2[13],b3[13],b4[13];
    int b11=0,b22=0,b33=0,b44=0,t=1,m,flag,i;
    while(t<=52)                        /*控制发 52 张牌*/
    {
        m=rand()%52;                    /*产生 0~51 之间的随机数*/
        for(flag=1,i=1;i<=t&&flag;i++)  /*查找新产生的随机数是否已经存在*/
            if(m==a[i])
                flag=0;                 /*flag=1 表示产生的是新的随机数,flag=0 表示新产
                                        /*生的随机数已经存在*/
            if(flag)
            {
                a[t++]=m;               /*如果产生了新的随机数,则存入数组*/
                /*根据 t 的模值判断当前的牌应存入哪个数组中*/
                if(t%4==0)
                    b1[b11++]=a[t-1];
                else
                    if(t%4==1)
                        b2[b22++]=a[t-1];
                    else
                        if(t%4==2)
                            b3[b33++]=a[t-1];
                        else
                            if(t%4==3)
                                b4[b44++]=a[t-1];
            }
    }
    qsort(b1,13,sizeof(int),comp);      /*将每个人的牌进行排序*/
    qsort(b2,13,sizeof(int),comp);
    qsort(b3,13,sizeof(int),comp);
    qsort(b4,13,sizeof(int),comp);
    p(b1,n);                            /*分别打印每个人的牌*/
    p(b2,n);
    p(b3,n);
    p(b4,n);
    return 0;
}

void p(int b[],char n[])
{
    int i;
    printf("\n\006 ");                  /*打印黑桃标记*/
    for(i=0;i<13;i++)                   /*将数组中的值转换为相应的花色*/
        if(b[i]/13==0)                  /*找到该花色对应的牌*/
            printf("%c ",n[b[i]%13]);
    printf("\n\003 ");                  /*打印红桃标记*/
    for(i=0;i<13;i++)
        if((b[i]/13)==1)
            printf("%c ",n[b[i]%13]);
    printf("\n\004 ");                  /*打印方块标记*/
    for(i=0;i<13;i++)
        if(b[i]/13==2)
            printf("%c ",n[b[i]%13]);
```

```
                printf("\n\005 ");              /*打印梅花标记*/
                for(i=0;i<13;i++)
                    if(b[i]/13==3||b[i]/13==4)
                        printf("%c ",n[b[i]%13]);
                printf("\n");
}

int comp(const void *j,const void *i)          /*qsort 调用的排序函数*/
{
    return(*(int*)i-*(int*)j);
}
```

4. 运行结果

在 VC 6.0 下运行程序，结果如图 7.9 所示。

图 7.9　运行结果

5. 问题拓展

在该题的程序中使用大量嵌套的 if-else-语句。在 if 语句中又包含一个或多个 if 语句称为 if 语句的嵌套，其一般形式如下：

```
if( )
    if( )
        语句 1        嵌套的 if 语句
    else
        语句 2
else
    if( )
        语句 3        嵌套的 if 语句
    else
        语句 4
```

在使用嵌套的 if 语句时要特别注意 if 与 else 的配对关系，原则就是 else 总是与它上面最近的且未配对的那个 if 相匹配。

例如下面的 if 语句中又嵌套了两个 if 语句，注意其中 if 和 else 的配对关系。

```
if( )
    if( )
        语句 1  ----  嵌套的 if 语句
    else
        if( )
```

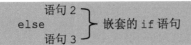

```
        语句 2  ⎫
else          ⎬ 嵌套的 if 语句
        语句 3  ⎭
```

7.6 常 胜 将 军

1. 问题描述

有 21 根火柴，两人依次取，每次每人只可取走 1～4 根，不能多取，也不能不取，谁取到最后一根火柴谁输。请编写一个人机对弈程序，要求人先取，计算机后取；计算机为"常胜将军"。

2. 问题分析

可以这样思考这个问题：要想让计算机是"常胜将军"，也就是要让人取到最后一根火柴。这样只有一种可能，那就是让计算机只剩下 1 根火柴给人，因为此时人至少取 1 根火柴。其他的情况都不能保证计算机常胜。

于是问题转化为"有 20 根火柴，两人轮流取，每人每次可以取走 1～4 根，不可多取，也不能不取，要求人先取，计算机后取，谁取到最后一根火柴谁赢"。为了计算机能够取到最后一根火柴，就要保证最后一轮抽取（人先取一次，计算机再取一次）之前剩下 5 根火柴。因为只有这样才能保证无论人怎样取火柴，计算机都能将其余的火柴全部取走。

于是问题又转化为"15 根火柴，两人轮流取，每人每次可以取走 1～4 根，不可多取，也不能不取，要求人先取，计算机后取，保证计算机取到最后一根火柴"。同样道理，为了让计算机取到最后一根火柴，就要保证最后一轮的抽取（人先取一次，计算机再取一次）之前剩下 5 根火柴。

于是问题又转化为 10 根火柴的问题……，依次类推。

3. 算法设计

根据以上分析，可以得出这样的结论：21 根火柴，在人先取计算机后取，每次取 1～4 根的前提下，只要保证每一轮的抽取（人先取一次，计算机再取一次）时，人抽到的火柴数与计算机抽到的火柴数之和为 5，就可以实现计算机的常胜不败。

4. 完整程序

根据上面的分析，编写程序如下：

```
#include "stdio.h"
main()
{
  int computer , people , spare = 21;              /*定义变量*/
    printf(" ----------------------------------------\n");
    printf(" --------  你不能战胜我,不信试试  --------\n");
    printf(" ----------------------------------------\n\n");
    printf("Game begin:\n\n");
  while(1)
```

```
{
    printf(" ----------  目前还有火柴 %d 根 ----------\n",spare);
    printf("People:") ;
    scanf("%d",&people);                        /*人取火柴*/
     /*违规, 重新取*/
    if(people<1 || people>4 || people>spare)
    {
        printf("你违规了，你取的火柴数有问题!\n\n");
        continue;
    }
    spare = spare - people;                     /*人取后, 剩余的火柴数*/
    /*人取后,剩余的火柴数为 0,则计算机获胜,跳出循环*/
    if(spare = = 0)
    {
        printf("\nComputer win! Game Over!\n");
        break;
    }
    computer = 5 - people;                      /*计算机取火柴*/
    spare = spare - computer;
    printf("Computer:%d \n",computer);
    /*计算机取后,剩余的火柴数为 0，则人获胜,跳出循环*/
    if(spare = = 0)
    {
        printf("\nPeople win! Game Over!\n");
        break;
    }
}
}
```

5. 运行结果

在 VC 6.0 下运行程序，结果如图 7.10 所示。

图 7.10 运行结果

7.7 24 点

1. 问题描述

在屏幕上输入 1～10 范围内的 4 个整数（可以有重复），对它们进行加、减、乘、除四则运算后（可以任意的加括号限定计算的优先级），寻找计算结果等于 24 的表达式。

例如输入 4 个整数 4、5、6、7，可得到表达式：4*((5–6)+7)=24。这只是一个解，本题目要求输出全部的解。要求表达式中数字的顺序不能改变。

2．问题分析

本题最简便的解法是应用穷举法搜索整个解空间，筛选出符合题目要求的全部解。因此，关键的问题是如何确定该题的解空间。

假设输入的 4 个整数为 A、B、C、D，如果不考虑括号优先级的情况，仅用四则运算符将它们连接起来，即 A+B*C/D…，则可以形成 4^3=64 种可能的表达式。如果考虑加括号的情况，而暂不考虑运算符，则共有以下 5 种可能的情况：

（1）((A□B)□C)□D；
（2）(A□(B□C))□D；
（3）A□(B□(C□D))；
（4）A□((B□C)□D)；
（5）(A□B)□(C□D)。

其中□代表"+、–、*、/"四种运算符中的任意一种。将上面两种情况综合起来考虑，每输入 4 个整数，其构成的解空间为 64*5=320 种表达式。也就是说，每输入 4 个整数，无论以什么方式或优先级进行四则运算，其结果都会在这 320 种答案之中。我们的任务就是在这 320 种表达式中寻找出计算结果为 24 的表达式。

3．算法设计

以上是应用穷举法解决本题目的基本思想。下面介绍具体的实施办法。

首先将 3 个不同位置上的运算符设置成不同的变量：op1、op2、op3，并规定 op1 为整数 A 与 B 之间的运算符；op2 为整数 B 与 C 之间的运算符；op3 为整数 C 与 D 之间的运算符。

```
A op1 B op2 C op3 D
```

又规定变量 op1、op2、op3 取值范围为 1、2、3、4，分别表示加、减、乘，除四种运算，如表 7.1 所示。

表 7.1　变量 op1、op2、op3 与运算符的对应情况

op1、op2、op3 变量值	表示的运算	op1、op2、op3 变量值	表示的运算
1	+	3	*
2	–	4	/

这样通过一个三重循环就可以枚举出不考虑括号情况的 64 种表达式类型。算法如下：

```
for(op1=1;op1<=4;op1++)
    for(op2=1;op2<=4;op2++)
        for(op3=1;op3<=4;op3++)
            {
                得到一种不含括号的表达式情形：A op1 B op2 C op3 D
            }
```

下面的问题就是考虑如何在表达式中添加括号，以及如何通过每种表达式的状态计算出对应的表达式的值。我们分别来介绍。

首先，上述算法得到的每一种表达式都可能具有 5 种添加括号的方式，而这 5 种添加括号的方式实际上涵盖了该表达式的所有可能优先级的运算。例如：表达式 A+B－C*D 的 5 种添加括号的方式为：

（1）((A+B)－C)*D；

（2）(A+(B－C))*D；

（3）A+(B－(C*D))；

（4）A+((B－C)*D)；

（5）(A+B)－(C*D)。

实际上，对表达式 A+B－C*D 以任何优先级方式运算，都包含在这 5 种表达式之中。

例如，不添加任何括号的表达式 A+B－C*D 等价于表达式(A+B)－(C*D)，表达式 A+(B－C)*D 等价于表达式 A+((B－C)*D)。也就是说，上述 5 种表达式覆盖了"+、－、*、/"这四种运算符组合所构成的表达式的全部解（以任何优先级进行计算）。因此在程序设计时就应当针对这 5 种添加括号的方式，分别计算出每一种表达式的值，看它是否等于 24。

由于每一种表达式的计算顺序（优先级）不尽相同，为了避免表达式运算的麻烦，可以设置 5 个函数，分别对应每一种类型表达式的计算。算法如下：

```
float calculate_model1(float i,float j,float k,float t,int op1,int op2,int op3)
{
    /*对应的表达式类型：((A□B)□C)□D*/
    float r1,r2,r3;
    r1 = cal(i,j,op1);
    r2 = cal(r1,k,op2);
    r3 = cal(r2,t,op3);
    return r3;
}

float calculate_model2(float i,float j,float k,float t,int op1,int op2,int op3)
{
    /*对应的表达式类型：(A□(B□C))□D*/
    float r1,r2,r3;
    r1 = cal(j,k,op2);
    r2 = cal(i,r1,op1);
    r3 = cal(r2,t,op3);
    return r3;
}

float calculate_model3(float i,float j,float k,float t,int op1,int op2,int op3)
{
    /*对应的表达式类型：A□(B□(C□D))*/
    float r1,r2,r3 ;
    r1 = cal(k,t,op3);
    r2 = cal(j,r1,op2);
    r3 = cal(i,r2,op1);
    return r3;
}

float calculate_model4(float i,float j,float k,float t,int op1,int op2,int
```

```
op3)
{
    /*对应的表达式类型：A□((B□C)□D)*/
    float r1,r2,r3;
    r1 = cal(j,k,op2);
    r2 = cal(r1,t,op3);
    r3 = cal(i,r2,op1);
    return r3;
}

float calculate_model5(float i,float j,float k,float t,int op1,int op2,int
op3)
{
    /*对应的表达式类型： (A□B)□(C□D)*/
    float r1,r2,r3 ;
    r1 = cal(i,j,op1);
    r2 = cal(k,t,op3);
    r3 = cal(r1,r2,op2);
    return r3;
}
```

上述算法中，每一个函数对应一种表达式类型，其返回值为表达式的值，原表达式的形式为 i op1 j op2 k op3 t，不同的表达式类型，根据其运算时优先级的不同进行不同的运算。其中函数 cal() 的作用是通过每种表达式的状态计算出对应的表达式的值。

函数 cal() 包括 3 个参数，第 3 个参数为运算符变量，它标志着不同种类的运算符（如表 7.1 所示），前两个参数为运算数。该函数的作用是使用前两个参数指定的操作数进行第 3 个参数指定的运算，并返回其运算结果。例如函数调用 cal(2,3,1) 的作用是计算 2+3=5，并返回 5。函数 cal() 的代码如下：

```
float cal(float x,float y,int op)
{
  switch(op)
  {
    case 1: return x+y;              /*op 等于 1，加法运算*/
    case 2: return x-y;              /*op 等于 2，减法运算*/
    case 3: return x*y;              /*op 等于 3，乘法运算*/
    case 4: return x/y;              /*op 等于 4，除法运算*/
  }
}
```

将上面所讲的算法结合起来，就可以遍历由 4 个操作数（范围：1～10），3 个运算符（取值：+、−、*、/），以任何优先级进行运算所构成的 320 种表达式，从而寻找其中答案为 24 的表达式。

如果更加细致、深入地思考本题，本题的算法还可以改善。其实由 4 个整数和 4 种运算符"+、−、*、/"以不同的优先级运算方式构成的表达式并不一定就是 320 种，有些表达式可能是完全等价的，例如

❑ ((A+B)−C)*D

❑ (A+(B−C))*D

上面这两个表达式是完全等价的，无论 A、B、C、D 为何值，它们的计算结果都是一样的。因此可以将上面这两个表达式合并成为一个表达式：

❑ (A+B−C)*D

这样就缩小了搜索的空间，提高了查询的效率。但是这样做要考虑的问题就会多些，有兴趣的读者可以自己尝试完成。

4. 完整程序

根据上面的分析，编写程序如下：

```
#include "stdio.h"
char op[5]={'#','+','-','*','/',};
float cal(float x,float y,int op)
{
  switch(op)
  {
    case 1: return x+y;          /*op 等于 1，加法运算*/
    case 2: return x-y;          /*op 等于 2，减法运算*/
    case 3: return x*y;          /*op 等于 3，乘法运算*/
    case 4: return x/y;          /*op 等于 4，除法运算*/
  }
}
/*对应的表达式类型：((A□B)□C)□D*/
float calculate_model1(float i,float j,float k,float t,int op1,int op2,int
op3)
{
  float r1,r2,r3;
  r1 = cal(i,j,op1);
  r2 = cal(r1,k,op2);
  r3 = cal(r2,t,op3);
  return r3;
}
/*对应的表达式类型：(A□(B□C))□D*/
float calculate_model2(float i,float j,float k,float t,int op1,int op2,int
op3)
{
  float r1,r2,r3;
  r1 = cal(j,k,op2);
  r2 = cal(i,r1,op1);
  r3 = cal(r2,t,op3);
  return r3;
}
/*对应的表达式类型：A□(B□(C□D))*/
float calculate_model3(float i,float j,float k,float t,int op1,int op2,int
op3)
{
  float r1,r2,r3 ;
  r1 = cal(k,t,op3);
  r2 = cal(j,r1,op2);
  r3 = cal(i,r2,op1);
  return r3;
}
/*对应的表达式类型：A□((B□C)□D)*/
float calculate_model4(float i,float j,float k,float t,int op1,int op2,int
op3)
{
  float r1,r2,r3;
  r1 = cal(j,k,op2);
  r2 = cal(r1,t,op3);
  r3 = cal(i,r2,op1);
  return r3;
```

```
    }
/*对应的表达式类型：(A□B)□(C□D)*/
float calculate_model5(float i,float j,float k,float t,int op1,int op2,int
op3)
{
    float r1,r2,r3 ;
    r1 = cal(i,j,op1);
    r2 = cal(k,t,op3);
    r3 = cal(r1,r2,op2);
    return r3;
}
/*函数 get24()用于寻找符合要求(计算结果为 24)的表达式*/
get24(int i,int j,int k,int t)
{
    int op1,op2,op3;
    int flag=0;
    for(op1=1;op1<=4;op1++)
        for(op2=1;op2<=4;op2++)
            for(op3=1;op3<=4;op3++)
            {
                /*找到((A□B)□C)□D 类型的表达式中符合要求的那些表达式*/
                if(calculate_model1(i,j,k,t,op1,op2,op3)= =24)
                {

    printf("((%d%c%d)%c%d)%c%d=24\n",i,op[op1],j,op[op2],k,op[op3],t);
                    flag = 1;
                }
                /*找到(A□(B□C))□D 类型的表达式中符合要求的那些表达式*/
                if(calculate_model2(i,j,k,t,op1,op2,op3)= =24)
                {

    printf("(%d%c(%d%c%d))%c%d=24\n",i,op[op1],j,op[op2],k,op[op3],t);
                    flag = 1;
                }
                /*找到 A□(B□(C□D)) 类型的表达式中符合要求的那些表达式*/
                if(calculate_model3(i,j,k,t,op1,op2,op3)= =24)
                {

    printf("%d%c(%d%c(%d%c%d))=24\n",i,op[op1],j,op[op2],k,op[op3],t);
                    flag = 1;
                }
                /*找到 A□((B□C)□D) 类型的表达式中符合要求的那些表达式*/
                if(calculate_model4(i,j,k,t,op1,op2,op3)= =24)
                {

    printf("%d%c((%d%c%d)%c%d)=24\n",i,op[op1],j,op[op2],k,op[op3],t);
                    flag = 1;
                }
                /*找到(A□B)□(C□D) 类型的表达式中符合要求的那些表达式*/
                if(calculate_model5(i,j,k,t,op1,op2,op3)= =24)
                {

    printf("(%d%c%d)%c(%d%c%d)=24\n",i,op[op1],j,op[op2],k,op[op3],t);
                    flag = 1;
                }
            }
    return flag;
}
main()
{
```

```
        int i,j,k,t;
        printf("Please input four integer (1~10)\n");
loop:    scanf("%d %d %d %d",&i,&j,&k,&t);
        /*若输入数值不合法,重新输入*/
        if(i<1||i>10 || j<1||j>10 || k<1||k>10 || t<1||t>10)
        {
          printf("Input illege, Please input again\n");
          goto loop;
        }
        if(get24(i,j,k,t));                /*找到符合要求的表达式*/
        else
            printf("Sorry, the four integer cannot be calculated to get
24\n");
}
```

5. 运行结果

本程序中,从主函数输入 4 个 1~10 的整数,调用函数 get24()寻找符合要求(计算结果为 24)的表达式。如果找到结果等于 24 的表达式,函数 get24()将其输出,并返回 1;如果没有找到结果等于 24 的表达式,函数 get24()返回 0。

本程序的运行结果如图 7.11 和图 7.12 所示。

(1)找到结果等于 24 的表达式。

(2)没有找到结果等于 24 的表达式。

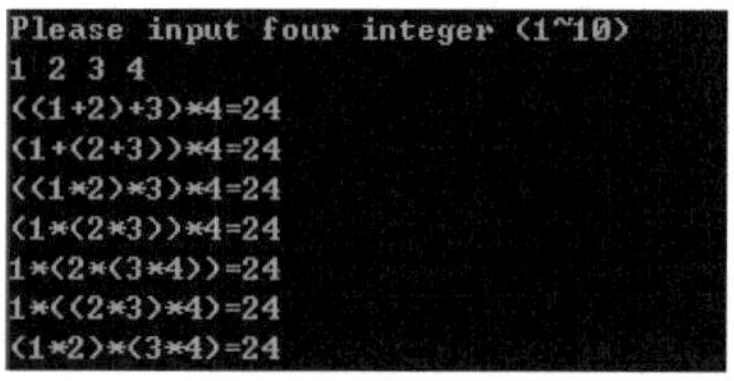

图 7.11　运行结果 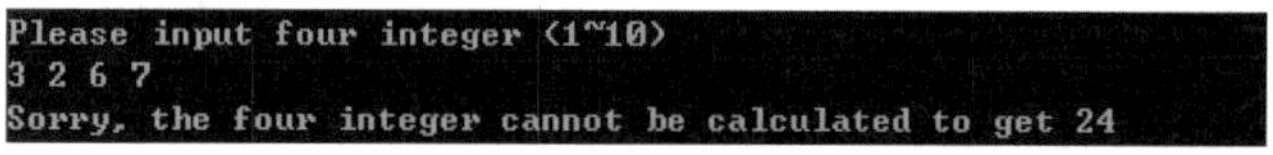　　　　　　　　　　　图 7.12　运行结果

7.8　掷　骰　子

1. 问题描述

骰子是一个有六个面的正方体,每个面分别印有 1~6 之间的小圆点代表点数。假设这个游戏的规则是:两个人轮流掷骰子 6 次,并将每次投掷的点数累加起来。点数多者获胜;点数相同则为平局。

要求编写程序模拟这个游戏的过程,并求出玩 100 盘之后谁是最终的获胜者。

2. 问题分析

由于每个人掷骰子所得到的点数是随机的,所以需要借助随机数发生器,每次产生一个 1~6 之间的整数,以此模拟玩者掷骰子的点数。

要得到 6 个不同的随机值,只需要调用 rand()函数,并取 rand()函数除以 6 的余数即可,即 rand()%6。但这样得到的是在 0~5 之间的 6 个随机数,再将其加 1,即 rand()%6+1,就可得到 1～6 之间的一个随机数。

为了计算在每盘中，甲、乙两人所掷的点数，需要定义两个 int 型变量 d1，d2，用于记录每个人投掷点数的累加器。

为了记录每个人的获胜盘数，需要再定义两个 int 型变量 c1，c2，用于记录每个人获胜的盘数。

3．程序框架

该程序流程图如图 7.13 所示。

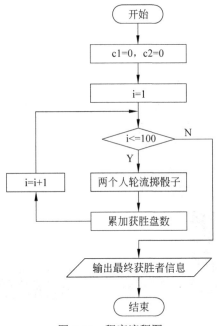

图 7.13　程序流程图

4．完整程序

根据上面的分析，编写程序如下：

```c
#include <stdio.h>
#include <stdlib.h>
main()
{   int d1, d2, c1, c2, i, j;
    c1 = c2 = 0;                            /*初始化*/
    randomize( );                           /*初始化随机数产生器*/
    for (i=1; i<=100; i++) {                /*模拟游戏过程*/
        d1 = d2 = 0;
        for (j=1; j<=6; j++) {              /*两个人轮流掷骰子*/
            d1 = d1+random(6)+1;
            d2 = d2+random(6)+1;
        }
        if (d1>d2)
            c1++;                           /*累加获胜盘数*/
        else
          if (d1<d2)
            c2++;
```

```
    }
    if (c1>c2)                                       /*输出最终获胜者信息*/
        printf("\nThe first win.");
    else
        if (c1<c2)
            printf("\nThe second win.");
        else
            printf("They tie.");
}
```

5. 运行结果

在 TC 3.0 下运行程序，结果如图 7.14 所示。

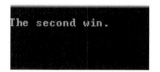

图 7.14　运行结果

第 8 章 趣 味 数 组

数组是一些具有相同类型的数的集合，它是由某种类型的数据按照一定的顺序组成的，并用下标来指示数组中元素的序号。当处理大量的同类型的数据时，使用数组非常方便。

本章的几个问题都与数组相关，通过这几个问题的学习，读者可以明确数组的使用场合，熟练掌握数组的使用方法。本章在分析问题的时候，将 C 语言中数组的语法知识贯穿其中进行了讲解，读者可以根据自己的情况查漏补缺，起到复习和巩固的作用。本章主要内容如下：

- ❏ 狼追兔子；
- ❏ 选美比赛；
- ❏ 邮票组合；
- ❏ 平分 7 筐鱼；
- ❏ 农夫过河；
- ❏ 矩阵转置；
- ❏ 魔方阵；
- ❏ 马踏棋盘；
- ❏ 删除"*"号；
- ❏ 指定位置插入字符。

8.1 狼 追 兔 子

1．问题描述

一只兔子躲进了 10 个环形分布的洞中的一个。狼在第一个洞中没有找到兔子，就隔一个洞，到第 3 个洞去找；也没有找到，就隔 2 个洞，到第 6 个洞去找；以后每次多一个洞去找兔子……这样下去，如果一直找不到兔子，请问兔子可能在哪个洞中？

2．一维数组

（1）一维数组的定义
一维数组的定义形式如下：

> 类型标识符 数组名[常量表达式]；

其中，类型说明符可以是 int、char 和 float 等，它表明每个数组元素所具有的数据类型。数组名的命名规则与变量完全相同。常量表达式的值是数组的长度，即数组中所包含的元素个数。

例如，用于存放某班级 10 名学生年龄的一维数组可定义如下：

```
int age[10];
```

其中，age 是数组的名字，常量 10 指明这个数组有 10 个元素，数组中每个元素都是 int 型。数组的下标从 0 开始，数组的 10 个元素分别是 a[0]、a[1]、a[2]、a[3]、a[4]、a[5]、a[6]、a[7]、a[8]、a[9]。

注意不能使用数组元素 a[10]。

在定义数组时，需要注意如下几个问题：

❏ 表示数组长度的常量表达式必须是正的整型常量表达式，通常是一个整型常量。

❏ C 语言不允许定义动态数组。也就是说，定义数组的长度时不能使用变量。下面这种数组定义方式是不允许的：

```
int n;
scanf("%d",&n);
int a[n];
```

❏ 相同类型的数组和变量可以在一个类型说明符下一起定义，它们之间使用逗号间隔即可，如：

```
float a[10],f,b[20];
```

它定义 a 具有 10 个元素的单精度型数组，f 是一个单精度型变量，b 是具有 20 个元素的单精度型数组。

（2）数组元素的赋值

对数组元素的赋值可以用以下方法实现。

对数组中的每一个元素赋初值，如：

```
int a[5]={1,2,3,4,5};
```

将数组元素的初值依次放在一对大括号内，各个初值之间使用逗号隔开。a 数组经过上面的初始化后，其中的每个元素分别被赋以如下初值：a[0]=1，a[1]=2，a[2]=3，a[3]=4，a[4]=5。

① 可以只给一部分元素赋初值。例如：

```
int a[5]={5,4,3};
```

这表示给 a 数组中前面的 3 个元素分别赋初值 5，4，3，后 2 个元素值为 0。

② 若想使一个数组中全部元素值都为 0，则可写成如下两种形式：

```
int a[5]={0,0,0,0,0};
```

或

```
int a[5]={0};
```

③ 在对全部数组元素赋初值时，可以不指定数组长度。例如：

```
int a[5]={1,2,3,4,5};
```

就可以写成：

```
int a[ ]={1,2,3,4,5};
```

在第二种写法中，大括号中有 5 个数，系统就会据此自动定义 a 数组的长度为 5。但若被定义的数组长度与所提供的初值个数不相同，则定义时不能省略数组长度。

（3）一维数组元素的引用

定义了数组变量后，就可以引用数组中的元素了。一维数组元素的表示方法如下：

数组名[下标表达式]

其中，下标表达式可以是整型常量、整型变量及其表达式。

例如：

```
a[0]=a[5]+a[7]-a[2*3];
```

在 C 语言中规定只能逐个引用数组元素而不能一次引用整个数组。同时，由于每个数组元素的作用相当于一个同类型的简单变量，所以，对基本数据类型的变量所能进行的各种运算（操作），也都适合于同类型的数组元素。

3. 问题分析

首先定义一个数组 a[11]，其数组元素为 a[1]，a[2]，a[3]……a[10]，这 10 个数组元素分别表示 10 个洞，初值均置为 1。

接着使用"穷举法"来找兔子，通过循环结构进行穷举，设最大寻找次数为 1000 次。由于洞只有 10 个，因此第 n 次查找对应第 $n\%10$ 个洞，如果在第 $n\%10$ 个洞中没有找到兔子，则将数组元素 a[n%10]置 0。

当循环结束后，再检查 a 数组各元素（各个洞）的值，若其值仍为 1，则兔子可能藏身于该洞中。

4. 算法设计

该程序的流程图如图 8.1 所示。

5. 完整程序

根据上面的分析，编写程序如下：

```
#include <stdio.h>
main()
{
    int n=0,i=0,x=0;
    int a[11];
    for(i=0;i<11;i++)              /*设置数组初值*/
        a[i]=1;
    for(i=0;i<1000;i++)           /*穷举搜索*/
    {
        n+=(i+1);
        x=n%10;
        a[x]=0;                    /*未找到，置 0*/
    }
```

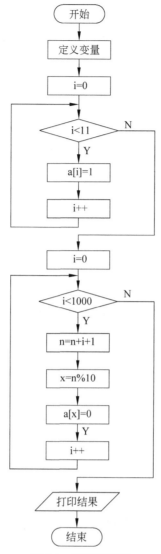

图 8.1 程序流程图

```
    for(i=0;i<10;i++)                    /*输出结果*/
    {
        if(b[i])
            printf("可能在第%d 个洞\n",i);
    }
}
```

6. 运行结果

在 VC 6.0 下运行程序，结果如图 8.2 所示。

图 8.2 运行结果

8.2 选美比赛

1．问题描述

用 C 语言编写软件完成以下任务：

一批选手参加比赛，比赛的规则是最后得分越高，名次越低。当半决赛结束时，要在现场按照选手的出场顺序宣布最后得分和最后名次，获得相同分数的选手具有相同的名次，名次连续编号，不用考虑同名次的选手人数。

例如：选手序号：　　　1，2，3，4，5，6，7

选手得分：　　5，3，4，7，3，5，6

输出名次为：　3，1，2，5，1，3，4

2．问题分析

读者可能不假思索地说出解决此问题的方法，将选手的得分存放到一个数组中，然后从小到大进行排列，排列靠前的名次靠前，排列靠后的名次靠后。但是问题并非如此简单。首先题目要求按照选手的出场顺序（即选手的序号）宣布最后得分，也就是说并不是按照名次的前后顺序输出选手信息，而是按照选手的序号输出最后的得分和名次。其次，题目要求获得相同分数的选手具有相同的名次，并且名次连续编号，不用考虑同名次的选手人数，因此不存在并列名次占位的情况，也就是说如果存在并列第一，那么下一名的名次是第二名，而不是第三名。另外，如果只是简单地对选手的得分序列进行排序，那么选手的得分与选手的序号就不能构成一一对应的关系，那么这样的排序也就没有意义了。出于这几点考虑，此问题并非只使用简单的排序运算就可以解决的。

我们使用结构体来解决该问题。将每个选手的信息（包括序号、得分、名次）存放在一个结构体变量中，然后组成一个结构体数组。该结构体可定义为：

```
struct player
{
    int num;            /*选手序号*/
    int score;          /*选手得分*/
    int rand;           /*选手名次*/
};
```

最开始每个结构体变量中只存放选手的序号和得分的信息，然后以选手的得分为比较对象，从小到大进行排序。算法描述如下：

```
void sortScore(struct player psn[], int n)
{
    int i, j;
    struct player tmp;
    for(i=0;i<n-1;i++)
    for(j=0;j<n-1-i;j++)
    {
        if(psn[j].score>psn[j+1].score)
        {   /*交换psn[j]与psn[j+1]*/
```

```
            tmp=psn[j];
            psn[j]=psn[j+1];
            psn[j+1]=tmp;
        }
    }
}
```

上面算法中使用了冒泡排序法,对含有 *n* 个元素的结构体数组 psn 中的元素按照 score
从小到大的顺序进行排序。排序后的数组 psn 按照 score 的值从小到大排列。

接着指定每一位选手的名次。因为此时结构体数组 psn 已按照 score 从小到大排列了,
因此就比较容易设定每一位选手的名次了。使用算法描述如下:

```
void setRand(struct player psn[],int n)
{
    int i,j=2;
    psn[0].rand=1;                      /*设定第一位选手的名次*/
    for(i=1;i<n;i++)                    /*设定 psn[2]~psn[n-1]的名次*/
    {
        if(psn[i].score!=psn[i-1].score )
        {
            psn[i].rand=j;
            j++;
        }
        else
            psn[i].rand=psn[i-1].rand;   /*psn[i]与 psn[i-1]的名次相同*/
    }
}
```

首先给第一位选手 psn[0]的名次设定为 1,因为它的得分是最少的。然后依次给
psn[2]~psn[n-1]设定名次。如果 psn[i].score 不等于 psn[i-1].score,说明 psn[i]的名次要落
后一名;否则 psn[i]的名次与 psn[i-1]的名次相同。

最后再按照选手的序号重新排序,以便能够按照选手的序号输出结果。该算法描述如下:

```
/*按选手序号排序*/
void  sortNum(struct player psn[],int n)
{
    int i,j;
    struct player tmp;                 /*暂存选手信息*/
    for(i=0;i<n-1;i++)
     for(j=0;j<n-1-i;j++)
     {
        if(psn[j].num>psn[j+1].num)
        {  /*交换 psn[j]与 psn[j+1]*/
            tmp = psn[j];
            psn[j] = psn[j+1];
            psn[j+1] = tmp;
        }
     }
}
```

3. 完整程序

根据上面的分析,编写程序如下:

```
#include "stdio.h"
/*将每个选手的信息存放在个结构体变量中*/
```

```
struct player
{
  int num;                        /*选手序号*/
  int score;                      /*选手得分*/
  int rand;                       /*选手名次*/
};

/*应用冒泡排序法，排序后的数组 psn 按照 score 的值从小到大排列*/
void  sortScore(struct player psn[],int n)
{
  int i,j;
  struct player tmp;
  for(i=0;i<n-1;i++)
   for(j=0;j<n-1-i;j++)
   {
       if(psn[j].score>psn[j+1].score)
       {   /*交换 psn[j]与 psn[j+1]*/
           tmp = psn[j];
           psn[j] = psn[j+1];
           psn[j+1] = tmp;
       }
   }
}

/*指定每一位选手的名次*/
void setRand(struct player psn[],int n)
{
   int i,j=2;
   psn[0].rand=1;
   for(i=1;i<n;i++)
   {
       if(psn[i].score!=psn[i-1].score )
       {
           psn[i].rand=j;
           j++;
       }
       else
       psn[i].rand=psn[i-1].rand;
   }
}

/*最后再按照选手的序号重新排序，以便能够按照选手的序号输出结果*/
void  sortNum(struct player psn[],int n)
{
  int i,j;
  struct player tmp;
  for(i=0;i<n-1;i++)
   for(j=0;j<n-1-i;j++)
   {
       if(psn[j].num>psn[j+1].num)
       {   /*交换 psn[j]与 psn[j+1]*/
           tmp = psn[j];
           psn[j] = psn[j+1];
           psn[j+1] = tmp;
       }
   }
}

void sortRand(struct player psn[],int n)
{
```

```
    sortScore(psn,n);                /*以分数为关键字排序*/
    setRand(psn,n);                  /*按照分数排名次*/
    sortNum(psn,n);                  /*按照序号重新排序*/
}

main()
{
    /*选手的信息组成一个结构体数组*/
    struct player psn[7]={{1,5,0},{2,3,0},{3,4,0},{4,7,0},{5,3,0},
    {6,5,0},{7,6,0}};
    int i;
    sortRand(psn,7);
    printf("num   score rand \n");
    /*输出结果*/
    for(i=0;i<7;i++)
    {
        printf("%d%6d%6d\n",psn[i].num,psn[i].score,psn[i].rand);
    }
    getche();
}
```

4．运行结果

在 VC 6.0 下运行程序，结果如图 8.3 所示。

图 8.3　运行结果

8.3　邮 票 组 合

1．问题描述

我们寄信都要贴邮票，在邮局有一些小面值的邮票，通过这些小面值邮票中的一张或几张的组合，可以满足不同邮件的不同邮资。现在，邮局有 4 种不同面值的邮票。在每个信封上最多能贴 5 张邮票，面值可以相同也可以不同，要求编程求出用这 4 种面值所能组成的邮资的最大值。

2．问题分析

输入：4 种邮票的面值。

输出：用这 4 种面值组成的邮资最大值。

对该问题进行数学分析，不同张数和面值的邮票所组成的邮资可使用下列公式计算：

$$S=a*i+b*j+c*k+d*l$$

其中：*i* 为 a 分邮票的张数，*j* 为 b 分邮票的张数，*k* 为 c 分邮票的张数，*l* 为 d 分邮票的张数。

按题目的要求，a、b、c、d 分的邮票均可以取 0、1、2、3、4、5 张，但总共 5 张。可以采用穷举方法进行组合，从而求出这些不同面值、不同张数的邮票组合后的邮资。

3．完整程序

根据上面分析，编写程序如下：

```c
#include<stdio.h>
main()
{
    int a,b,c,d,i,j,k,l;
    static int s[1000];          /*邮资*/
    scanf("%d%d%d%d",&a,&b,&c,&d);          /*输入 4 种面值邮票*/
    for(i=0;i<=5;i++)          /*循环变量 i 用于控制 a 分面值邮票的张数,最多 5 张*/
        for(j=0;i+j<=5;j++)
            /*循环变量 j 用于控制 b 分面值邮票的张数,a 分邮票+b 分邮票最多 5 张*/
            /*循环变量 k 用于控制 c 分面值邮票的张数,a 分邮票+b 分邮票+c 分邮票最多
            /*5 张*/
            for(k=0;k+i+j<=5;k++)
                /*循环变量 l 用于控制 d 分面值邮票的张数,a 分邮票+b 分邮票+c 分邮票+d
                /*分邮票最多 5 张*/
                for(l=0;k+i+j+l<=5;l++)
                    if(a*i+b*j+c*k+d*l)
                        s[a*i+b*j+c*k+d*l]++;
                    for(i=1;i<=1000;i++)
                        if(!s[i])
                            break;
                    printf("The max is %d.\n",--i);
}
```

4．运行结果

在 VC 6.0 下运行程序，结果如图 8.4 所示。

```
1 3 5 10
The max is 36.
Press any key to continue
```

图 8.4　运行结果

8.4　平分 7 筐鱼

1．问题描述

甲、乙、丙三位渔夫出海打鱼，他们随船带了 21 只箩筐。当晚返航时，他们发现有 7 筐装满了鱼，还有 7 筐装了半筐鱼，另外 7 筐则是空的，由于他们没有秤，只好通过目测认为 7 个满筐鱼的重量是相等的，7 个半筐鱼的重量是相等的。在不将鱼倒出来的前提下，

怎样将鱼和筐平分为 3 份？

2．二维数组

1）二维数组的定义和赋值

（1）二维数组的定义

二维数组定义的一般形式：

类型说明符数组名[常量表达式] [常量表达式]；

例如：

```
int a[3][4];
```

表示数组 a 是一个二维数组，共有 3 行 4 列共 12 个元素，每个元素都是 int 型。

二维数组的应用与矩阵有关，其中，从左起第 1 个下标表示行数，第 2 个下标表示列数，与一维数组相似，二维数组的每个下标也是从 0 开始的。

数组中的每个元素都具有相同的数据类型，且占有连续的存储空间。一维数组的元素是按照下标递增的顺序连续存放的；二维数组元素的排列顺序是按行进行的，即在内存中，先按顺序排第 1 行的元素，然后再按顺序排第 2 行的元素，依次类推。上面定义的 a 数组中的元素在内存中的排列顺序为：a[0][0]，a[0][1]，a[0][2]，a[0][3]，a[1][0]，a[1][1]，a[1][2]，a[1][3]，a[2][0]，a[2][1]，a[2][2]，a[2][3]。

（2）二维数组元素的赋值

可使用下面的方法对二维数组的元素初始化：

① 可以像一维数组那样，将所有元素的初值写在一对大括号内，按数组排列的顺序对各元素赋初值。如：

```
int a[3][4]={1,2,3,4,5,6,7,8,9,10,11,12};
```

a 数组经过上面的初始化后，每个数组元素分别被赋以如下的初值：a[0][0]=1，a[0][1]=2，a[0][2]=3，a[0][3]=4，a[1][0]=5，a[1][1]=6，a[1][2]=7，a[1][3]=8，a[2][0]=9，a[2][1]=10，a[2][2]=11，a[2][3]=12。

② 分行给二维数组赋初值，每行的数据用一对花括号括起来，各行之间用逗号隔开。如：

```
int a[3][4]={{1,2,3,4},{5,6,7,8},{9,10,11,12}};
```

效果与第①种方法相同。但这种方法更好，因为界限更加清楚。用第①种方法赋值时，若数据较多，写成一大片，容易遗漏，也不易检查。

③ 可以对部分元素赋初值。如下面语句只为如下几个元素赋初值：a[0][0]=1，a[0][1]=2，a[0][2]=3，而其他元素的初值为 0。

```
int a[3][4]={1,2,3};
```

下面语句只为各行第 1 列元素赋初值，赋值后 a[0][0]=1，a[1][0]=2，a[2][0]=3，其余元素的初值为 0。

```
int a[3][4]={{1},{2},{3}};
```

下面的赋值语句执行后个元素的值为：a[0][0]=1，a[1][0]=0，a[1][2]=6，a[2][0]=0，a[2][1]=0，a[2][2]=11，其余元素的初值也为 0。这种方法对非 0 元素少时比较方便，不必将所有的 0 都写出来。

```
int a[3][4]={{1},{0,6},{0,0,11}};
```

也可以只对某几行元素赋初值，如下面语句：

```
int a[3][4]={{1},{5,6}};
```

上面语句执行后可以对下面的元素赋初值：a[0][0]=1，a[1][0]=5，a[1][1]=6，其余元素的初值也是 0。可见第 3 行没有赋初值。

④ 如果对全部元素都赋初值或按行为数组的部分元素赋初值，则定义数组时对第一维的长度可以不指定，但第二维的长度不能省，如：

```
int a[3][4]={1,2,3,4,5,6,7,8,9,10,11,12};
```

与下面的定义等价：

```
int a[][4]= {1,2,3,4,5,6,7,8,9,10,11,12};
```

而 int a[3][4]={{1},{0,6},{0,0,11}}; 与 int a[][4]={{1},{0,6},{0,0,11}};等价。

2）二维数组的引用

二维数组元素的表示形式为：

```
数组名[下标][下标]
```

其中，下标可以是整型常量、整型变量及其表达式，如：

```
b[2][3];
```

它表示 b 数组中第 2 行第 3 列的元素。

对基本数据类型的变量所能进行的各种操作，也都适合于同类型的二维数组元素，如：

```
b[0][1]=10;
b[1][2]=b[0][1]*10;
```

3．问题分析

根据题意可以知道：每个人应分得七个箩筐，其中有 3.5 筐鱼。解决该问题可以采用一个 3*3 的数组，数组名为 a 来表示 3 个人分到的东西。其中每个人对应数组 a 的一行，数组的第 0 列放分到的鱼的整筐数，数组的第 1 列放分到的半筐数，数组的第 2 列放分到的空筐数。

又由题目可以推出：

（1）数组的每行或每列的元素之和都为 7。

（2）对数组的行来说，满筐数加半筐数=3.5。

（3）每个人所得的满筐数不能超过 3 筐。

（4）每个人都必须至少有 1 个半筐，且半筐数一定为奇数。

对于找到的某种分鱼方案，3 个人谁拿哪一份都是相同的，为了避免出现重复的分配方案,可以规定:第 2 个人的满筐数等于第 1 个人的满筐数;第 2 个人的半筐数大于等于第 1 个人的半筐数。

4. 完整程序

根据上面的分析,编写程序如下:

```
#include<stdio.h>
int a[3][3],count;
int main()
{
    int i,j,k,m,n,flag;
    printf("It exists possible distribtion plans:\n");
    for(i=0;i<=3;i++)                        /*试探第 1 个人满筐 a[0][0]的值,满筐数不能>3*/
    {
        a[0][0]=i;
        for(j=i;j<=7-i&&j<=3;j++)
                                             /*试探第 2 个人满筐 a[1][0]的值,满筐数不能>3*/
        {
            a[1][0]=j;
            if((a[2][0]=7-j-a[0][0])>3)
                continue;                    /*第 3 个人满筐数不能>3*/
            if(a[2][0]<a[1][0])
                break;   /*要求后一个人分的满筐数大于等于前一个人,以排除重复情况*/
            for(k=1;k<=5;k+=2)   /*试探半筐 a[0][1]的值,半筐数为奇数*/
            {
                a[0][1]=k;
                for(m=1;m<7-k;m+=2)          /*试探半筐 a[1][1]的值,半筐数为奇数*/
                {
                    a[1][1]=m;
                    a[2][1]=7-k-m;
                    /*判断每个人分到的鱼是 3.5 筐,flag 为满足题意的标记变量*/
                    for(flag=1,n=0;flag&&n<3;n++)
                        if(a[n][0]+a[n][1]<7&&a[n][0]*2+a[n][1]==7)
                            a[n][2]=7-a[n][0]-a[n][1];
                                             /*计算应得到的空筐数量*/
                        else flag=0;         /*不符合题意则置标记为 0*/
                    if(flag)
                    {
                        printf("No.%d Full basket Semi-basket Empty\n",
                        ++count);
                        for(n=0;n<3;n++)
                            printf(" fisher %c: %d %d %d\n",'A'+n,
                            a[n][0],a[n][1],a[n][2]);
                    }
                }
            }
        }
    }
}
```

5. 运行结果

在 VC 6.0 下运行程序,结果如图 8.5 所示。

图 8.5　运行结果

8.5　农夫过河

1．问题描述

一个农夫在河边带了一只狼、一只羊和一颗白菜，他需要把这三样东西用船带到河的对岸。然而，这艘船只能容下农夫本人和另外一样东西。如果农夫不在场的话，狼会吃掉羊，羊也会吃掉白菜。请编程为农夫解决这个过河问题。

2．问题分析

根据问题描述可知，该问题涉及的对象较多，而且运算步骤也较为复杂，因此，在使用 C 语言实现时，首先需要将具体问题数字化。

由于整个过程的实现需要多步，而不同步骤中各个事物所处的位置不同，因此可以定义一个二维数组或者结构体来表示四个对象——狼（wolf）、羊（goat）、白菜（cabbage）和农夫（farmer）。对于东岸和西岸，可以用 east 和 west 表示，也可以用 0 和 1 来表示，以保证在程序设计中的简便性。

题目要求给出四种事物的过河步骤，没有对先后顺序进行约束，这就需要给各个事物依次进行编号，然后依次试探，若试探成功，再进行下一步试探。因此，解决该问题可以使用循环或者递归算法，以避免随机盲目运算而且保证每种情况都可以试探到。

题目要求求出农夫带一只羊，一条狼和一颗白菜过河的所有办法，所以依次成功返回运算结果后，需要继续运算，直至求出所有结果，即给出农夫不同的过河方案。

3．算法设计

本程序使用递归算法，为了方便将各个实例数字化，定义二维数组 int a[N][4]存储每一步中各个事物所处的位置。二维数组的一维下标表示当前进行的步骤，第二维下标可能的取值为 0~3，在这里规定它与四种事物的具体对应关系为：0——狼、1——羊、2——白菜、3——农夫。接着再将东岸和西岸数字化，用 0 表示东岸，1 表示西岸，该信息存储在二维数组的对应元素中。

初始情况下，当前步骤为 0，此时狼、羊、白菜和农夫都在东岸，则使用 a 数组来表示该状态为：

a[0][0]	a[0][1]	a[0][2]	a[0][3]
0	0	0	0

假设在第 3 步之后狼在东岸，羊在西岸，白菜在东岸，农夫在西岸，则该步骤的存储状态为：

a[3][0]	a[3][1]	a[3][2]	a[3][3]
0	1	0	1

定义 Step 变量表示渡河的步骤，则成功渡河之后，a 数组中的存储状态为：

a[Step][0]	a[Step][1]	a[Step][2]	a[Step][3]
1	1	1	1

因为成功渡河后，狼、羊、白菜和农夫都在河的西岸，因此有 a[Step][0] + a[Step][1] + a[Step][2] + a[Step][3] = 4。

题目中要求狼和羊、羊和白菜不能在一起，因此若有下述情况出现：

a[Step][1]!=a[Step][3] && (a[Step][2]==a[Step][1] ‖ a[Step][0]==a[Step][1])，则发生错误，应返回操作。

程序采用递归算法，主程序结构如图 8.6 所示。

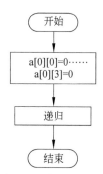

图 8.6　主程序结构

在程序实现时，除了定义 a 数组来存储每一步中各个对象所处的位置以外，再定义一维数组 b[N] 来存储每一步中农夫是如何过河的。

程序中实现递归操作部分的核心代码为：

```
for (i = -1; i <= 2; i++)
{
    b[Step] = i;                          /*记录农夫渡河方式*/
    memcpy(a[Step + 1], a[Step], 16);     /*复制上一步状态,进行下一步移动*/
    a[Step + 1][3] = 1 - a[Step + 1][3];  /*农夫过去或者回来*/
    if(i == -1)
    {
        search(Step + 1);                 /*进行第一步*/
    }
    else
        if(a[Step][i] == a[Step][3])
        {
            a[Step + 1][i] = a[Step + 1][3];   /*农夫带某一个事物渡河*/
            search(Step + 1);                  /*进行下一步*/
        }
}
```

每次循环从-1 到 2 依次代表农夫渡河时为一人、带狼、带羊、带白菜通过，利用语句"b[Step] = i"分别记录每一步中农夫的渡河方式，语句"a[Step + 1][i] = a[Step + 1][3]"是利用赋值方式使该对象与农夫一同到对岸或者回到本岸。若渡河成功，则依次输出渡河方式。"i <= 2"为递归操作的界限，若 i=2 时仍无符合条件的方式，则渡河失败。

在递归的过程中每进行一步都需要判断条件以决定是否继续进行此次操作，具体的判断代码为：

```
if (a[Step][0]+a[Step][1]+a[Step][2]+a[Step][3]= =4)
{
    …
    return;
}
```

上面代码表示若当前步骤能使各值均为 1，则渡河成功，输出结果，进入回归步骤。
若当前步骤与以前的步骤相同，则返回操作，代码如下：

```
if(memcmp(a[i],a[Step],16)==0)
{
    return;
}
```

若羊和农夫不在一块而狼和羊或者羊和白菜在一块，则返回操作，判断代码如下：

```
if(a[Step][1]!=a[Step][3]&&(a[Step][2]==a[Step][1]||a[Step][0]==a[Step]
[1]))
{
    return;
}
```

递归部分程序结构如图 8.7 所示。

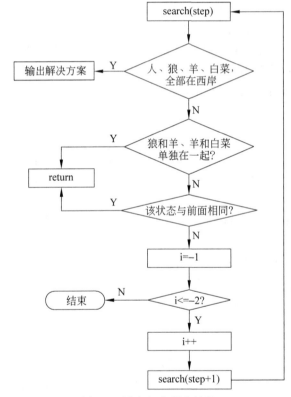

图 8.7　递归部分程序结构

4. 完整程序

```
#include <stdio.h>
#include <stdlib.h>
#include <string.h>
#define N 15
int a[N][4];
int b[N];
char *name[]=
{
```

```
    "        ",
    "and wolf",
    "and goat",
    "and cabbage"
};

void search(int Step)
{
    int i;
    /*若该种步骤能使各值均为1,则输出结果,进入回归步骤*/
    if(a[Step][0]+a[Step][1]+a[Step][2]+a[Step][3]==4)
    {

        for(i=0;i<=Step;i++)                    /*能够依次输出不同的方案*/
        {
            printf("east: ");
            if(a[i][0]==0)
                printf("wolf  ");
            if(a[i][1]==0)
                printf("goat  ");
            if(a[i][2]==0)
                printf("cabbage  ");
            if(a[i][3]==0)
                printf("farmer  ");
            if(a[i][0]&&a[i][1]&&a[i][2]&&a[i][3])
                printf("none");
            printf("          ");
            printf("west: ");
            if(a[i][0]==1)
                printf("wolf  ");
            if(a[i][1]==1)
                printf("goat  ");
            if(a[i][2]==1)
                printf("cabbage  ");
            if(a[i][3]==1)
                printf("farmer  ");
            if(!(a[i][0]||a[i][1]||a[i][2]||a[i][3]))
                printf("none");
            printf("\n\n\n");
            if(i<Step)
                printf("                        the %d time\n",i+1);
            if(i>0&&i<Step)
            {
                if(a[i][3]==0)                  /*农夫在本岸*/
                {
                    printf("                -----> farmer ");
                    printf("%s\n",name[b[i] + 1]);
                }
                else                            /*农夫在对岸*/
                {
                    printf("                <----- farmer ");
                    printf("%s\n",name[b[i] + 1]);
                }
            }
        }
        printf("\n\n\n\n");
        return;
    }
    for(i=0;i<Step;i++)
    {
```

```
        if(memcmp(a[i],a[Step],16)==0)          /*若该步与以前步骤相同,取消操作*/
        {
            return;
        }
    }
    /*若羊和农夫不在一起而狼和羊或者羊和白菜在一起,则取消操作*/
    if(a[Step][1]!=a[Step][3]&&(a[Step][2]==a[Step][1]||a[Step][0]==
    a[Step][1]))
    {
        return;
    }
    /*递归,从带第一种对象开始依次向下循环,同时限定递归的界限*/
    for(i=-1;i<=2;i++)
    {
        b[Step]=i;
        memcpy(a[Step+1],a[Step],16);            /*复制上一步状态,进行下一步移动*/
        a[Step+1][3]=1-a[Step+1][3];             /*农夫过去或者回来*/
        if(i==-1)
        {
            search(Step+1);                      /*进行第一步*/
        }
        else
            if(a[Step][i]==a[Step][3])           /*若该物与农夫同岸,带回*/
            {
                a[Step+1][i]=a[Step+1][3];       /*带回该物*/
                search(Step+1);                  /*进行下一步*/
            }
    }
}

int main()
{
    printf("\n\n                    农夫过河问题,解决方案如下：\n\n\n");
    search(0);
    return 0;
}
```

5. 运行结果

在 VC 6.0 下运行程序，结果如图 8.8 所示。

图 8.8　运行结果

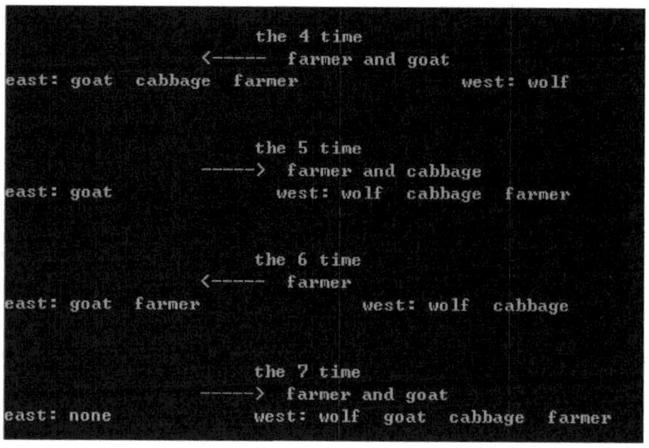

图 8.8 （续）

8.6 矩 阵 转 置

1．问题描述

编写一个程序，将一个 3 行 3 列的矩阵转置。

2．问题分析

要解决该问题应该清楚什么是矩阵的转置。矩阵转置在数学上的定义为：

设 A 为 $m \times n$ 阶矩阵（即 m 行 n 列的矩阵），其第 i 行第 j 列的元素是 a(i,j)，即：A=a(i,j)$_{m \times n}$

定义 A 的转置为这样一个 $n \times m$ 阶矩阵 B，满足 B=a(j,i)$_{n \times m}$，即 b (i,j)=a (j,i)（B 的第 i 行第 j 列元素是 A 的第 j 行第 i 列元素），记为 A'=B。

假设有如下的矩阵 A：

$$\begin{pmatrix} 1 & 2 & 3 \\ 4 & 5 & 6 \\ 7 & 8 & 9 \end{pmatrix}$$

则经过转置后，即将矩阵的第 i 行变成了现在的第 i 列，则原来的矩阵 A 变为如下矩阵 B：

$$\begin{pmatrix} 1 & 4 & 7 \\ 2 & 5 & 8 \\ 3 & 6 & 9 \end{pmatrix}$$

3．算法设计

解决矩阵问题时通常都是先将矩阵存放在一个二维数组中，而当矩阵发生变化时，二维数组中的对应元素也会发生变化。

以问题分析中提到的 A 矩阵为例，要实现 A 的转置，首先应将其存放在一个二维数组 n 中，该二维数组中的元素及其内容如表 8.1 所示。

表 8.1　二维数组 n 中的元素及其内容

n[0][0]	n[0][1]	n[0][2]
1	2	3
n[1][0]	n[1][1]	n[1][2]
4	5	6
n[2][0]	n[2][1]	n[2][2]
7	8	9

将 **A** 转置后，二维数组中元素的内容会发生变化。**A** 转置后，二维数组 *n* 中的元素内容如表 8.2 所示。

表 8.2　A 转置后二维数组 n 中的元素及内容

n[0][0]	n[0][1]	n[0][2]
1	4	7
n[1][0]	n[1][1]	n[1][2]
2	5	8
n[2][0]	n[2][1]	n[2][2]
3	6	9

观察表 8.2 可知，转置后矩阵主对角线上的数组元素 n[0][0]、n[1][1]、n[2][2]的值并没有发生变化，只是位于对角线右上方的三个元素与位于对角线左下方的三个元素的值进行了交换。具体为：n[0][1]与 n[1][0]进行了交换，n[0][2]与 n[2][0]进行了交换，n[1][2]与 n[2][1]进行了交换。

根据这个发现就可以来设计我们的算法，在对一个 3×3 阶矩阵转置时，只需将主对角线右上方的数组元素 n[0][1]、n[0][2]、n[1][2]，分别与主对角线左下放的数组元素 n[1][0]、n[2][0]、n[2][1]的值，通过一个临时变量进行交换即可，总共只要进行 3 次交换就可以实现矩阵的转置。

4．确定程序框架

根据算法设计来确定程序的主体结构。矩阵问题和循环结构是分不开的，要想访问到二维数组中的每个元素就需要使用一个双重循环。这里我们可以使用一个双重的 for 循环，而在循环体中完成数组元素交换即矩阵转置的任务。

我们先来分析下面这段代码：

```
for(i=0;i<3;i++)
    for(j=0;j<3;j++)
    {
        if (i!=j)
        {   /*交换n[i][j]和n[j][i]*/
            temp=n[i][j];
            n[i][j]=n[j][i];
            n[j][i]=temp;
        }
    }
```

在上面这段代码中利用双重循环遍历了二维数组中所有的数组元素，在循环体中使用了临时变量 temp，将数组中的元素 n[i][j]和与之对应的 n[j][i]进行了交换。请读者思考这样做是否正确呢？

先考虑外层循环的次数，外层循环的循环变量为 i，它的取值为 0、1、2，共循环 3 次。由于是双重循环，因此对于每一次外层循环，都嵌入了一个循环变量为 j 的内层循环，j 的取值也为 0、1、2，内存循环也有三次，这样，内层循环总共运行了 3×3=9 次。除去 (i=0,j=0)、(i=1,j=1)和(i=2,j=2)的三次外，代码中加粗的部分，即 if 语句中的布尔表达式 i!=j 在其中的 6 次循环中都是成立的，所以在整个循环过程中一共进行了 6 次形如 n[i][j]与 n[j][i]的数组元素之间值的交换，而我们已经分析过正确的交换次数应该是 3 次。显然是不符合矩阵转置的要求的，因此上面代码是有问题的，但哪里有问题呢？

出问题的部分就是 if 语句中的布尔表达式。布尔表达式 i!=j 没有限定只能将主对角线右上方的数组元素与主对角线左下方的数组元素进行单方向交换，因此，主对角线右上方的数组元素与主对角线左下方的数组元素发生了双方向交换，这样交换次数就变成了 6 次，而且矩阵并没有被转置。

改正的方法很简单，只需将 if 语句的条件修改为 j>i 即可，代码如下：

```
for(i=0;i<3;i++)
  for(j=0;j<3;j++)
    {
     if (j>i)
       { /*交换 n[i][j]和 n[j][i]*/
        temp=n[i][j];
        n[i][j]=n[j][i];
        n[j][i]=temp;
       }
    }
```

按照上面的代码执行就可以正确地实现矩阵的转置。该程序流程图如图 8.9 所示。

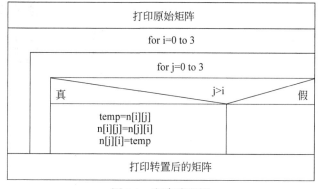

图 8.9　程序流程图

5. 完整程序

根据上面的分析，编写程序如下：

```
#include<stdio.h>
main()
{
```

```
    int n[3][3]={1,2,3,4,5,6,7,8,9};
    int i,j,temp;
    printf("原始矩阵：\n");
    for(i=0;i<3;i++)
    {
        for(j=0;j<3;j++)
            printf("%d ",n[i][j]);              /*输出原始矩阵*/
        printf("\n");
    }
    for(i=0;i<3;i++)
        for(j=0;j<3;j++)
        {
            if (j>i)
            {
            /*将主对角线右上方的数组元素与主对角线左下方的数组元素进行单方向交换*/
                temp=n[i][j];
                n[i][j]=n[j][i];
                n[j][i]=temp;
            }
        }
    printf("转置矩阵：\n");
    for(i=0;i<3;i++)
    {
        for(j=0;j<3;j++)
            printf("%d  ",n[i][j]);             /*输出原始矩阵的转置矩阵*/
        printf("\n");
    }
}
```

6．运行结果

在 VC 6.0 下运行程序，结果如图 8.10 所示。由图 8.10 可见，程序正确地生成了原始矩阵的转置矩阵。

7．问题拓展

在解决与矩阵相关的问题时，常常需要使用到二维数组，而若想遍历到二维数组中的每个元素，就需要使用双重循环。一般使用的是两个 for 循环，比如我们在解决矩阵转置问题时就是这样处理的。

图 8.10 运行结果

与矩阵相关的问题除了矩阵转置以外，还有如编程实现矩阵的加、减、乘，以及求矩阵元素的最大值、最小值、求对角线元素的和等运算。此处，我们再介绍如何求矩阵元素的最大值，其他的矩阵问题读者可作为练习自己来编程实现。

已知有一个 3×4 的矩阵，要求编程求出其中值最大的那个元素所在的行号和列号及该元素的值。

显然，要解决这个问题必须要遍历矩阵中的每个元素，因此，程序的结构就是一个双重的 for 循环，在循环体中进行的就是矩阵元素的比较，找出最大元素。

该问题的流程图如图 8.11 所示。

完整程序如下：

```
main()
{
```

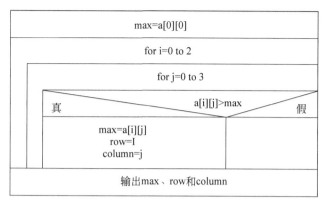

图 8.11　程序流程图

```
int i,j,row=0,column=0,max;
int a[3][4]={{2,7,3,6},{8,1,9,5},{10,4,2,5}};
max=a[0][0];                    /*设置 max 的初值*/
/*矩阵中每个元素逐一与 max 进行比较*/
for(i=0;i<=2;i++)
    for(j=0;j<=3;j++)
        if(a[i][j]>max)     /*如果某个矩阵元素大于 max，则将其与 max 进行交换*/
        {
            max=a[i][j];
            row=i;
            column=j;
        }
printf("矩阵的最大值为：%d,其所在行为第%d 行,所在列为第%d 列\n",
max,row,column);
}
```

运行程序，结果如图 8.12 所示。

矩阵的最大值为：10，其所在行为第2行，所在列为第0列

图 8.12　运行结果

8.7　魔　方　阵

1．问题描述

编写程序，实现如图 8.13 所示的 5-魔方阵。

2．问题分析

所谓"n-魔方阵"，指的是使用 $1 \sim n^2$ 共 n^2 个自然数排列成一个 $n \times n$ 的方阵，其中 n 为奇数；该方阵的每行、每列及对角线元素之和都相等，并为一个只与 n 有关的常数，该常数为 $n \times (n^2+1)/2$。

例如图 8.9 中的 5-魔方阵，其第一行、第一列及主对角线上各元素之和如下：

17	24	1	8	15
23	5	7	14	16
4	6	13	20	22
10	12	19	21	3
11	18	25	2	9

图 8.13　5-魔方阵

第一行元素之和：17+24+1+8+15=65

第一列元素之和：17+23+4+10+11=65

主对角线上元素之和：17+5+13+21+9=65

而 $n×(n^2+1)/2=5×(5^2+1)/2=65$

可以验证，5-魔方阵中其余各行、各列及副对角线上的元素之和也都为 65。

假定阵列的行列下标都从 0 开始，则魔方阵的生成方法如下：

在第 0 行中间置 1，对从 2 开始的其余 n^2-1 个数依次按下列规则存放：

（1）假定当前数的下标为(i,j)，则下一个数的放置位置为当前位置的右上方，即下标为(i-1,j+1)的位置。

（2）如果当前数在第 0 行，即 $i-1$ 小于 0，则将下一个数放在最后一行的下一列上，即下标为(n-1,j+1)的位置。

（3）如果当前数在最后一列上，即 j+1 大于 n-1，则将下一个数放在上一行的第一列上，即下标为(i-1,0)的位置。

（4）如果当前数是 n 的倍数，则将下一个数直接放在当前位置的正下方，即下标为(i+1,j)的位置。

按照上面规则，5-魔方阵中数字的存放过程如图 8.14 所示。

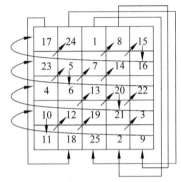

图 8.14　魔方阵中数字存放过程

3．算法设计

在设计算法时采用了下面一些方法：

（1）定义 array()函数，array()函数的根据输入的 n 值，生成并显示一个魔方阵，当发现 n 不是奇数时，就加 1 使之成为奇数。

（2）使用动态内存分配与释放函数 malloc()与 free()，在程序执行过程中动态分配与释放内存，这样做的好处是使代码具有通用性，同时提高内存的使用率。在分配内存时还要注意，由于一个整型数要占用两个内存，因此，如果魔方阵中要存放的数有 max 个，则分配内存时要分配 2*max 个单元，从而有 malloc(max+max)。在 malloc()函数中使用 max+max 而不是 2*max 是考虑了程序运行的性能。

（3）显然我们应该使用二维数组来表示魔方阵，但虽然数组是二维形式的，而由于内存是一维线性的，因此在存取数组元素时，要将双下标转换为单个索引编号。在我们的程序中直接定义了指针变量来指向数组空间，即使用 malloc()函数分配的内存。

4．动态分配和释放存储单元的函数

C 语言编译系统的库函数中提供了几个有关动态地开辟和释放存储单元的函数，常用的有 3 个，分别是：malloc()函数、calloc()函数和 free()函数。

（1）malloc()函数

malloc()的函数原型为：

```
void * malloc(unsigned int size);
```

malloc()函数的作用是在内存的动态存储区中分配一个长度为 size 的连续空间，该函数的返回值是一个指向所分配存储区域起始地址的指针，指针类型为 void。如果该函数未能

成功执行，如内存空间不足，则返回空指针 NULL。

（2）calloc()函数

calloc()的函数原型为：

```
void * calloc(unsigned n, unsigned size);
```

calloc()函数的作用是在内存的动态存储区中分配一个长度为 size 的连续空间，该函数的返回值是一个指向所分配存储区域起始地址的指针，指针类型为 void。如果该函数未能成功执行，如内存空间不足，则返回空指针 NULL。

（3）free()函数

free()的函数原型为：

```
void free(void *p)
```

free()函数的作用是释放由指针 p 所指向的内存区域，使这部分内存区能够被其他变量所使用。指针 p 是最近一次调用 calloc()或者 malloc()函数时所返回的值，free()函数本身无返回值。

5. 确定程序框架

（1）动态分配内存

要生成 n 阶魔方阵，共需要存入 n^2 个自然数，在程序中首先要为这 n^2 个自然数分配内存，代码如下：

```
max=n*n;
mtrx=malloc(max+max);              /*为魔方阵分配内存*/
```

（2）生成魔方阵

生成魔方阵时按照我们在问题分析中介绍的生成规律，需要考虑到几种不同情况，这几种情况在代码中都应该体现出来。按照生成规律，首先应该将自然数 1 存入数组 mtrx 中，然后从 2 开始再依次确定每个数的存放位置。生成魔方阵的代码如下：

```
mtrx[n/2]=1;                       /* 将 1 存入数组*/
i=0;                               /*自然数 1 所在行*/
j=n/2;
/*从 2 开始确定每个数的存放位置*/
for(num=2;num<=max;num++)
{
    i=i-1;
    j=j+1;
    if((num-1)%n==0)               /*当前数是 n 的倍数*/
    {
        i=i+2;
        j=j-1;
    }
    if(i<0)                        /*当前数在第 0 行*/
    {
        i=n-1;
    }
    if(j>n-1)                      /*当前数在最后一列，即 n-1 列*/
    {
        j=0;
```

```
    }
    no=i*n+j;                    /*找到当前数在数组中的存放位置*/
    mtrx[no]=num;
}
```

6. 完整程序

根据上面的分析，编写程序如下：

```
#include<malloc.h>
#include<stdio.h>
void array(int n)
{
    int i,j,no,num,max;
    int *mtrx;
    if(n%2==0)                   /*n 是偶数，则加 1 使其变为奇数*/
    {
        n=n+1;
    }
    max=n*n;
    mtrx=malloc(max+max);        /*为魔方阵分配内存*/
    mtrx[n/2]=1;                 /* 将 1 存入数组*/
    i=0;                         /*自然数 1 所在行*/
    j=n/2;                       /*自然数 1 所在列*/
    /*从 2 开始确定每个数的存放位置*/
    for(num=2;num<=max;num++)
    {
        i=i-1;
        j=j+1;
        if((num-1)%n==0)         /*当前数是 n 的倍数*/
        {
            i=i+2;
            j=j-1;
        }
        if(i<0)                  /*当前数在第 0 行*/
        {
            i=n-1;
        }
        if(j>n-1)                /*当前数在最后一列，即 n-1 列*/
        {
            j=0;
        }
        no=i*n+j;                /*找到当前数在数组中的存放位置*/
        mtrx[no]=num;
    }
    /*打印生成的魔方阵*/
    printf("生成的%d-魔方阵为:",n);
    no=0;
    for(i=0;i<n;i++)
    {
        printf("\n");
        for(j=0;j<n;j++)
        {
            printf("%3d",mtrx[no]);
            no++;
        }
    }
    printf("\n");
```

```
    free(mtrx);
}
void main()
{
    int n;
    printf("请输入 n 值:\n");
    scanf("%d",&n);
    array(n);                           /*调用 array 函数*/
}
```

7．运行结果

在 VC6.0 下运行程序，屏幕上提示"请输入 n 值:"，输入 5，
则可以正确打印出 5 阶魔方阵，运行结果如图 8.15 所示。

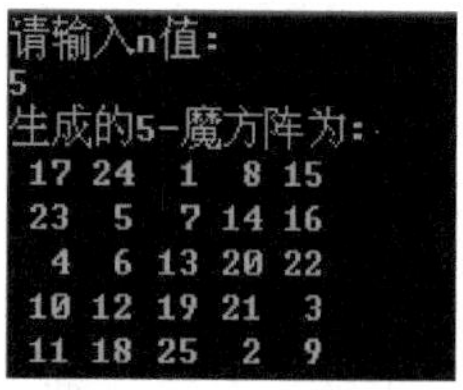

8．问题拓展

在解决该问题时，我们采用的是动态分配内存的方式，并使用

图 8.15　运行结果

了指针变量 mtrx 来指向二维数组中的元素。在算法设计中，我们提到要存储魔方阵需要一
个二维数组，因此这里再给出直接使用二维数组来生成 5-魔方阵的程序，便于读者进行
比较。

直接使用二维数组生成 5-魔方阵的代码如下：

```
#include <stdio.h>
#define N 5
void main()
{
    int a[N][N]={0}, i, j, k, t,x,y;
    i=0;                            /*自然数 1 的行标*/
    j=N/2;                          /*自然数 1 的列标*/
    t=N-1;                          /*最后一行、最后一列的下标*/
    for(k=1; k<=N*N; k++)           /*变量 k 控制循环和自然数*/
    {
        a[i][j]=k;
        x=i;                        /*变量 x 保存新的行*/
        y=j;                        /*变量 y 保存新的列*/
        if(i==0)
            i=t;                    /*当前数在第 0 行，则下一个数在最后一行*/
        else
            i=i-1;                  /*产生行，非第 0 行则取上一行*/
        if(j!=t)
            j=j+1;                  /*产生列，非最后列则取下一列*/
        else
            j=0;                    /*当前数在最后一列，则下一个数在第一列*/
        if(a[i][j]!=0)
        {
            i=x+1;
            j=y;
        }
    }

    /*打印生成的魔方阵*/
    printf("生成的 5-魔方阵为:");
    for(i=0;i<N;i++)
    {
```

```
        printf("\n");
        for(j=0;j<N;j++)
        {
            printf("%3d",a[i][j]);
        }
    }
    printf("\n");
}
```

上面的代码定义了二维数组 a[N][N]，其中 N 是字符常量，表示数值 5，因此数组 a[N][N] 可以存放一个 5-魔方阵。接着找到自然数所在位置的行标和列标，下面就开始将 N*N（即 25）个数存入二维数组 a。

将数存入二维数组 a 使用的是 for 循环，循环变量为 k 值，共循环 25 次，存入时要遵循魔方阵的存入规则。每次循环时，先将当前数 k 存入二维数组的指定元素 a[i][j] 中，然后判断下一个数的存放位置，即 i 和 j 的值。加粗的代码是表示如果按魔方阵的存入规则得出的位置已经被占用，则下一个自然数应该存放在当前数的下一行上，但是与当前数在同一列上。这与使用魔方阵生成规则中的第（5）条"如果当前数是 n 的倍数，则将下一个数直接放在当前位置的正下方，即下标为(i+1,j) 的位置。"找到的位置是相同的。

运行程序，结果如图 8.16 所示，由图 8.16 中可以看出，打印出的 5-魔方阵与图 8.15 中打印出的 5-魔方阵是完全相同的。

图 8.16　运行结果

8.8　马踏棋盘

1．问题描述

国际象棋的棋盘为 8×8 的方格棋盘。现将"马"放在任意指定的方格中，按照"马"走棋的规则将"马"进行移动。要求每个方格只能进入一次，最终使得"马"走遍棋盘的 64 个方格。编写一个 C 程序，实现马踏棋盘操作，要求用 1～64 这 64 个数字标注马移动的路径，也就是按照求出的行走路线，将数字 1，2，……64 依次填入棋盘的方格中，并输出。

2．问题分析

国际象棋中，"马"的移动规则如图 8.17 所示。

如图 8.17 所示，图中实心的圆圈代表"马"的位置，它下一步可移动到图中空心圆圈所标注的 8 个位置上，该规则叫做"马走日"。但是如果"马"位于棋盘的边界附近，那么它下一步可移动到的位置就不一定有 8 个了，因为要保证"马"每一步都走在棋盘中。

马踏棋盘的问题其实就是要将 1，2，……，64 填入到一个 8×8 的矩阵中，要求相邻的两个数按照"马"的移动规则放置在矩阵中。例如数字 a 放置在矩阵的(i,j)位置上，数字 a+1 只能放置在矩阵的(i-2,j+1)，(i-1,j+2)，(i+1,j+2)，(i+2,j+1)，

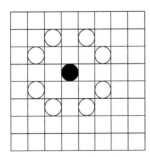

图 8.17　"马"的移动规则

(i+2,j-1)，(i+1,j-2)，(i-1,j-2)，(i-2,j-1)之中的一个位置上。将矩阵填满并输出。这样在矩阵中从 1，2……遍历到 64，就得到了马踏棋盘的行走路线。因此本题的最终目的是输出一个 8*8 的矩阵，在该矩阵中填有 1，2……64 这 64 个数字，相邻数字之间遵照"马走日"的规则。

3．算法设计

解决马踏棋盘问题的一种比较容易理解的方法是应用递归的深度优先搜索的思想。因为"马"每走一步都是盲目的，它并不能判断当前的走步一定正确，而只能保证当前这步是可走的。"马"走的每一步棋都是从它当前位置出发，向下一步的 8 个位置中的 1 个行走（在它下一步有 8 个位置可走的情况下）。因此"马"当前所走的路径并不一定正确，因为它可能还有剩下的可选路径没有尝试，如图 8.18 所示。

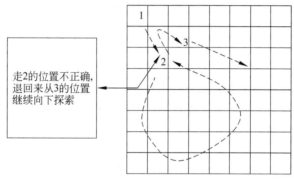

图 8.18 "马"的可选路径

在图 8.18 中，假设最开始"马"位于棋盘的(0,0)的位置，接下来"马"有两处位置可走，即(1,2)和(2,1)。这时"马"是无法确定走 2 的位置最终是正确的，还是走 3 的位置最终是正确的。因此"马"只能任意先从一个路径走下去（例如从 2 的位置）。如果这条路是正确的，那当然是幸运的，如果不正确，则"马"要退回到第一步，继续从 3 的位置走下去。以后"马"走的每一步行走都遵循这个规则。这个过程就是一种深度搜索的过程，同时也是一种具有重复性操作的递归过程。可以用一棵"探索树"来描述该深度优先搜索过程，如图 8.19 所示。

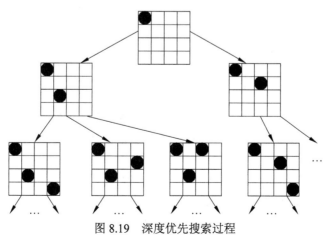

图 8.19 深度优先搜索过程

　　"马"的行走过程实际上就是一个深度探索的过程。如图 8.19 所示,"探索树"的根节点为"马"在棋盘中的初始位置（这里用 4×4 的棋盘示意）。接下来"马"有两种行走方式,于是根节点派生出两个分支。而再往下一步行走,根节点的两个孩子又能够分别派生出其他不同的"行走路线"分支,如此派生下去,就得到了"马"的所有可能的走步状态。可以想见,该探索树的叶子节点只可能有两种状态:一是该节点不能再派生出其他的"走步"分支了,也就是"马"走不通了;二是棋盘中的每个方格都被走到,即"马"踏遍棋盘。于是从该探索树的根节点到第二种情况的叶节点构成的路径,就是马踏棋盘的行走过程。

　　如何才能通过搜索这棵探索树,找到这条马踏棋盘的行走路径呢？可以采用深度优先搜索的方法以先序的方式访问树中的各个节点,直到访问到叶节点。如果叶节点是第二种情况的叶节点,则搜索过程可以结束,因为找到了马踏棋盘的行走路径;如果叶节点为第一种情况的叶节点,即走不通了,则需要返回到上一层的节点,顺着该节点的下一条分支继续进行深度优先搜索下去。

　　因此在设计"马踏棋盘"的算法时可以借鉴图的深度优先遍历算法和二叉树的先序遍历算法。但是在这里并不需要真正地构建这样一棵探索树,我们只需要借用探索树的思想。在实际的操作过程中,所谓的探索树实际就是深度优先搜索的探索路径,每个节点实际就是当前的棋盘状态,而所谓的叶节点或者是在当前棋盘状态下,"马"无法再进行下一步行走;或者是马踏棋盘成功。该算法可描述如下:

```
int TravelChess Board (int x,int y,int tag)
{
    chess[x][y] = tag;
    if(tag==64)
    {
        return 1;
    }
    找到"马"的下一个行走坐标(x1,y1),如果找到返回 flag=1,否则返回 flag=0;
    while(flag)
    {
        if(TravelChessBoard(x1,y1,tag+1))
            return 1;      /*递归调用 TravelChess,从 x1,y1 向下搜索;如果从 x1,y1
                           /*往下马踏棋盘成功,返回 1*/
        else
            继续找到"马"的下一个行走坐标(x1,y1),如果找到返回 flag=1,否则返
            回 flag=0;
    }
    if(flag == 0)
        chess[x][y] = 0;
    return 0;
}
```

　　该算法中通过函数 TravelChess() 递归地搜索"马"的每一种走法,其中参数 x, y 指定"马"当前走到棋盘中的位置,tag 是标记变量,每走一个棋盘方格,tag 自动增 1,它标识着马踏棋盘的行走路线。

　　算法首先将当前"马"处在棋盘中的位置上添加标记 tag,然后判断 tag 是否等于 64,如果等于 64,说明这是马踏棋盘的最后一步,因此搜索成功,程序应当结束,返回 1。否则,找到"马"下一步可以走到的位置($x1,y1$),如果找到这个位置坐标,flag 置 1,否则 flag

置 0。

下面在 flag 为 1 的条件下（即找到坐标($x1,y1$)），递归地调用函数 TravelChess()。也就是从($x1,y1$)指定的棋盘中的位置继续向下深度搜索。如果从($x1,y1$)向下搜索成功，即程序一直执行下去，直到 tag 等于 64 返回 1，那就说明"马"已经踏遍棋盘（马踏棋盘的过程是：先走到棋盘的(x,y）位置，再从(x,y）的下一个坐标($x1,y1$)向下深度搜索，直至走遍全棋盘），于是搜索结束，返回 1；否则继续找到"马"的下一个可以行走的坐标($x1,y1$)，如果找到这个位置坐标，flag 置 1，并从($x1,y1$)向下重复上述的递归搜索，否则 flag 置 0，本次递归结束。

如果找遍当前位置(x,y)的下一个坐标($x1,y1$)（一般情况是 8 种），但是从($x1,y1$)向下继续深度优先搜索都不能成功地"马踏棋盘"（此时 flag 等于 0），则表明当前所处的状态并不处于马踏棋盘的"行走路径"上，也就是说"马"本不应该走到(x,y)的位置上，因此将 chess[x][y] 置 0，表明棋盘中该位置未被走过（擦掉足迹），同时返回 0，程序退到上一层的探索状态。

这里应当知道，所谓当前位置(x,y)的下一个坐标($x1,y1$)是指"马"下一步可以走到的地方，用坐标($x1,y1$)返回。在探索树中它处在(x,y)所在的结点的子节点中，如图 8.20 所示。

当前位置(x,y)的下一个坐标($x1,y1$)的可选个数由当前棋盘的局面决定。一般情况下是有 8 种可走的位置（如图 8.11 所示），但是如果"马"位于棋盘的边缘（如图 8.14 所示的探索树的根结点）或者 8 个可选位置中有的已被"马"前面的足迹所占据，在这两种情况下($x1,y1$)的可选个数就不是 8 个了。

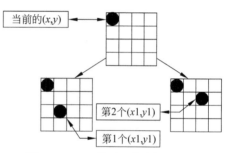

图 8.20　(x,y)的下一个坐标($x1,y1$)

上述搜索算法相当于先序遍历探索树，只不过它不一定是将探索树完整地遍历，而是当 tag 等于 64 时，也就是棋盘被全部"踏遍"时就停止继续搜索了。

4．完整程序

根据以上分析，编写程序如下：

```c
#include "stdio.h"
#define X 8
#define Y 8
int chess[X][Y];
/*找到基于 x、y 位置的下一个可走的位置*/
int nextxy(int *x,int *y,int count)
{
    switch(count)
    {
    case 0:
        if(*x+2<=X-1&&*y-1>=0&&chess[*x+2][*y-1]==0)
                                        /*找到坐标(x+2,y-1)*/
        {
            *x=*x+2;
            *y=*y-1;
            return 1;
        }
```

```
        break;
    case 1:
        if(*x+2<=X-1&&*y+1<=Y-1&&chess[*x+2][*y+1]==0)
                                        /*找到坐标(x+2,y+1)*/
        {
            *x=*x+2;
            *y=*y+1;
            return 1;
        }
        break;
    case 2:
        if(*x+1<=X-1&&*y-2>=0&&chess[*x+1][*y-2]==0)
                                        /*找到坐标(x+1,y-2)*/
        {
            *x=*x+1;
            *y=*y-2;
            return 1;
        }
        break;
    case 3:
        if(*x+1<=X-1&&*y+2<=Y-1&&chess[*x+1][*y+2]==0)
                                        /*找到坐标(x+1,y+2)*/
        {
            *x=*x+1;
            *y=*y+2;
            return 1;
        }
        break;
    case 4:
        if(*x-2>=0&&*y-1>=0&&chess[*x-2][*y-1]==0)
                                        /*找到坐标(x-2,y-1)*/
        {
            *x=*x-2;
            *y=*y-1;
            return 1;}
        break;
    case 5:
        if(*x-2>=0&&*y+1<=Y-1&&chess[*x-2][*y+1]==0)
                                        /*找到坐标(x-2,y+1)*/
        {
            *x=*x-2;
            *y=*y+1;
            return 1;
        }
        break;
    case 6:
        if(*x-1>=0&&*y-2>=0&&chess[*x-1][*y-2]==0)  /*找到坐标(x-1,y-2)*/
        {
            *x=*x-1;
            *y=*y-2;
            return 1;
        }
        break;
    case 7:
        if(*x-1>=0&&*y+2<=Y-1&&chess[*x-1][*y+2]==0)
                                        /*找到坐标(x-1,y+2)*/
        {
            *x=*x-1;
            *y=*y+2;
            return 1;
```

```
        }
        break;
    default:
        break;
    }
    return 0;
}
/*深度优先搜索地"马踏棋盘"*/
int TravelChessBoard(int x,int y,int tag)
{
    int x1=x,y1=y,flag=0,count=0;
    chess[x][y]=tag;
    if(tag==X*Y)                        /*搜索成功，返回1*/
        return 1;
    flag=nextxy(&x1,&y1,count);         /*找到基于(x1,y1)的下一个可走位置*/
    while(flag==0&&count<7)
                        /*上一步未找到，则在其余几种可走位置中寻找下一个可走位置*/
    {
        count=count+1;
        flag=nextxy(&x1,&y1,count);
    }
    while(flag)            /*找到下一个可走位置，则进行深度优先搜索*/
    {
        if(TravelChessBoard(x1,y1,tag+1))       /*递归*/
            return 1;
        x1=x;
        y1=y;
        count=count+1;
        flag=nextxy(&x1,&y1,count);             /*寻找下一个(x,y)*/
        while(flag==0&&count<7)                 /*循环地寻找下一个(x,y)*/
        {
            count=count+1;
            flag=nextxy(&x1,&y1,count);
        }
    }
    if(flag==0)
    chess[x][y]=0;                      /*搜索不成功，擦除足迹，返回0*/
    return 0;
}
main()
{
    int i,j;
    for(i=0;i<X;i++)                    /*初始化，棋盘的所有位置都置0*/
        for(j=0;j<Y;j++)
        chess[i][j]=0;
    if(TravelChessBoard(2,0,1))         /*深度优先搜索*/
    {
        for(i=0;i<X;i++)
        {
            for(j=0;j<Y;j++)
            printf("%-5d",chess[i][j]);
            printf("\n");
        }
        printf("The horse has travelled the chess borad\n");
    }
    else
        printf("The horse cannot travel the chess board\n");
}
```

5. 运行结果

在 VC 6.0 下运行程序，结果如图 8.21 所示。

```
43      50      47      38      57      52      61      32
48      37      44      51      46      33      58      53
1       42      49      56      39      60      31      62
36      15      40      45      34      29      54      59
41      2       35      16      55      24      63      30
14      5       12      9       22      19      28      25
3       10      7       20      17      26      23      64
6       13      4       11      8       21      18      27
The horse has travelled the chess borad
```

图 8.21　运行结果

8.9　删除“*”号

1. 问题描述

现在有一串字符需要输入，规定输入的字符串中只包含字母和*号。请编写程序，实现以下功能：除了字符串前后的*号之外，将串中其他的*号全部删除。

例如，假设输入的字符串为****A*BC*DEF*G********，删除串中的*号后，字符串变为****ABCDEFG********。

2. 问题分析

该问题需要对字符串进行操作，而在 C 语言中没有专门的字符串变量，因此如果需要将一个字符串存放在变量中，则必须使用字符数组，即使用一个字符型数组来存放一个字符串，数组中的每一个元素存放一个字符。下面我们就把字符数组的相关知识做一下介绍。

3. 字符数组

用来存放字符数据的数组是字符数组。同其他类型的数组一样，字符数组既可以是一维的，也可以是多维的。

（1）字符数组的定义

字符数组的定义方法与前面介绍的数组定义方法类似。其一般形式如下：

```
char 数组名[常量表达式];
```

例如：

```
char c[5];
```

该语句定义了 c 是一个一维的字符数组，共包含 5 个元素。

（2）字符数组的赋值

字符型变量只能存放一个由单引号括起来的字符。同样，字符数组中的每一个元素也只能存放一个字符型数据。如给上面定义的 c 数组的第 0 号元素赋值，可以使用如下语句：

```
c[0]='B';
```

字符数组也可以在定义时为其元素赋初值。最容易理解的方式是逐个字符赋给数组中的各个元素。例如：

```
char ch[5]={'H','e','l','l','o'};
```

该语句为每个数组元素元素赋如下初值：ch[0]='H'、ch[1]='e'、ch[2]='l'、ch[3]='l'、ch[4]='o'。大括号中{}提供的初值可以少于数组元素的个数，这时，将只为数组的前几个元素赋初值，其余元素自动被赋以空字符。如果初值个数多于数组元素的个数，则产生语法错误。

若提供的初值个数与定义的数组长度相同，则可以省略数组长度，系统会自动根据初值个数确定数组长度。例如：

```
char ch[]={'H','e','l','l','o'};
```

该语句将数组 ch 的长度自动定为 5，用这种方式可以不必人工去数字符的个数，尤其在赋初值的字符个数较多时，比较方便。

（3）字符串与字符数组

在 C 语言中，字符串是用双引号括起来的字符序列。一般来说，字符串是利用字符数组来存放的。有时，人们关心的是字符串的有效字符长度而不是字符数组的长度。例如，定义一个字符数组长度为 100，而实际有效字符只有 40 个。为了测定字符串的实际长度，C 语言规定了一个"字符串结束标志"，它以字符"\0"代表。在处理字符数组的过程中，一旦遇到字符"\0"就表示已经到达字符串的末尾。

系统对字符串常量也自动加一个"\0"作为结束符。例如，"c program"共有 10 个字符，但在内存中占 11 个字节，最后一个字节存放的"\0"是由系统自动加上的。字符串作为一维数组存放在内存中。

对字符串有了以上的规定后，C 语言允许用一个简单的字符串常量初始化一个字符数组，而不必使用一串单个字符。例如下面语句：

```
char ch[]={"Hello"}
```

其中，大括号可以省略，直接写成：

```
char ch[]=" Hello";
```

使用上述初始化语句后，ch 数组中每个元素的初值为：ch[0]='H'、ch[1]='e'、ch[2]='l'、ch[3]='l'、ch[4]= 'o'、ch[5]='\0'。显然，数组 ch 的长度不是 5，而是 6，这点务请注意。因为字符串的末尾由系统加上了一个"\0"。因此，上面的初始化语句等价于下面的语句：

```
char ch[]={'H','e','l','l','o','\0'};
```

两种方法一比较，就会觉得前面的初始化语句比后面的初始化语句要简单得多。

需要说明的是，C 语言并不要求所有的字符数组的最后一个字符为"\0"，但为了处理上的方便，往往需要以"\0"作为字符串的结尾。

（4）字符数组的输入和输出

字符数组的输入输出可以有两种方法：

一种是采用"%c"格式符，每次输入或输出一个字符，这种输入方式在前面已经介绍过。

一种是采用"%s"格式符，每次输入或输出一个字符串，例如：

```
char ch[]={"china"};
printf("%s",c);
```

在内存中，数组 ch 的状态如图 8.22 所示。输出时，遇结束符"\0"就停止输出。

| c | h | i | n | a | | \0 |

图 8.22　字符数组占用内存示意图

使用"%s"格式输入、输出字符串时，应注意如下几个问题：

❑ 在使用 scanf()函数输入字符串时，"地址列表"部分应直接写字符数组的名字，而不再用取地址运算符&。因为 C 语言规定，数组的名字代表该数组的起始地址。例如：

```
char str[10];
  ⋮
scanf("%s",str);
```

而不能写成

```
scanf("%s",&str);
```

❑ 用"%s"格式符输出字符串时，printf()函数中的输出项是字符数组名，而不是数组元素名。写成下面这样是不对的：

```
printf("%s",str[0]);
```

❑ 利用格式符"%s"输入的字符串以空格键、Tab 键或 Enter 键结束输入。通常，在利用一个 scanf()函数同时输入多个字符串时，字符串之间以"空格"为间隔，最后按 Enter 键结束输入。

（5）字符串处理函数

C 语言编译系统中提供了很多用于字符串处理的库函数，这些库函数为字符串的处理提供了方便。这里简单介绍几个有关字符串处理的函数。

① gets()函数

gets()函数的一般调用格式为：

```
gets(字符数组);
```

函数功能是输入一个字符串到字符数组，并且得到一个返回值。该函数值是字符数组的起始地址。例如：

```
char str[20];
  ⋮
gets(str);
```

如果从键盘输入：Computer，并按 Enter 键，将输入的字符串 Computer 送给字符数组 str，则函数值是字符数组 str 的起始地址。

② puts()函数

puts()函数的一般调用格式为：

```
puts(字符数组);
```

函数功能是输出一个以"\0"结尾的字符串。因为可以用 printf()函数输出字符串，所以 puts()函数用的不多。

③ stacmp()函数

stacmp()函数的一般调用格式为：

```
stacmp(字符串1,字符串2);
```

该函数功能是比较字符串 1 和字符串 2 是否相同，例如：

```
strcmp("china","happy");
strcmp(str1,str2);
strcmp(str1,"Beijing");
```

在对字符串进行比较时，系统将对两个字符串的对应字符进行逐个比较，直到出现不同字符或遇到"\0"字符为止。当字符串中的对应字符全部相等且同时遇到"\0"字符时，才认为两个字符串相等；否则，以第一个不相同的字符的比较结果作为整个字符串的比较结果。

比较结果由函数值带回。

❑ 若字符串 1＝字符串 2，函数值为 0。

❑ 若字符串 1＞字符串 2，函数值为一正整数。

❑ 若字符串 1＜字符串 2，函数值为一负整数。

④ strcpy()函数

strcpy()函数的一般调用格式为：

```
strcpy(字符数组1,字符串2);
```

该函数功能是将"字符串 2"复制到"字符数组 1"中去。

⑤ strcat()函数

strcat()函数的一般调用格式为：

```
strcat(字符数组1,字符数组2);
```

该函数功能是连接两个字符数组中的字符串，把字符串 2 连接在字符串 1 的后面，结果放在字符数组 1 中，例如：

```
char str1[20]={"Happy"};
char str2[10]={"New Year!"};
⋮
str(str1,str2);
```

该函数执行完后，str1 字符数组中的内容为：

```
"Happy New Year!"
```

关于 strcat()函数有两点需要说明：

- ❑ 数组 1 必须足够大，以便容纳连接后的新字符串。
- ❑ 连接前两个字符串的后面都有一个"\0"，连接时将字符串 1 后面的"\0"取消，只在新字符串最后保留一个"\0"。

⑥ strlen()函数

strlen()函数的一般调用格式为：

```
strlen(字符数组);
```

该函数用于测试字符串的长度。函数的值为字符串中实际长度，不包括"\0"在内，例如：

```
char str[20]={"China"};
printf("%d",strlen(str));
```

输出结果是 5，而不是 6，也不是 20。也可以直接测试字符串常量的长度，例如：

```
strlen("China");
```

（6）二维字符数组

一个字符串可以放在一个一维数组中。如果有若干个字符串，可以用一个二维数组来存放它们。二维数组可以认为是由若干个一维数组组成的，因此一个 $n \times m$ 的二维字符数组可以存放 n 个字符串，每个字符串最大长度为 $m-1$（留一个位置存放"\0"）。例如：

```
char week[7][4]={"SUN","MON","TUE","WED","THU","FRI","SAT"};
```

定义了一个二维字符数组 week。每一行都是一个字符串。如果要输出 MON 这个字符串，可使用下面的语句：

```
printf("%s",week[1]);
```

其中 week[1]是字符串 MON 的起始地址，也就是二维数组第 1 行的起始地址（行数是从 0 算起的）。

4．算法分析

设置两个指向字符的指针变量 t 和 f。先使用循环语句让 t 指针指向字符串中最后一个字符，而 f 指针指向字符串中第一个字符；再判断 t 和 f 指向的字符是否为"*"，如果为"*"，则 t 指针自减，f 指针自增，直到遇到第一个不是"*"的字符为止。

再定义一个函数 fun()用于删除字符串中的"*"号，同时保留字符串前后的"*"号。

5．确定程序框架

（1）程序主框架

在主程序中先设定好 t 和 f 两个指针的位置，然后调用 fun()函数即可完成操作。程序框架如下：

```
main( )
{
    char s[81],*t,*f;
    printf("Enter a string :\n");
    gets(s);                                    /*输入字符串*/
```

```
        t=f=s;                                    /*用字符指针 t、f 指向串 s*/
        /*将指针 t 定位到字符串中最后一个字符*/
        /*指针 f 指向字符串中第一个字符*/
        /*调用 fun 函数*/
        printf("The string after deleted:\n");    /*输出结果*/
        puts(s);
```

（2）定义 fun()函数

fun()函数实现删除字符串中"*"的功能，该函数有 3 个形式参数，分别是 a、h 和 p，都为指向字符的指针变量。其中 a 指向要处理的字符串，h 指向字符串中的第一个字母，p 指向字符串中最后一个字母。

fun()函数中完成的工作分为 3 步：

① 删除 h 到 p 之间的全部"*"。

② 将 p 至字符串尾部的所有字符前移。

③ 为字符串新添加一个结束标志。

fun()函数代码如下：

```
void fun(char *a,char *h,char *p)
{
    int i,j;
    /*删除指针 h 与 p 之间的所有"*"*/
    for(i=0,j=0;&h[i]<p;i++)
        if(h[i]!='*')
            h[j++]=h[i];
        /*将指针 p 至字符串尾部的所有字符前移*/
        for(i=0;p[i];i++,j++)
            h[j]=p[i];
        h[j]='\0';                              /*在字符串尾部添加结束标志*/
}
```

6. 完整程序

根据上面的分析，编写程序如下：

```
#include <stdio.h>
#include <conio.h>
void fun(char *a,char *h,char *p)
{
    int i,j;
    /*删除指针 h 与 p 之间的所有"*"*/
    for(i=0,j=0;&h[i]<p;i++)
        if(h[i]!='*')
            h[j++]=h[i];
        /*将指针 p 至字符串尾部的所有字符前移*/
        for(i=0;p[i];i++,j++)
            h[j]=p[i];
        h[j]='\0';                  /*在字符串尾部添加结束标志*/
}
main( )
{
    char s[81],*t,*f;
    printf("Enter a string :\n");
    gets(s);                        /*输入字符串*/
    t=f=s;                          /*用字符指针 t、f 指向串 s*/
```

```
    while(*t)                         /*将指针 t 定位到字符串中最后一个字符*/
        t++;
    t--;
    while(*t=='*')                    /*指针 t 指向字符串中最后一个字符*/
        t--;
    while (*f=='*')                   /*指针 f 指向字符串中第一个字符*/
        f++;
    fun(s,f,t);
    printf("The string after deleted:\n");       /*输出结果*/
    puts(s);
}
```

因为字符可以用其 ASC II 码来代替，例如，ch='c' 可以用 ch='99' 来代替，因此 while(ch!='c') 可以用 while(ch!=99) 来代替。

这样，上面代码中加粗的语句 while(*t!='\0') 就可以用 while(*t!=0) 来代替。因为'\0'的 ASC II 码为 0。而关系表达式*t!=0 又可以简化为*t，这是由于若*t 的值不为 0，则表达式 *t 为真，而同时*t!=0 也为真。因此 while((*t!=0) 与 while(*t) 是等价的。

7. 运行结果

在 VC 6.0 下运行程序，运行结果如图 8.23 所示。

```
Enter a string :
****A*BC*DEF*G*********
The string after deleted:
****ABCDEFG*********
Press any key to continue
```

图 8.23　运行结果

8. 扩展训练

规定输入的字符串只包含字母和*号。请编写程序，实现以下功能：将字符串前面连续的*号全部删除，中间和尾部的*号不删除。例如，字符串中的内容为*******A*BC*DEF*G****，删除后，字符串中内容应当是 A*BC*DEF* G****。

8.10　指定位置插入字符

1. 问题描述

请编写程序，实现以下功能：在字符串中的所有数字字符前加一个$字符。例如，输入 A1B23CD45，输出 A$1B$2$3CD$4$5。

2. 问题分析

在字符串 S 的所有数字字符前加一个$字符，可以有两种实现方法。

方法一：用串 S 拷贝出另一个串 T，对串 T 从头至尾扫描，对非数字字符原样写入串 S，对于数字字符先写一个$符号再写该数字字符，最后，在 S 串尾加结束标志。使用此方法是牺牲空间，赢得时间。

方法二：对串 S 从头至尾扫描，当遇到数字字符时，从该字符至串尾的所有字符右移一位，在该数字字符的原位置上写入一个$。使用此方法是节省了空间，但浪费了时间。这里我们采用方法一，读者可以自己编写方法二的程序。

3. 完整程序

根据上面的分析, 编写程序如下:

```
#include <stdio.h>
void fun(char *s)
{
    char t[80];
    int i,j;
    for(i=0;s[i];i++)                     /*将串 s 复制至串 t*/
        t[i]=s[i];
    t[i]='\0';
    for(i=0,j=0;t[i];i++)
        /*对于数字字符先写一个$符号, 再写该数字字符*/
        if(t[i]>='0'&&t[i]<='9')
        {
            s[j++]='$';
            s[j++]=t[i];
        }
        /*对于非数字字符原样写入串 s*/
        else
            s[j++]=t[i];
    s[j]='\0';                            /*在串 s 结尾加结束标志*/
}
main()
{
    char s[80];
    printf ( "Enter a string:" );
    scanf ("%s",s );                      /*输入字符串*/
    fun(s);
    printf ("The result: %s\n",s );       /*输出结果*/
}
```

4. 运行结果

在 VC 6.0 下运行程序, 运行结果如图 8.24 所示。

```
Enter a string:A1B23CD45
The result: A$1B$2$3CD$4$5
Press any key to continue
```

图 8.24　运行结果

第9章　趣味函数递归

在调用一个函数的过程中又存在着直接或间接地调用函数自身的情况，称为函数的递归调用。在 C 语言中是允许函数递归调用的。

在递归问题的求解过程中，关键是找到递归公式及递归结束的条件。有了递归结束条件才能使递归过程经过有限的步骤后正常结束。

本章选用了几个有趣的递归问题进行分析，通过问题的讲解将递归的概念和思考方法渗透其中，这些递归问题都各有特点，但其中包含的递归思想是相同的。因此，通过本章的学习，相信读者对递归的概念能有更为深入的理解，并能够独立分析和解决相关的问题。本章主要内容如下：

- ❑ 递归解决年龄问题；
- ❑ 递归解决分鱼问题；
- ❑ 汉诺塔问题；
- ❑ 猴子吃桃；
- ❑ 杨辉三角型；
- ❑ 卡布列克常数；
- ❑ 逆序输出数字。

9.1　递归解决年龄问题

1．问题描述

有 5 个人坐在一起，问第 5 个人多少岁，他说比第 4 个人大 2 岁。问第 4 个人多少岁，他说比第 3 个人大 2 岁。问第 3 人多少岁，他说比第 2 个人大 2 岁。问第 2 个人多少岁，他说比第 1 个人大 2 岁。最后问第 1 个人，他说他是 10 岁。编写程序，当输入第几个人时求出其对应的年龄。

2．问题分析

在分析该问题前先介绍函数递归调用的基础知识。

（1）函数递归调用的定义：在调用一个函数的过程中又出现直接或间接地调用该函数本身，这称为函数的递归调用。C 语言中允许函数进行递归调用。

（2）程序中递归调用的方式。

直接递归调用：函数直接调用本身。例如：

```
int f(int x)
```

```
{
    int y,z;
    ...
    z=f(y);                      /*调用自身*/
    ...
    return(z);
}
```

在调用函数 f()的过程中，又要调用 f()函数，这就是函数的直接递归调用。

间接递归调用：函数间接调用本身。例如：

```
int  f1(int x)
{
    int y, z;
    ...
    z =f2(y) ;
    ...
    return(2*z);
}
int  f2(int t)
{
    int a, c;
    ...
    c =f1(a);
    ...
    return(3+c);
}
```

在上面的代码中定义了两个函数 f1()和 f2()。在调用 f1()函数的过程中，f1()又调用了函数 f2()，而在调用函数 f2()的过程中，又调用了 f1()函数。

需要注意的是，在递归调用中不能出现无终止的调用，只能是有限次的递归调用，即必须有递归结束条件。因此，在代码中一定要有控制递归调用终止的语句，一般可以采用 if 语句来控制只有在某一条件成立时才继续执行递归调用，否则不再继续递归。

了解了递归调用的基础知识后，现在对 9.1 节中提出的问题进行分析。

该问题是一个递归问题。要求第 5 个人的年龄，必须先知道第 4 个人的年龄，显然第 4 个人的年龄也是未知的，但可以由第 3 个人的年龄推算出来。而想知道第 3 个人的年龄又必须先知道第 2 个人的年龄，第 2 个人的年龄则取决于第 1 个人的年龄。

又已知每个人的年龄都比其前一个人的年龄大 2，因此根据题意，可得到如下几个表达式：

```
age(5)=age(4)+2
age(4)=age(3)+2
age(3)=age(2)+2
age(2)=age(1)+2
age(1)=10
```

归纳上面 5 个表达式，用数学公式表达出来为：

$$age(n) = \begin{cases} age(n-1) + 2, & n > 1 \\ 10, & n = 1 \end{cases} \qquad ①$$

在上面的公式中，当 $n>1$ 时，求第 n 个人的年龄是通过一个公式来表达的。根据①，我们画图来表示求第 n 个人年龄的过程。如图 9.1 所示为求解第 5 个人年龄的过程。

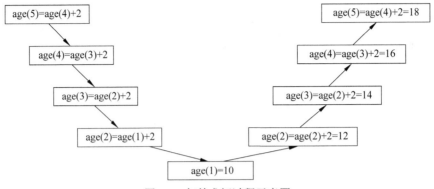

图 9.1　年龄求解过程示意图

求解第 n 个人的年龄分成两个阶段。第一个阶段是"回推"过程，第二个阶段是"递推"过程。

在"回推"过程中，利用的是 $n>1$ 时的公式 age(n-1)+2。要求的是第 n 个人的年龄，因此首先将第 n 个人的年龄回推到第 n-1 个人的年龄，但第 n-1 个人的年龄仍然未知，因此需要继续回推到第 n-2 个人的年龄，第 n-2 个人的年龄仍然未知，需要继续向前回推，如此下去，一直回推到第 1 个人的年龄。而第 1 个人的年龄是已知的，因此，第一阶段的"回推"过程结束，开始第二阶段的"递推"。

在"递推"过程中，从第 1 个人的年龄可以推出第 2 个人的年龄，从第 2 个人的年龄可以推出第 3 个人的年龄，如此下去一直递推到第 5 个人的年龄。

在图 9.1 中，通过"回推"和"递推"两个过程，最终可得到第 5 个人的年龄为 18 岁。

3. 算法设计

理解了问题分析中的递归处理过程后，算法设计就非常简单了。

只需要将公式①转换成一个函数，然后用 main() 函数调用它就可以了。

4. 完整程序

根据上面的分析，编写程序如下：

```
/* age 函数定义*/
age(int n)
{
    int x;                          /* x 保存函数返回值，即第 n 个人的年龄*/
    if(n==1)
        x=10;
    else
        x=age(n-1)+2;
    return x;
}
main()
{
    int n;
    printf("请输入 n 值: ");
    scanf("%d",&n);
    printf("第%d 个人的年龄为%d\n",n,age(n));
                                    /*调用 age()函数，计算第 n 个人的年龄*/
```

```
}
```

程序分析：

虽然问题分析过程比较复杂，但该问题的程序代码非常简单，在 main()函数中通过 age(n)的函数调用就可以获知第 n 个人的年龄。

age()函数总共被调用了 n 次，其中 age(n)是由 main()函数进行调用的，而其余的 n-1 次都是由 age()函数自身调用的，即 age()函数递归调用了 n-1 次。

假设 n=5，则 age()函数总共被调用了 5 次，age()函数递归调用了 4 次。

要注意的是每次调用 age()函数时并不会马上获得年龄值，而是不断地进行递归调用，直到调用到 age(1)时才有确定的年龄值，然后再从 age(1)一步步地递推回去。

age(n)函数的调用过程如图 9.2 所示。

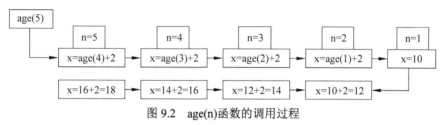

图 9.2　age(n)函数的调用过程

5．运行结果

在 VC 6.0 下运行程序，屏幕上提示"请输入 n 值"，对该题而言，n 最大取值为整数 5。此处输入 n 的值为 5，则计算出第 5 个人的年龄为 18。运行结果如图 9.3 所示。

请输入n值：5
第5个人的年龄为18

图 9.3　运行结果

由运行结果可以看到，程序中使用了变量 h 来控制每行打印的素数个数，每打印 10 个数就换行，最后把 count 变量中保存的总的素数个数打印出来，这里 count=169。

6．问题拓展

由该题的分析过程可知，递归的问题都可以分为"回推"和"递推"两个阶段。而且必须存在一个能够结束递归过程的条件，如本题中的 age(1)=10，否则递归过程会无限制地进行下去而无法结束。

下面对递归法做下总结。

递归是设计和描述算法的一种强有力的工具。能够采用递归来描述的算法通常具有如下的特征：为求解规模为 n 的问题，首先要将它分解成规模较小的问题，然后通过这些小问题的解，能够方便地构造出大问题的解，同时，这些规模较小的问题也能够采取同样的分解方法分解成规模更小的问题，并能够通过这些更小的问题的解构造出规模较大的问题的解。特别地，当问题规模 n=0 或 n=1 时，能直接获得问题的解。

递归算法的执行过程分为"回推"和"递推"两个阶段。

❑ 在回推阶段，是把较复杂的问题（规模为 n）的求解递推到比原问题简单一些的问题（规模小于 n）的求解。例如本例中，要求解 age(n)，先把它递推到求解 age(n-1)，而要计算 age(n-1)，又必须先计算 age(n-2)，依次类推，直到计算 age(1)为止。需要注意的是，在递推阶段，必须要有能够终止递归的条件。如本例中 *n* 为 1 时，递推可终止。

☐ 在递推阶段，当获得最简单情况的解时，如本题中得到 age(1) 的值，逐级返回，依次得到较复杂问题的解，最终获得所求问题的解。

在编写递归函数时需要注意，函数中定义的局部变量和形式参数只在当前的调用层有效，当回推到简单问题时，原来调用层中的局部变量和参数都被隐藏起来。每一个简单问题层中都有自己的局部变量和参数。

9.2   递归解决分鱼问题

1．问题描述

A、B、C、D、E 这 5 个人合伙夜间捕鱼，凌晨时都已经疲惫不堪，于是各自在河边的树丛中找地方睡着了。 第二天日上三竿时，A 第一个醒来，他将鱼平分为 5 份，把多余的一条扔回河中，然后拿着自己的一份回家去了；B 第二个醒来，但不知道 A 已经拿走了一份鱼，于是他将剩下的鱼平分为 5 份，扔掉多余的一条，然后只拿走了自己的一份；接着 C、D、E 依次醒来，也都按同样的办法分鱼。问这 5 人至少合伙捕到多少条鱼？每个人醒来后所看到的鱼是多少条？

2．问题分析

假设 5 个人合伙捕了 *x* 条鱼，则"A 第一个醒来，他将鱼平分为 5 份，把多余的一条扔回河中，然后拿着自己的一份回家去了"之后，还剩下 4(*x*-1)/5 条鱼。

这里实际包含了一个隐含条件：假设 X_n 为第 *n*（*n*=1、2、3、4、5）个人分鱼前鱼的总数，则(X_n-1)/5 必须为正整数，否则不合题意。(X_n-1)/5 为正整数即(X_n-1)mod5=0 必须成立。

又根据题意，应该有下面等式：

```
X4=4(X5-1)/5
X3=4(X4-1)/5
X2=4(X3-1)/5
X1=4(X2-1)/5
```

则一旦给定 *X*5，就可以依次推算出 *X*4、*X*3、*X*2 和 *X*1 的值。要保证 *X*5、*X*4、*X*3、*X*2 和 *X*1 都满足条件(X_n-1)mod5=0，此时的 *X*5 则为 5 个人合伙捕到的鱼的总条数。显然，5 个人合伙可能捕到的鱼的条数并不唯一，但题目中强调了"至少"合伙捕到的鱼，此时题目的答案唯一。该问题可使用递归的方法求解。

3．确定程序框架

在 main() 函数中构建一个不定次数的 do-while 循环。定义变量 *x* 表示 5 个人合伙可能捕到的鱼的条数，我们可以取 *x* 的最小值为 6，让 *x* 值逐渐增加，*x* 每一次取值，都增加 5，直到找到一个符合问题要求的答案。由于题目中问"这 5 人至少合伙捕到多少条鱼",而我们找到的第一个 x 值就是 5 个人至少捕到的鱼的总条数。

```
main()
{
    /*变量定义及初始化*/
    do
    {
        x=x+5;
        /*将 x 传入分鱼递归函数进行检验*/
        /*找到第一个符合题意的 x 则退出循环*/
    }
    while(未找到符合题意的 x);
}
```

通过这个循环,就可以对每一个 x 的可能情况进行检查。当然,是通过调用分鱼的递归函数来进行检查的。

分鱼的递归函数如下:

```
int fish(int n,int x)
{
    if((x-1)%5==0)
    {
        if(n==1) return 1;                  /*递归出口*/
        else
            return f(n-1,(x-1)/5*4);        /*递归调用*/
    }
    return 0;                               /*x 不是符合题意的解,返回 0*/
}
```

fish()函数中包含了两个参数:n 和 x。n 表示参与分鱼的人数,x 表示 n 个人分鱼前鱼的总条数。这两个参数都是由 main()函数中传递进来的。

根据前面的分析,当 n=5 时,$(x-1)\bmod 5==0$ 必须成立,否则该 x 值不是满足题意的值,退出 fish()函数,返回到 main()函数,main()函数中再传递新的 x 值到 fish 中进行检验。如果 $(x-1)\bmod 5==0$ 条件成立,则要判断 n=4 时,$(x-1)\bmod 5==0$ 条件是否成立,需要注意的是,此时的形参 x 是 4 个人分鱼前鱼的总条数,即 f(5,x)递归调用 f(4,(x-1)/5*4)。这样依次进行下去,直到 n=1 时,$(x-1)\bmod 5==0$ 条件仍成立,则说明开始从 main()函数中传递进来的 x 值是符合题意要求的一个值,可以逐层从递归函数中返回,每次返回值都为 1,直至返回到 main()函数。

4. 完整程序

根据上面的分析,完整的程序如下:

```
#include<stdio.h>
/*分鱼递归函数*/
int fish(int n,int x)
{
    if((x-1)%5==0)
    {
        if(n==1) return 1;                      /*递归出口*/
        else
            return fish(n-1,(x-1)/5*4);         /*递归调用*/
```

```
    }
    return 0;                       /*x 不是符合题意的解，返回 0*/
}
main()
{
    int i=0,flag=0,x;
    do
    {
        i=i+1;
        x=i*5+1;                    /*x 最小值为 6，以后每次增加 5*/
        if(fish(5,x))               /*将 x 传入分鱼递归函数进行检验*/
        {
            flag=1;                 /*找到第一个符合题意的 x 则置标志位为 1*/
            printf("五个人合伙捕到的鱼总数为%d\n",x);
        }
    }
    while(!flag);                   /*未找到符合题意的 x，继续循环，否则退出循环*/
}
```

5. 运行结果

在 VC 6.0 下运行程序，结果如图 9.4 所示。由图 9.4 可知，5 个人合伙捕到的鱼的总条数为 3121 条。

五个人合伙捕到的鱼总数为3121

图 9.4　运行结果

6. 问题拓展

本题还可以使用"递推法"来求解。下面先对递推法做下简介。

递推法：利用问题本身所具有的递推关系来求解。所谓的递推关系指的是：当得到问题规模为 n-1 的解后，可以得出问题规模为 n 的解。因此，从规模为 0 或 1 的解可以依次递推出任意规模的解。

（1）算法设计

找到递推关系。

定义数组 fish[6]来保存每个人分鱼前鱼的总条数，A、B、C、D、E 分鱼前鱼的总条数分别存放在 fish 数组下标为 1、2、3、4、5 的元素中。

相邻两人看到的鱼的条数存在如下关系：

```
fish[1]=全部的鱼
fish[2]=(fish[1]-1)/5*4
fish[3]=(fish[2]-1)/5*4
fish[4]=(fish[3]-1)/5*4
fish[5]=(fish[4]-1)/5*4
```

据此，得出一般的表达式为：

```
fish[n]=(fish[n-1]-1)/5*4
```

则：

```
fish[n-1]=fish[n]*5/4+1
```

下面使用穷举法，假设 E 分鱼前鱼的总数为 6 条、11 条、16 条……则对应 E 的每次取值都可以将其他 4 个人分鱼前鱼的总数递推出来。每个人分鱼前鱼的总数%5 都必须为 1，且 B、C、D、E 分鱼前鱼的总数%4 必须为 0，即每次剩余的鱼必须能够均分成 4 份。

（2）完整程序

根据上面的分析，完整的程序如下：

```
main()
{
    int fish[6],i;
    fish[5]=6;
    while(1)
    {
        for(i=4;i>0;i--)
        {
            if(fish[i+1]%4!=0)
                break;
            fish[i]=fish[i+1]*5/4+1;              /*递推关系式*/
            if(fish[i]%5!=1)
                break;
        }
        if(i==0)
            break;
        fish[5]+=5;
    }
    for(i=1;i<=5;i++)
        printf("fish[%d]=%d\n",i,fish[i]);        /*输出结果*/
}
```

（3）运行结果

在 VC 6.0 下运行程序，结果如图 9.5 所示。由图 9.5 可知，5 个人合伙捕到的鱼的总条数为 3121 条，A 醒来后看到的鱼是 3121 条，B 醒来后看到的鱼是 2496 条，C 醒来后看到的鱼是 1996 条，D 醒来后看到的鱼是 1596 条，E 醒来后看到的鱼是 1276 条。

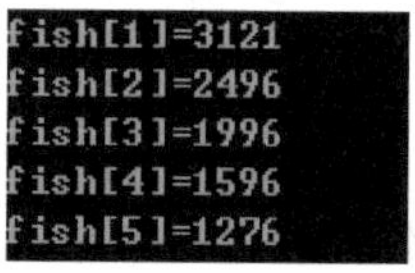

由于递归会引起一系列的函数调用，并且可能会产生一系列的重复计算，因此递归算法的执行效率相对较低。当某个递归算法能使用递推算法来实现的时候，出于效率的考虑，通常按照递推算法来编写程序。

图 9.5　运行结果

9.3　汉诺塔问题

1．问题描述

汉诺塔问题是一个古典的数学问题，它只能用递归方法来解决。在古代有一个梵塔，塔内有 A、B、C 三个座。开始时 A 座上有 64 个盘子，盘子大小不同，但保证大的在下小的在上。现在有一个和尚想将这 64 个盘子从 A 座移动到 C 座，但他每次只能移动一个盘子，且在移动过程中在 3 个座上都必须保持大盘在下小盘在上的状态。在移动过程中可以利用 B 座，要求编程将移动步骤打印出来。汉诺塔示意图如图 9.6 所示。

2．问题分析

汉诺塔问题是一个著名的问题，由于条件是每次只能移动一个盘，且不允许大盘放在

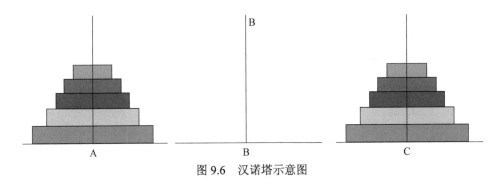

图 9.6　汉诺塔示意图

小盘上面，因此 64 个盘子的移动次数是：18,446,744,073,709,551,615

这是一个天文数字，即使使用计算机也很难计算 64 层的汉诺塔问题。因此在这里仅给出问题的解决方法并解决盘子数较小时的汉诺塔问题。

首先考虑 A 座上最下面的盘子，如果能将它上面的 63 个盘子从 A 座移动到 C 座，则任务完成。具体步骤如下。

（1）将 A 座最上面的 63 个盘子移动到 B 座上。

（2）将 A 座上剩下的一个盘子移动到 C 座上。

（3）将 B 座上的 63 个盘子移动到 C 座上。

如果能完成上述 3 步，则任务完成。这种思考方法就是递归的思考方法。但实际上问题并没有解决，在步骤（1）中如何将 A 座最上面的 63 个盘子移动到 B 座上呢？

为了解决将 A 座最上面的 63 个盘子移动到 B 座上的问题，还需要做如下工作。

（1）将 A 座上面的 62 个盘子移动到 C 座上。

（2）将 A 座上剩下的一个盘子移动到 B 座上。

（3）将 C 座上的 62 个盘子移动到 B 座上。

将这个过程进行下去，即不断的递归，继续完成移动 62 个盘子、61 个盘子……的工作，直到最后将达到仅有一个盘子的情形，则将一个盘子从一个座移动到另一个座，问题也就全部得到了解决，所有的步骤都是可执行的。

要说明的是，只有移动一个盘子的任务完成后，移动两个盘子的任务才能完成，依次类推，只有移动 63 个盘子的任务完成后，移动 64 个盘子的任务才能完成，由此可知该问题是非常典型的递归问题。

3．算法设计

该问题使用递归算法来解决。由于递归算法具有如下的特征：为了求解规模为 N 的问题，应先设法将该问题分解成一些规模较小的问题，从这些较小问题的解可以方便地构造出大问题的解。同时，这些规模较小的问题也可以采用同样的方法分解成规模更小的问题，并能从这些规模更小的问题的解中构造出规模较小问题的解。特别地，当 $N=1$ 时，可直接获得问题的解。

现在给出解决问题的方法。

先定义递归函数 hanio(int N, char A, char B, char C)，该函数表示将 N 个盘子从 A 座借助 B 座移动到 C 座，盘子的初始个数为 N。下面是解题步骤：

若 A 座上只有一个盘子，此时 $N=1$，则可直接将盘子从 A 座移动到 C 座上，问题解决。

若 A 座上有一个以上的盘子，即 $N>1$，此时需要再考虑三个步骤。

（1）将 $N-1$ 个盘子从 A 座借助 C 座先移动到 B 座上。显然，这 $N-1$ 个盘子不能作为一个整体移动，而是要按照要求来移动。此时，可递归调用方法 hanio($N-1$, A, C, B)，需要注意的是，这里是借助 C 座将 $N-1$ 个盘子从 A 座移动到 B 座，A 是源，B 是目标。

（2）将 A 座上剩下的第 N 个盘子移动到 C 座上。

（3）将 B 座上的 $N-1$ 个盘子借助于 A 座移动到 C 座上。此时，递归调用方法 hanio($N-1$, B, A, C)，要注意的是，这里是借助于 A 座，将 $N-1$ 个盘子从 B 座移动到 C 座，B 是源，C 是目标。

完成了这 3 步，就可以实现预期的效果，在 C 座上正确地按次序叠放好所有的盘子。

下面以移动 3 个盘子为例，给出使用递归函数移动 3 个盘子的示意图，如图 9.7 所示。

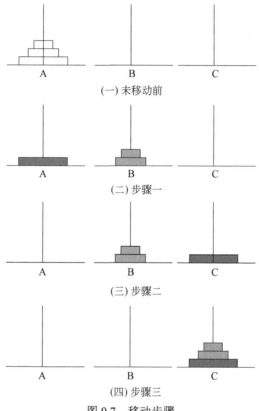

（一）未移动前

（二）步骤一

（三）步骤二

（四）步骤三

图 9.7　移动步骤

4．确定程序框架

根据前面的分析，编写递归函数 hanio(int N, char A, char B, char C)，代码如下：

```
void hanoi(int N,char A,char B,char C)
{
    if(N==1)                         /*将 A 座上剩下的第 N 个盘子移动到 C 座上*/
        printf("move dish %d from %c to %c\n",N,A,C);  /*打印移动步骤*/
    else
    {
```

```
        hanoi(N-1,A,C,B);                    /*借助 C 座将 N-1 个盘子从 A 座移动到 B 座*/
        printf("move dish %d from %c to %c\n",N,A,C);  /*打印移动步骤*/
        hanoi(N-1,B,A,C);                    /*借助 A 座将 N-1 个盘子从 B 座移动到 C 座*/
    }
}
```

完成了递归函数后，只需要在 main()函数中调用它，把需要移动的盘子个数传递给它即可。

5．完整程序

根据上面的分析，编写完整程序如下：

```
#include<stdio.h>
void hanoi(int N,char A,char B,char C)
{
    if(N==1)                              /*将 A 座上剩下的第 N 个盘子移动到 C 座上*/
        printf("move dish %d from %c to %c\n",N,A,C);  /*打印移动步骤*/
    else
    {
        hanoi(N-1,A,C,B);                    /*借助 C 座将 N-1 个盘子从 A 座移动到 B 座*/
        printf("move dish %d from %c to %c\n",N,A,C);  /*打印移动步骤*/
        hanoi(N-1,B,A,C);                    /*借助 A 座将 N-1 个盘子从 B 座移动到 C 座*/
    }
}
main()
{
    int n;
    printf("Please input the number of dishes:");
    scanf("%d",&n);                        /*输入要移动的盘子个数*/
    printf("The steps to move %2d dishes are:\n",n);
    hanoi(n,'A','B','C');                  /*调用递归函数*/
}
```

6．运行结果

在 VC 6.0 下运行程序，输入要移动的盘子数为 3，则显示结果如图 9.8 所示。输入要移动的盘子数为 4 时，显示结果如图 9.9 所示。根据显示结果可知，在汉诺塔中按规则移

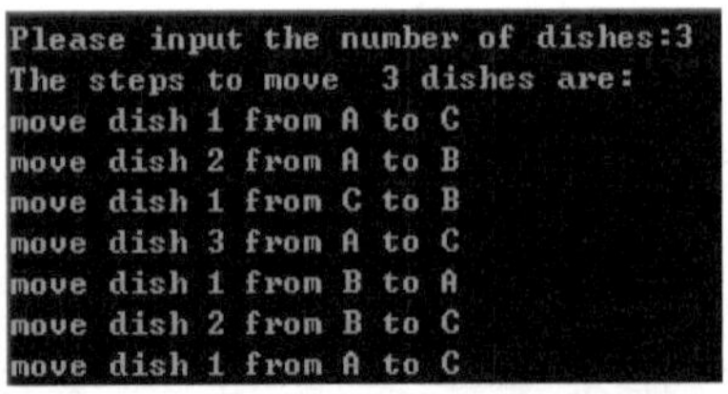

图 9.8　移动 3 个盘子的运行结果

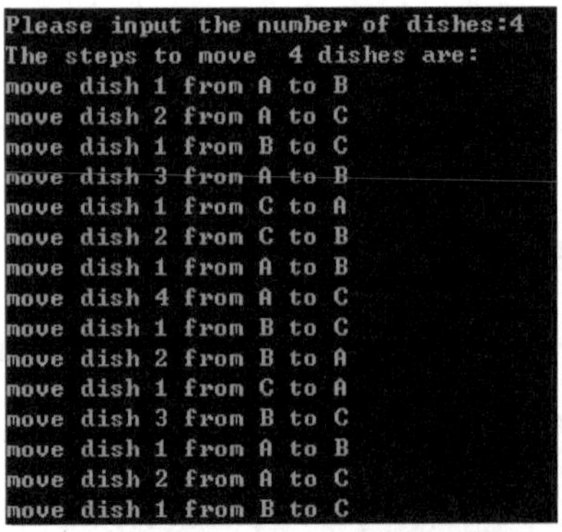

图 9.9　移动 4 个盘子的运行结果

动 3 个盘子时需要 7 步，移动 4 个盘子则需要 15 步。类似地，读者可以运行程序得出移动更多盘子所需要的步数。

9.4　猴 子 吃 桃

1. 问题描述

一个猴子摘了一些桃子，它第 1 天吃掉了其中的一半然后再多吃了一个，第 2 天照此方法又吃掉了剩下桃子的一半加一个，以后每天如此，直到第 10 天早上，猴子发现只剩下一个桃子了，问猴子第 1 天总共摘了多少个桃子？

2. 问题分析

假设 Ai 为第 i 天吃完后剩下的桃子的个数，A0 表示第 1 天共摘下的桃子，显然，本题要求的是 A0。根据问题描述前后相邻两天之间的桃子数应存在如下关系：

```
A(i+1)=Ai-(Ai/2+1)
```

此式可转化为：

```
Ai=2 A(i+1)+2=2(A(i+1)+1)
```

因此，有以下递推式子：

```
A0 = 2×(A1+1)    A1：第 1 天吃完后剩下的桃子数
A1 = 2×(A2+1)    A2：第 2 天吃完后剩下的桃子数
...
A8 = 2×(A9+1)    A9：第 9 天吃完后剩下的桃子数
A9 = 1
```

由于第 9 天吃完后剩下的桃子数是已知的，因此根据上述递推式子可以推出第 8 天的桃子总数；根据第 8 天吃完后剩下的桃子数又可以推出第 7 天的桃子总数……，重复进行下去，就可以推出第 1 天摘下的桃子总数。推导过程如表 9.1 所示。

表 9.1　推导过程表

天数 i	第 i 天吃完后剩下的桃子数
9	A9 = 1
8	A8 = 2×(A9+1)=4
7	A7 = 2×(A8+1)=10
6	A6 = 2×(A7+1)=22
5	A5 = 2×(A6+1)=46
4	A4 = 2×(A5+1)=94
3	A3 = 2×(A4+1)=190
2	A2 = 2×(A3+1)=382
1	A1 = 2×(A2+1)=766
0	A0 = 2×(A1+1)=1534

3．算法设计

以上递推过程可分别用循环结构和递归函数实现。

先使用递归函数来实现。

将上述递推关系采用下面的方式描述。假设第 n 天吃完后剩下的桃子数为 A(n)，第 $n+1$ 天吃完后剩下的桃子数为 A($n+1$)，则存在递推关系：A(n) = (A($n+1$) + 1) * 2。这种递推关系可以用递归函数实现。

4．确定程序框架

递归函数代码如下：

```
int A(int n)
{
    if(n>=9) return 1;
    else return(2*(A(n+1)+1));       /*递推关系*/
}
```

5．完整程序

根据上面的分析，编写程序如下：

```
#include <stdio.h>
int A(int n)
{
    if(n>=9) return 1;
    else return(2*(A(n+1)+1));       /*递推关系*/
}
main( )
{
    printf("猴子第一天总共摘了%d 个桃子\n", A(0) );
}
```

6．运行结果

在 VC 6.0 下运行程序，结果如图 9.10 所示。

猴子第一天总共摘了**1534**个桃子

图 9.10　运行结果

7．问题拓展

该问题还可以使用循环结构求解。使用循环结构求解的代码如下：

```
#include <stdio.h>
int main( )
{
    int day, x1, x2;
    day = 9;
    x2 = 1;
    while( day>0 )
    {
        x1 = (x2+1)*2;              /*第 1 天的桃子数是第 2 天桃子数加 1 后的 2 倍*/
        x2 = x1;
        day--;
    }
```

```
    printf( "猴子第一天总共摘了%d 个桃子\n", x1 );
    return 0;
}
```

9.5　杨辉三角形

1．问题描述

在屏幕上打印杨辉三角形。杨辉三角形又称贾宪三角形、帕斯卡三角形，是二项式系数在三角形中的一种几何排列。如图 9.11 显示了杨辉三角形的前 8 行。

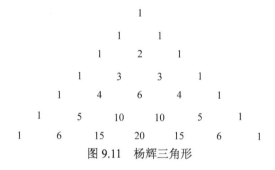

$$
\begin{array}{ccccccccccccc}
&&&&&&1&&&&&&\\
&&&&&1&&1&&&&&\\
&&&&1&&2&&1&&&&\\
&&&1&&3&&3&&1&&&\\
&&1&&4&&6&&4&&1&&\\
&1&&5&&10&&10&&5&&1&\\
1&&6&&15&&20&&15&&6&&1
\end{array}
$$

图 9.11　杨辉三角形

2．问题分析

杨辉三角形中的数，正是$(x+y)$的 N 次方幂展开式各项的系数。本题作为程序设计中具有代表性的题目，求解的方法很多，我们分析以递归的方法来打印杨辉三角形。

从杨辉三角形的特点出发，可以总结出：

（1）第 x 行有 x 个值（设起始行为第 1 行）。

（2）对于第 x 行的第 y 个值，有：

当 $y=1$ 或 $y=x$ 时：其值为 1；

当 $y!=1$ 且 $y!=x$ 时：其值为第 $x-1$ 行的第 $y-1$ 个值与第 $x-1$ 行第 y 个值之和。

将这些特点提炼成数学公式，则位于杨辉三角第 x 行第 y 列的值为：

$$
c(x,y)=\begin{cases}1, & y=1或y=x\\ c(x-1,y-1)+c(x-1,y), & 其他\end{cases}
$$

3．确定程序框架

根据问题分析中得到的数学公式，写出递归函数，代码如下：

```
int c(int x,int y)
{
    int z;
    if(y==1||y==x)                    /*y=1 或 y=x 时，函数返回值为1*/
        return 1;
    else                              /*y 为其他值*/
    {
        z=c(x-1,y-1)+c(x-1,y);
```

```
        return z;
    }
}
```

4. 完整程序

根据上面的分析，完整程序如下：

```
#include<stdio.h>
/*递归函数*/
int c(int x,int y)
{
    int z;
    if(y==1||y==x)                    /*y=1 或 y=x 时，函数返回值为 1*/
        return 1;
    else                              /*y 为其他值*/
    {
        z=c(x-1,y-1)+c(x-1,y);
        return z;
    }
}
main()
{
    int i,j,n;
    printf("请输入杨辉三角的行数：");
    scanf("%d",&n);
    for(i=1;i<=n;i++)                 /*输出 n 行*/
    {
        for(j=0;j<=n-i;j++)
            printf("  ");
        for(j=1;j<=i;j++)
            printf("%4d",c(i,j));     /*调用递归函数，输出第 i 行的第 j 个值*/
        printf("\n");
    }
}
```

5. 运行结果

在 VC 6.0 下运行程序，屏幕上提示"请输入杨辉三角的行数："，这里输入 10，打印出的杨辉三角形如图 9.12 所示。

6. 问题拓展

使用二维数组打印杨辉三角形。

问题分析

由于位于杨辉三角形两个腰上的数都为 1，其他位置上的数等于它肩上两个数之和，基于杨辉三角形的这个特点，就可以使用二维数组打印出杨辉三角。

图 9.12　运行结果

先定义二维数组 a[N][N]，N 为常量，大于要打印的行数 n。再将每行的第一个数和最后一个数赋值为 1，即 a[i][1]=a[i][i]=1。除了每行的第一个数和最后一个数以外，每行上的其他数都为其肩上的两数之和，即 a[i][j]=a[i-1][j-1]+a[i-1][j]。

（1）计算杨辉三角形中的数值并存入二维数组。

定义 row 和 column 两个变量分别代表杨辉三角形的行和列，变量 n 表示要打印的行数。

```
for(row=1;row<=n;row++)
        a[row][1]=a[row][row]=1;
                /*令每行两边的数为1,循环从1开始，每行第一个数存放在a[row][1]中*/
    for(row=3;row<=n;row++)
        for(column=2;column<=row-1;column++)
            a[row][column]=a[row-1][column-1]+a[row-1][column];
                    /*计算其他位置的值并存入二维数组*/
```

（2）打印空格。

在每行输出之前，先打印空格占位，可使输出更美观。

第 1 行打印 3(n-1)个空格，第 2 行打印 3(n-2)个空格……，第 k 行打印 3(n-k)个空格。

```
for(row=1;row<=n;row++)
{
    for(k=1;k<=n-row;k++) printf("   ");      /*第k行打印3(n-k)个空格*/
}
```

（3）打印杨辉三角中的数。

输出杨辉三角每行之前都先打印空格，之后再使用下面代码输出每行中的数值。

```
for(row=1;row<=n;row++)
{
    for(column=1;column<=row;column++)
                        /*column<=row表示不输出数组中其他的数，只输出所需的数*/
        printf("%6d",a[row][column]);
}
```

（4）完整程序。

现在我们就需要把刚才的程序进行组合，构成完整的程序。

```
#include<stdio.h>
#define N 14
void main()
{
    int row,column,k,n=0,a[N][N];
    while(n<=0||n>=13)            /*控制打印的行数，行数过大会造成显示不规范*/
    {
        printf("请输入杨辉三角形的行数：");
        scanf("%d",&n);
    }
    printf("打印%d行杨辉三角形如下：\n\n",n);
    /*计算杨辉三角形中的数值并存入二维数组a中*/
    for(row=1;row<=n;row++)
        a[row][1]=a[row][row]=1;
                /*令每行两边的数为1,循环从1开始，每行第一个数存放在a[row][1]中*/
    for(row=3;row<=n;row++)
        for(column=2;column<=row-1;column++)
            a[row][column]=a[row-1][column-1]+a[row-1][column];
                        /*计算其他位置的值并存入二维数组*/
    /*打印杨辉三角形*/
    for(row=1;row<=n;row++)
    {
```

```
        for(k=1;k<=n-row;k++) printf("    ");
                          /*在每行输出数之前先打印空格占位，使输出更美观*/
        for(column=1;column<=row;column++)
                      /*column<=row 表示不输出数组中其他的数，只输出所需的数*/
          printf("%6d",a[row][column]);
        printf("\n");     /*当一行输出完以后换行继续下一行的输出*/
    }
    printf("\n");
}
```

运行结果

在 VC 6.0 下运行程序，屏幕上提示："请输入杨辉三角形的行数:"，这里输入 8，打印出的杨辉三角形如图 9.13 所示。

总结：除了我们介绍的两种打印杨辉三角形的方法以外，打印杨辉三角形的方法还有很多，请读者自己思考其他的解法。

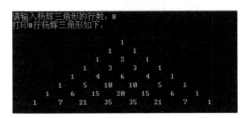

图 9.13　打印 8 行杨辉三角形

9.6　卡布列克常数

1．问题描述

对于任意一个四位数 n，进行如下的运算：

（1）将组成该四位数的 4 个数字由大到小排列，形成由这 4 个数字构成的最大的四位数；

（2）将组成该四位数的 4 个数字由小到大排列，形成由这 4 个数字构成的最小的四位数（如果四个数中含有 0，则得到的数不足 4 位）；

（3）求这两个数的差，得到一个新的四位数（高位 0 保留）。

这称为对 n 进行了一次卡布列克运算。

存在这样一个规律：对一个各位数字不全相同的四位数重复进行若干次卡布列克运算，最后得到的结果总是 6174，这个数被称为卡布列克数。

例如：

6543–3456=3087

8730–378=8325

8532–2358=6174

7641–1467=6174

要求编程来验证卡布列克常数。

2．问题分析

定义函数 kblk(n)，该函数表示可对 n 进行卡布列克运算，直至结果为 6147 或 0 为止，其中 0 表示个位完全相同时所得到的结果。函数 kblk(n) 对 n 进行一次卡布列克运算可以得到数值 num，如果 num 既不是 6147 也不是 0，则递归调用函数 kblk()，将 num 作为参数传递给它，即 kblk(num)。注意递归函数的出口是最终结果为 6147 或 0。

3．算法设计

根据问题分析可知，该算法应该包括如下几个功能：

（1）分解四位整数，并保存每位上的数字。

（2）对分解后的四位整数排序，以方便构成最大值和最小值。

（3）求出分解后的四位数字所构成的最大值和最小值。

（4）进行卡布列克运算。

这几个功能，我们可以分别通过不同的函数来实现，其中进行卡布列克运算的函数为递归函数。

4．确定程序框架

（1）分解四位整数，并保存每位上的数字。

定义数组 array[4]，用来存放分解后四位整数 num 中每位上的数字。定义指向整型的指针变量 j 分别指向 array 中的每个元素。分解四位整数的代码如下：

```
/*将 num 分解为数字*/
for(i=0;i<4;i++)
{
    j= array +3-i;              /*指针变量 j 用来指向数组元素 */
    *j=num%10;                  /*将四位整数 num 中的各位数字存入 array 数组 */
    num/=10;
}
```

上面代码中，指针变量开始指向 array[3]，即初值 $j=$ array +3，此时整型变量 $i=0$。随着 i 不断自增，j 依次指向 array[2]、array[1]和 array[0]。

当 j 指向 array[3]时，*j 就表示了 array[3]元素。因此，当 i 从 0~3 变化时，加粗的两句代码用来将 num 的个位数字放入 array [3]，十位数字放入 array[2]，百位数字放入 array[1]，千位数字放入 array [0]。

（2）对分解后的四位整数排序。

使用指向整型的指针变量 j 和 k 来操作 array 数组中的元素，使用冒泡排序算法对四个数字由小到大进行排序，即 array[0]中的数字最小，array[3]中的数字最大。

```
/*冒泡排序，每次产生一个最大值*/
for(i=0;i<3;i++)
    for(j=array,k=array+1;j<array+3-i;j++,k++)
        if(*j>*k)
        {
            temp=*j;
            *j=*k;
            *k=temp;
        }
```

（3）求出分解后的四位数字所构成的最大值和最小值。

定义函数 max_min()用来将分解后的数字重新构成最大整数和最小整数。代码如下：

```
void max_min(int *array,int *max,int *min)
{
```

```
int *i;
*min=0;
for(i=array;i<array+4;i++)          /*还原为最小的整数*/
*min=*min*10+*i;
*max=0;
for(i=array+3;i>=array;i--)         /*还原为最大的整数*/
*max=*max*10+*i;
return;
}
```

（4）进行卡布列克运算。

定义 kblk()函数实现卡布列克计算，在该函数中可直接调用上面实现的几个功能。

```
void kblk(int num)
{
    int array[4],max,min;
    if(num!=6174&&num)              /*若不等于 6174 且不等于 0，则进行卡布列克运算*/
    {
        /*将四位整数分解,各位数字存入 array 数组中*/
        /*求各位数字组成的最大值和最小值*/
        /*求最大值和最小值的差*/
        /*输出该步计算过程*/
        kblk(num);                  /*递归调用，继续进行卡布列克运算*/
    }
}
```

5. 完整程序

根据上面的分析，编写程序如下：

```
#include<stdio.h>
void kblk(int);
void parse_sort(int num,int *array);
void max_min(int *array,int *max,int *min);
void parse_sort(int num,int *array);
int count=0;
int main()
{
int n;
printf("请输入一个四位整数:");
scanf("%d", &n);                    /*输入任意正整数*/
kblk(n);                            /*调用 kblk()函数进行验证*/
}
/*递归函数*/
void kblk(int num)
{
    int array[4],max,min;
    if(num!=6174&&num)              /*若不等于 6174 且不等于 0，则进行卡布列克运算*/
    {
        parse_sort(num,array);   /*将四位整数分解,各位数字存入 array 数组中*/
        max_min(array,&max,&min);    /*求各位数字组成的最大值和最小值*/
        num=max-min;                 /*求最大值和最小值的差*/
        printf("[%d]: %d-%d=%d\n",++count,max,min,num);/*输出该步计算过程*/
        kblk(num);                  /*递归调用，继续进行卡布列克运算*/
    }
}
```

```
/*分解并排序*/
void parse_sort(int num,int *array)
{
    int i,*j,*k,temp;
    for(i=0;i<4;i++)                /*将 num 分解为数字*/
    {
        j=array+3-i;                /*指针变量 j 用来指向数组元素 */
        *j=num%10;                  /*将四位整数 num 中的各位数字存入 array 数组 */
        num/=10;
    }
    /*冒泡排序,每次产生一个最大值*/
    for(i=0;i<3;i++)
        for(j=array,k=array+1;j<array+3-i;j++,k++)
            if(*j>*k)
            {
                temp=*j;
                *j=*k;
                *k=temp;
            }
    return;
}
/*求出分解后的四位数字所构成的最大值和最小值*/
void max_min(int *array,int *max,int *min)
{
    int *i;
    *min=0;
    for(i=array;i<array+4;i++)          /*求出最小的整数*/
    *min=*min*10+*i;
    *max=0;
    for(i=array+3;i>=array;i--)         /*求出最大的整数*/
    *max=*max*10+*i;
    return;
}
```

6. 运行结果

在 VC 6.0 下运行程序，结果如图 9.14 所示。

注意到，在图 9.14 中，我们随便输入了一个四位整数 3569，对该整数共进行了 7 次卡布列克运算，最后得到的结果为 6147，因此验证了卡布列克常数。读者可以输入其他的四位整数来对卡布列克常数进行验证。

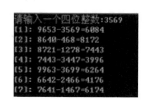

图 9.14　运行结果

9.7　逆序输出数字

1. 问题描述

编程实现将输入的整数逆序输出。

2. 问题分析

前面我们已经接触过很多递归问题了，这些递归问题可以简单地分成两类，一类可以归结为数值问题，还有一类为非数值问题。

数值问题的递归是指可以表达为数学公式的问题，如 9.1 节中的求年龄问题和 9.4 节中的猴子吃桃问题。

非数值问题的递归是指问题本身难以用数学公式来表达的问题，如 9.3 节中的汉诺塔问题。

对于数值问题，由于本身可以表达为数学公式，所以可以从数学公式入手来推导出问题的递归定义，然后确定问题的边界条件，从而最终确定递归函数和递归结束条件。

对于非数值问题，由于其本身不能用数学公式来表达，因此其求解的一般方法是要自行设计一种算法，进而找到解决问题的一系列操作步骤。如果能够找到解决问题的一系列递归操作步骤，则非数值问题也可以用递归方法来求解了。

本节我们要讨论的逆序输出数字就是一个数值问题的递归。问题本身并不复杂，但通过该问题我们可以对一类递归问题的编程方法进行总结和比较，便于读者在遇到相似问题时能参照解决。

3．算法设计

该问题要求任意输入一个整数，要实现它的逆序输出。因此，首先要判别输入的整数是正整数还是负整数。无论正负，程序都应该能处理。如果是负整数，则在逆序输出前应先打印出负号。

接着解决整数的逆序问题。

假设输入的整数保存在变量 num 中，我们以输入四位的正整数为例，其他位数的整数可类似分析。假设输入的四位正整数为 abcd。我们可以这样思考：

（1）如果三位数 abc 已经实现了逆序，则只需打印 d 与 abc 逆序后的三位数即可。

（2）如果两位数 ab 已经实现了逆序，则只需打印 c 与 ab 逆序后的两位数即可。

（3）如果一位数 a 已经实现了逆序，则只需打印 b 与 a 逆序后的一位数即可。显然，a 逆序后还是它本身，因此，此步可直接打印结果 ba。

（4）接着，再由第（3）步向前递推，则可以实现逆序输出 abcd 这个四位整数了。

由刚才的分析过程可知，显然这是一个递归问题，将大问题逐渐细化，递归的出口就是对一位数进行逆序操作的结果仍是它本身。

4．确定程序框架

根据算法分析过程，我们可以写出逆序的递归函数 reverse()，代码如下：

```
void reverse(int n)
{
    if(n)
    {
        printf("%d",n%10);        /*输出正整数 n 当前的最高位*/
        reverse(n/10);            /*递归调用*/
    }
}
```

上面代码中加粗的部分表示去掉当前正整数 *n* 中的最高位，将剩下的正整数作为递归函数的实际参数。

5．完整程序

根据上面的分析，编写程序如下：

```c
#include <stdio.h>
void reverse(int);
void main(void)
{
    int num;
    printf("请输入一个整数:");
    scanf("%d",&num);
    if(num<0)
    {
        putchar('-');              /*打印负号*/
        num=-num;                  /*将负整数转化为正整数*/
    }
    reverse(num);
    printf("\n");
}
void reverse(int n)
{
    if(n)
    {
        printf("%d",n%10);         /*输出正整数 n 当前的最高位*/
        reverse(n/10);             /*递归调用*/
    }
}
```

6．运行结果

在 VC 6.0 下运行程序，结果如图 9.15 所示。由图 9.15 可见，程序可以正确地将输入的整数逆序输出。

```
请输入一个整数:847309483
384903748
```

图 9.15　运行结果

7．问题拓展

（1）逆序输出字符串

与逆序输出数字问题类似的问题还有逆序输出字符串。下面我们先直接给出使用递归来逆序输出字符串的完整代码，然后再进行分析。

逆序输出字符串的完整代码如下：

```c
#include <stdio.h>
void rvstr(void);
void main()
{
    printf("请输入一串字符: \n");
    rvstr();
    printf("\n");
}
/*递归函数*/
void rvstr()
{
    char ch;
    scanf("%c",&ch);
    if(ch!='\n')
        rvstr();                   /*递归调用*/
```

```
    printf("%c",ch);
}
```

在上面代码中，当按下回车时，表示字符串输入结束，可以开始逆序打印了。

与逆序输出数字对比，分析逆序输出字符串的程序可以发现，逆序输出字符串时是在递归函数中逐个字符来进行读入的，而逆序输出数字则是在 main() 函数中一次读入的。

下面我们分析递归函数 rvstr() 的执行过程。

假设我们输入的字符串为"baic"，则递归函数的执行过程如下：

① main() 函数调用 rvstr() 函数。

② 进入 rvstr() 函数，先读入第一个字符'b'，显然该字符不是换行符，因此递归调用 rvstr() 函数。

③ 进入 rvstr() 函数，读入第二个字符'a'，显然该字符不是换行符，因此递归调用 rvstr() 函数。

④ 进入 rvstr() 函数，读入第三个字符'i'，显然该字符不是换行符，因此递归调用 rvstr() 函数。

⑤ 进入 rvstr() 函数，读入第四个字符'c'，显然该字符不是换行符，因此递归调用 rvstr() 函数。

⑥ 进入 rvstr() 函数，读入下一个字符，经判断，该字符为换行符，因此打印该字符。

以上是回推过程，每次递归调用后，都在栈中为当前的递归调用分配了相应的单元，其中存放了当前读入的字符。实际上，每次进入 rvstr() 函数后，都会在该层中分配一个 ch 变量，来保存当前读入的字符值，如图 9.16 所示。

由图 9.16 可知，在从递归函数逐层返回的时候，便可以依次输出堆栈中各层中保存的字符值了。输出为 ciab，这样就用递归调用的方式实现了字符串的逆序输出。程序运行结果如图 9.17 所示。

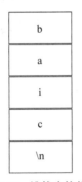

图 9.16　堆栈中的状态

图 9.17　逆序输出字符串的运行结果

（2）其他数值问题的递归

其他一些数值问题还有求 n!、求斐波拉切数列和求最大公约数等问题。下面我们再介绍使用递归求最大公约数的方法。

用辗转相除法求出两个整数 m 与 n 的最大公约数。

本题要求我们使用辗转相除法（欧几里德算法，欧式算法）来求解 m 和 n 的最大公约数。辗转相除法的公式如下：

$$\gcd(m,n)\begin{cases} n & m \bmod n = 0 \\ \gcd(n, m \bmod n) & m \bmod n \neq 0 \end{cases}$$

由上述公式可知，求 m 与 n 的最大公约数问题可以等价为求 n 与(m%n)的最大公约数问题。因此，可以把 n 当做新的 m，(m%n)当做新的 n，则问题再次转化为求新的 m 与新的 n 的最大公约数。而求新的 m 与新的 n 的最大公约数又等价于求新的 n 与(m%n)的最大公约数，如此继续下去，直到新的 n 为 0，则所求的最大公约数就是当心的 m 值，这就是利用辗转相除法求 m 与 n 的最大公约数的过程。

例如：

求 gcd(70,30)。

① 当前 m=70，n=30，m%n=10

② 转化成求 gcd(30, 10)，此时：m=30，n=10，由于 m%n=0，所以结束，gcd(70,30)=n=10。

根据上面的描述，列出递归算法的步骤如下：

① 求 r=m%n。

② 判断 r 是否为 0。若 r=0，则 n 即为所求的最大公约数，输出 n。

③ 若 r!=0，则令 m=n，n=r。

④ 转到步骤①。

根据上述分析，编写递归函数 gcd()如下：

```
int gcd(int m,int n)
{
    int g;
    if(n==0)
        g=m;
    else
        g=gcd(n,m%n);            /*递归调用*/
    return g;
}
```

还可以在递归函数中加入对特殊情况的处理，如 m、n 为负数的情况。此时递归函数代码如下：

```
int gcd(int m,int n)
{
    int g;
    if(m<0)
        m=-m;
    if(n<0)
        n=-n;
    if(n==0)
        g=m;
    else
        g=gcd(n,m%n);            /*递归调用*/
    return g;
}
```

上面函数中加粗的代码表示如果 m、n 为负数，则先将其转化为正整数，再进行下面的操作。

还可以使用条件表达式来简化递归函数的书写，具体代码如下：

```
int gcd(int m,int n)
{
    int g;
    if(m<0)
        m=-m;
    if(n<0)
        n=-n;
    return n==0?m:gcd(n,m%n);                /*递归调用*/
}
```

函数中加粗的代码使用了条件表达式，它的执行效果与使用 if-else-结构的效果相同。

完整的程序代码如下：

```
#include<stdio.h>
int gcd(int m,int n);
main()
{
    int m,n,g;
    printf("请输入整数m,n:");
    scanf("%d%d",&m,&n);
    printf("\n");
    g=gcd(m,n);                              /*调用递归函数*/
    printf("%d 和%d 的最大公约数是：%d\n",m,n,g);
    }
/*递归函数*/
int gcd(int m,int n)
{
    int g;
    if(n==0)
        g=m;
    else
        g=gcd(n,m%n);                        /*递归调用*/
    return g;
    }
```

还可以在递归函数中加入对特殊情况的处理，如 m、n 为负数的情况。

上面代码的运行结果如图 9.18 所示。

最后，由于辗转相除的过程实际上也是反复求余数的过程，是一项重复性的工作，因此也可以使用循环结构来实现。

图 9.18　求最大公约数的运行结果

第 **10** 章　定理与猜想

本章选择了几个数学中的定理及猜想进行了验证，包括四方定理、角谷定理等及一些还未获得完全证明的问题，如回文数的形成方法。

在本章中，将使用 C 语言来验证定理和猜想的各种方法，通过本章的学习，可以拓宽读者的思路，增强利用 C 语言解决相关问题的能力。本章主要内容如下：

- ❏ 四方定理；
- ❏ 角谷猜想；
- ❏ Л 的近似值；
- ❏ 尼科彻斯定理；
- ❏ 奇数平方的有趣性质；
- ❏ 回文数的形成。

10.1　四　方　定　理

1．问题描述

四方定理是数论中的重要定理，它可以叙述为：所有的自然数至多只要用 4 个数的平方和就可以表示出来。例如：

$$25=1\times1+2\times2+2\times2+4\times4$$
$$99=1\times1+1\times1+4\times4+9\times9$$

要求编写程序来验证四方定理。

2．问题分析

问题描述中说"所有的自然数至多只要用 4 个数的平方和就可以表示出来"，既然是至多只要 4 个数的平方和，那么 3 个、2 个和 1 个数的平方和的情况要不要考虑在内呢？而且有些数是不能分解为 4 个数的平方和的，比如 17，只能分解成 2 个或 3 个数的平方和：

17=1×1+4×4——分解为两个数的平方和

17=2×2+2×2+3×3——分解为三个数的平方和

而 16 可以用一个数的平方来表示：

$$16=4\times4$$

因此，同一个数可能会分解出多组解。而我们在编程实现的时候只要能找到一组解，实际上就可以验证四方定理成立了，因此，在程序中我们可以设定一旦找到一组解就退出。

3．算法设计

要验证四方定理可以使用穷举法。可以在程序开始允许输入任何一个自然数，然后判断该自然数可用至多 4 个数的平方和表示出来。

```
scanf("%d",&number);
/*判断 number 至多可分解为四个数的平方和*/
```

判断的过程我们使用穷举法。设计一个四重循环，循环变量分别使用 $x1$、$x2$、$x3$ 和 $x4$ 表示，如果它们的平方和相加恰好等于输入的 number 变量值，则证明四方定理成立。

现在问题是循环变量 $x1$，$x2$，$x3$ 和 $x4$ 的取值范围怎样确定。考虑最极端的情况，如果输入的 number 用一个数的平方就可以表示出来，例如前面提到的 16，则找到的一组解是 $x1=4$，$x2=0$，$x3=0$，$x4=0$。显然 $x1$ 不应该大于 sqrt(number)，则可将 $x1$ 的变化范围再扩大一些，将其变化范围中的最大值设为 number/2，而 $0 \leqslant x2 \leqslant x1$，$0 \leqslant x3 \leqslant x2$，$0 \leqslant x4 \leqslant x3$，则形成如下循环结构：

```
for(x1=1;x1<number/2;x1++)
    for(x2=0;x2<=x1;x2++)
        for(x3=0;x3<=x2;x3++)
            for(x4=0;x4<=x3;x4++)
            {
                /*判断是否满足定理要求*/
            }
```

定理所要求的条件可用如下语句表示：

```
number= =x1*x1+x2*x2+x3*x3+x4*x4
```

4．确定程序框架

程序的流程图如图 10.1 所示。

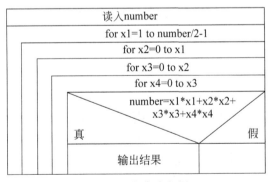

图 10.1　程序流程图

5．完整程序

根据上面的分析，编写程序如下：

```
#include<stdio.h>
main()
```

```
{
    int number,x1,x2,x3,x4;
    printf("请输入一个自然数: ");
    scanf("%d",&number);                              /*输入一个任意的自然数*/
    /*穷举各种情况*/
    for(x1=1;x1<number/2;x1++)
        for(x2=0;x2<=x1;x2++)
            for(x3=0;x3<=x2;x3++)
                for(x4=0;x4<=x3;x4++)
                    /*判断是否满足定理要求*/
                    if(number==x1*x1+x2*x2+x3*x3+x4*x4)
                    {
                        /*若满足定理要求，则输出其一组解，并退出循环*/
    printf("%d=%d*%d+%d*%d+%d*%d+%d*%d\n",number,x1,x1,x2,x2,x3,x3,x4,x4
);
                        exit(0);                      /*退出循环*/
                    }
}
```

程序分析：

上面程序中当找到一组满足条件的解之后就使用 exit(0)函数退出了四重循环。

（1）<stdlib.h>头文件

exit()函数包含在<stdlib.h>这个头文件中，<stdlib.h>头文件中包含了 C 语言最常用的系统函数，它定义了 5 种类型、一些宏及通用的工具函数。

<stdlib.h>头文件中定义的类型如 size_t、wchar_t、div_t、ldiv_t 等，定义的宏如 EXIT_FAILURE、EXIT_SUCCESS、RAND_MAX 等，常用的函数如 malloc()、calloc()、realloc()、free()、system()、rand()、srand()、exit()等，其中 malloc()、calloc()、realloc()、free() 函数用于动态存储分配。

（2）exit()函数

exit()函数用来结束当前进程，在整个程序中，只要调用了 exit()函数，就会结束程序。 exit()函数包含三种情况：

❑ exit(0)表示程序正常退出；

❑ exit(1)表示程序异常退出；

❑ exit(2)表示系统找不到指定的文件。

return()用来从当前函数返回，如果它出现在 main()函数中，则结束当前进程，如果出现在其他函数中，就是返回上一层调用。上面程序中 exit(0)出现的位置也可以使用 return 语句来代替，但此时需要 main()方法的返回值为 void。

6．运行结果

在 VC 6.0 下运行程序，屏幕上提示"请输入一个自然数："，我们随意输入 3 个自然数 98、234 和 6598，程序运行结果如图 10.2 所示。

请输入一个自然数: 98 98=6*6+6*6+5*5+1*1	请输入一个自然数: 234 234=9*9+8*8+8*8+5*5	请输入一个自然数: 6589 6589=46*46+43*43+40*40+32*32
（a）运行结果 1	（b）运行结果 2	（c）运行结果 3

图 10.2　运行结果

由运行结果可以看到，随意输入的 3 个数都被分解成了 4 个数的平方和，当然，除了屏幕上显示的这组解以外，还可能存在其他的分解方法，但无论如何，至多只能分解为 4 个数的平方，这就通过程序验证了四方定理的正确性。

7．问题拓展

在算法设计中，我们曾经分析过，循环变量 $x1$ 的值实际上不会超过 sqrt(number)，因此，我们可以修改循环结构，使 $x1$ 的范围更精准，而 $x2$、$x3$、$x4$ 的范围不变，则形成如下循环结构：

```
for(x1=1;x1<sqrt(number);x1++)
    for(x2=0;x2<=x1;x2++)
        for(x3=0;x3<=x2;x3++)
            for(x4=0;x4<=x3;x4++)
            {
                    /*判断是否满足定理要求*/
            }
```

此时要注意在源文件的开始要引入<math.h>头文件，因为 sqrt()函数是被包含在<math.h>头文件中的。

10.2　角谷猜想

1．问题描述

角谷猜想，在西方常被称为西拉古斯猜想，据说这个问题首先是美国的西拉古斯大学开始研究的，而在东方，这个问题则由将它带到日本的日本数学家角谷静夫的名字来命名，所以被称为角谷猜想。

角谷猜想的内容是：任给一个自然数，若为偶数则除以 2，若为奇数则乘以 3 再加 1，这样得到一个新的自然数之后再按照前面的法则继续演算，若干次以后得到的结果必然为 1。在数学文献里，角谷猜想也常常被称为"3X+1 问题"。请编程验证角谷猜想。

2．问题分析

先通过几个实例来理解角谷猜想的含义。

取自然数 n=6，则根据角谷猜想，有：

6→3→10→5→16→8→4→2→1。　最终结果为 1，则 n=6 时角谷猜想成立。

取自然数 n=15，则根据角谷猜想，有：

15→46→23→70→35→106→53→160→80→40→20→10→5→16→8→4→2→1。

最终结果为 1，则 n=15 时角谷猜想成立。

读者还可取其他的自然数按照上述规则来演算，结果都为 1。

虽然角谷猜想还未获得一般的证明，但是已经有人拿各种各样的数字来进行试验，结果总是发现角谷猜想是成立的，现在已经获得验证的最大数是 1099511627776。

3. 算法分析

角谷猜想中已经明确的给出了处理过程，即对于给定的自然数 n，有如下函数：

$$C(n) = \begin{cases} n/2 & n\text{是偶数} \\ 3n+1 & n\text{是奇数} \end{cases}$$

在问题分析中进行的变换，实际上是对函数 C 进行的迭代。则问题可表述为：从任意一个自然数开始，经过对函数 C 有限次的迭代，能否最终得到 1。

算法不需要特别的设计，根据函数 C 可直接进行角谷猜想的验证。

4. 确定程序框架

在 main() 函数中构建一个不定次数的 do-while 循环。定义变量 n 表示输入的自然数，在循环体中判断 n 的奇偶性并根据奇偶性的不同执行不同的操作，当 $n=1$ 时，退出 do-while 循环。do-while 循环结构如下：

```
do{
    if(n%2)
    {
        /*若 n 为奇数，则乘以 3 加 1*/
    }
    else
    {
        /*若 n 为偶数，则除以 2*/
    }
}while(n!=1);          /*当 n=1 时终止循环*/
```

该程序的流程图如图 10.3 所示。

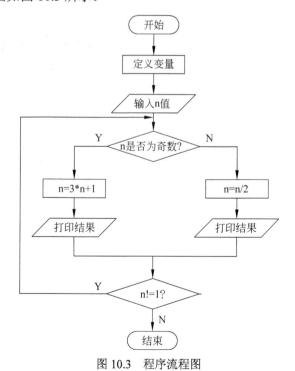

图 10.3　程序流程图

5．完整程序

根据上面的分析，编写完整的程序如下：

```c
#include<stdio.h>
main()
{
    int n,count=0;
    printf("请输入一个自然数：");
    scanf("%d",&n);                              /*输入一个自然数*/
    do{
        if(n%2)
        {
            n=n*3+1;                             /*若 n 为奇数，则乘以 3 加 1*/
            printf("[%d]:%d*3+1=%d\n",++count,(n-1)/3,n);
                                                 /*输出执行步骤*/
        }
        else
        {
            n/=2;                                /*若 n 为偶数，则除以 2*/
            printf("[%d]:%d/2=%d\n",++count,2*n,n);    /*输出执行步骤*/
        }
    }while(n!=1);                                /*当 n=1 时终止循环*/
}
```

6．运行结果

在 VC 6.0 下运行程序，结果如图 10.4 所示。在图 10.4 的运行结果 1 中打印出了 n=6 时按照角谷猜想的执行步骤，最后结果为 1，在图 10.4 的运行结果 2 中打印出了 n=15 时按照角谷猜想的执行步骤，最后结果为 1，它们都符合角谷猜想的结论，读者可任意输入其他自然数进行验证。

（a）运行结果 1

（b）运行结果 2

图 10.4　运行结果

10.3　π的近似值

1．问题描述

使用蒙特卡罗法求π的近似值。

蒙特卡罗方法，或称计算机模拟方法，是一种基于"随机数"的计算方法。这种方法源于美国在第二次世界大战时研制原子弹的"曼哈顿计划"。该计划的主持人之一数学家冯·诺依曼用驰名世界的赌城——摩纳哥的蒙特卡罗来命名这种方法，为它蒙上了一层神秘的色彩。

蒙特卡罗方法的思路是：在一个单位边长的正方形中，以边长为半径，以一个顶点为圆心，在这个正方形上做四分之一圆。在正方形中随机地投入很多点，使所投入的点落在正方形中每一个位置的机会相等。若点落入四分之一圆内则计数。重复地向正方形中投入足够多的点，用落入四分之一圆内的点数除以总的点数，得到的就是π的四分之一的近似值。

2．问题分析

使用随机函数 rand()随机产生两个小数 x、y 可以构成一个坐标点 (x, y)，假设正方形的边长为 100，则判断坐标点是否落在四分之一圆内的条件是 x2+y2≤10000，其中 0≤x≤100, 0≤y≤100。若总共向正方形中投放了 N 个点，而落在四分之一圆内部的点为 d 个，则π=4*d/N。

需要注意的是，蒙特卡罗法是使用随机模拟实验结果进行统计来求得π的近似值的方法。因此使用该方法所求出的π值只有当统计次数足够多时才会准确，在统计次数较少时会存在一定的误差。

3．算法设计

该问题可根据题意直接编程，在给出程序之前，先强调两个用来产生随机数的函数。srand()函数和 rand()函数：

在 C 语言的库函数中提供了两个函数用于产生随机数，分别是 srand()和 rand()，它们的函数原型为：

```
int rand(void):
```

从 srand(seed)中所指定的 seed 开始，返回一个在[0, RAND_MAX]之间的随机整数。

void srand(unsigned seed)：该函数中参数 seed 是种子，用来初始化 rand()的起始值。

rand()函数是真正的随机数产生器，srand()函数则用来为 rand()提供随机数种子。rand()函数会返回一个位于 0 和所指定的数值之间的分数。如果在第一次调用 rand()函数之前没有调用 srand()，则系统会自动调用 srand()。

srand((unsigned)time(NULL))表示使用系统定时器/计数器的值作为随机种子。

系统在调用 rand()之前都会自动调用 srand()，如果用户在调用 rand()之前曾经调用过 srand()，并给其参数 seed 指定了一个值，那么 rand()就会将该 seed 的值作为产生随机数的初始值；而如果用户在调用 rand()之前没有调用过 srand()，那么系统会默认将 1 作为伪随机数的初始值。

如果给 seed 一个固定值，那么每次 rand()产生的随机数序列都是一样的。

为了避免上述情况的发生，我们通常使用系统时间来进行初始化，即使用 time()函数来获得系统时间，它的返回值是从 00:00:00 GMT,January 1,1970 到现在所持续的秒数，然后将 time_t 型数据转化为(unsigned)型数据再传给 srand()函数，即：

```
srand((unsigned)time(&t))
```

还有一个经常使用的方法是：

```
srand((unsigned)time(NULL))
```

该方法不需要定义 time_t 型的变量 t，而直接传入一个空指针。

如果仍然觉得时间间隔太小，则可以在 (unsigned)time(NULL)后面乘上某个合适的整数。例如：

```
srand((unsigned)time(NULL)*10)
```

4．确定程序框架

该程序的流程图如图 10.5 所示。

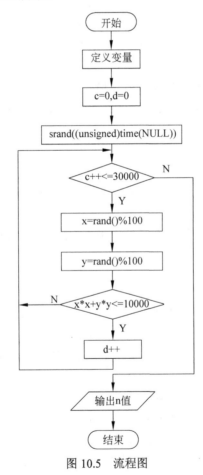

图 10.5　流程图

5．完整程序

根据上面的分析，编写完整程序如下：

```
#include<time.h>
#include<stdlib.h>
#include<stdio.h>
```

```
#define N 30000
main()
{
    float x,y;
    int c=0,d=0;
    srand((unsigned)time(NULL));          /*播种子*/
    while(c++<=N)
    {
        x=rand()%100;                     /*产生 100 以内的随机整数*/
        y=rand()%100;                     /*产生 100 以内的随机整数*/
        if(x*x+y*y<=10000)                /*判断是否落在圆内部*/
            d++;
    }
    printf("pi=%f\n",4.0*d/N);            /*输出π值*/
}
```

6. 运行结果

在 VC 6.0 下运行程序，共运行了 3 次，第 1 次得到π值为 3.177733，第 2 次得到π值为 3.186133，第 3 次得到π值为 3.182667，显示结果如图 10.6 所示。根据显示结果可知，由于蒙特卡罗法是采用统计规律来计算π值，因此求出的是π的近似值，仅当统计次数足够大时，才会更接近π值。

pi=3.177733　　　　　　pi=3.186133　　　　　　pi=3.182667
（a）运行结果 1　　　　　（b）运行结果 2　　　　　（c）运行结果 3

图 10.6　运行结果

10.4　尼科彻斯定理

1. 问题描述

尼科彻斯定理可以叙述为：任何一个整数的立方都可以表示成一串连续的奇数的和。

2. 问题分析

根据尼科彻斯定理的叙述举例如下：

$$3^3=7+9+11=27$$
$$4^3=13+15+17+19=64$$
$$5^3=21+23+25+27+29=125$$

由于"任何一个整数的立方都可以表示成一串连续的奇数的和"，因此我们可以如下考虑该问题，先计算任意输入的数 n 的立方，然后从奇数 1 开始进行累加，每次加 2 保证下一个数也是奇数，如果累加和超过 n 的立方，则再进行下一次的尝试，即从 3 开始进行累加，如此进行下去，直到找到一串连续的奇数，它们的和等于 n 的立方。

3. 算法设计

根据问题分析，该问题可使用循环结构来实现。

首先定义变量 n 用来保存输入的某个整数，并计算出 n 的立方，用变量 cube 来表示。接着使用双重循环来查找这串连续的奇数。

在双重循环中，定义外层循环变量为 i，它控制尝试的次数，定义内层循环变量为 j，它控制找到的这串奇数的长度。

4．确定程序框架

（1）外层循环框架

i 从 1 开始取值，即第一次从 1 开始试探，是否有 cube=1+3+…这样的奇数序列存在，如果不存在，则令 i 增加 2，再次试探是否有 cube=3+5+…这样的奇数序列存在，如果不存在，则 i 再次增加 2，试探是否有 cube=5+7+…这样的奇数序列存在，如此循环下去，直到找到一个这样的一个序列，它们的和等于 cube。

i 的取值不会超过 cube，需要注意的是，这样的奇数序列并不唯一。

根据上面的叙述，外层循环框架如下：

```
cube=n*n*n;                          /*cube=n³*/
/*外层循环控制试探次数*/
for(i=1;i<cube;i=i+2)
{
    /*试探是否存在一个奇数序列,它们的和等于 cube*/
}
```

（2）内层循环框架

内层循环的主要作用是找到和为 cube 的奇数序列。j 的取值从 i 开始，且不会超过 cube，每次循环 j 的值都增加 2。在内层循环的循环体中测试是否存在 j+(j+2)+…=cube，如果存在，则找到了这串奇数序列，否则，将 j 值增加 2，再次测试是否存在 j+(j+2)+…=cube，这样循环下去，直到找到一个奇数序列并且其和等于 cube 为止。

根据上面的叙述，内层循环框架如下：

```
/*内层循环通过累加和来查找奇数序列*/
for(j=i;j<cube;j=j+2)
{
    sum+=j;                          /*sum 变量存放奇数的累加和*/
    /*找到了奇数序列*/
    if(sum==cube)
    {
        printf("%d=%d+%d+...+%d\n",cube,i,i+2,j);
    }
    /*没找到,退出内层循环,返回外层 for 循环*/
    if(sum>cube)
    {
        sum = 0;
        break;
    }
}
```

该程序流程图如图 10.7 所示。

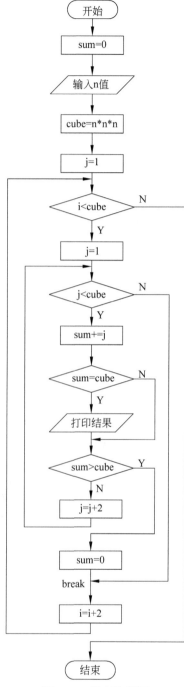

图 10.7　程序流程图

5．完整程序

根据上面的分析，编写程序如下：

```
#include <stdio.h>
main()
{
```

```
    int cube;
    int i,j,n,sum = 0;              /*sum 变量存放奇数的累加和, 初值为 0*/
    printf("请输入 n 值: ");
    scanf("%d",&n);
    cube=n*n*n;
    /*外层循环控制试探次数*/
    for(i=1;i<cube;i=i+2)
    {
        /*内层循环通过累加和来查找奇数序列*/
        for(j=i;j<cube;j=j+2)
        {
            sum+=j;
            /*找到了奇数序列*/
            if(sum==cube)
            {
                printf("%d=%d+%d+...+%d\n",cube,i,i+2,j);
            }
            /*没找到, 退出内层循环, 返回外层 for 循环*/
            if(sum>cube)
            {
                sum = 0;            /*将 sum 置 0, 以便开始下一次试探*/
                break;
            }
        }
    }
}
```

6. 运行结果

在 VC 6.0 下运行程序, 结果如图 10.8 所示。由图 10.8 可知, 找到的连续的奇数和并不是唯一的, 可能会存在多组解, 但只要存在一组解, 就可以证明尼科彻斯定理是正确的。

（a）运行结果 1

（b）运行结果 2

图 10.8　运行结果

7. 问题拓展

该问题还可以采用另一种方法求解。

先证明尼科彻斯定理是成立的。

对于任意一个正整数 n, 不论 n 是奇数还是偶数, $(n*n-n+1)$ 必然为奇数。

构造一个等差数列, 该数列的首项 $a_1=(n*n-n+1)$, 公差 d 为 2, 该数列为奇数数列, 则其前 n 项和 S_n 为:

$$S_n=na_1+n(n-1)d/2=n*(n*n-n+1)+n(n-1)*2/2=n*n*n-n*n+n+n*n-n= n*n*n$$

由此便可证明, 任意一个正整数 n 的立方都可以表示成一串连续的奇数的和。

通过上述推导过程可知, 奇数数列的首项为 $(n*n-n+1)$, 长度为 n。按照定理的证明可直接编程实现。

完整程序如下:

```
#include<stdio.h>
main()
{
    int n,cube,i,s; /*n 为输入的正整数,s 表示数列的前 n 项和,i 表示数列的第 i 项*/
    printf("请输入 n 值: ");
    scanf("%d",&n);
    cube=n*n*n;
    printf("%d*%d*%d=%d=",n,n,n,cube);
    for(s=0,i=0;i<n;i++)           /*输出数列,首项为 n*n-n+1,公差为 2*/
    {
        s+=n*n-n+1+i*2;                /*求数列的前 n 项和*/
        printf(i?"+%d":"%d",n*n-n+1+i*2);
    }
    if(s==cube)
        printf(" 定理成立\n");
    else
        printf(" 定理不成立\n");
}
```

在 VC 6.0 下运行程序，结果如图 10.9 所示，可以证明尼科彻斯定理是正确的。

请输入n值: 5
5*5*5=125=21+23+25+27+29 定理成立

（a）运行结果 1

请输入n值: 14
14*14*14=2744=183+185+187+189+191+193+195+197+199+201+203+205+207+209 定理成立

（b）运行结果 2

图 10.9　运行结果

10.5　奇数平方的有趣性质

1．问题描述

任意奇数的平方有如下的有趣性质：任意奇数的平方与 1 的差是 8 的倍数。要求编程验证奇数的这个性质。

2．问题分析

该题是一个数学定理，我们先来验证该定理的成立。
设任意奇数可以表示为 $2n+1$，则将其平方后再减 1 为：
$$(2n+1)^2-1=(2n+1+1)(2n+1-1)=4n(n+1)$$

❑ 当 n 为奇数时，$n+1$ 为偶数，$4n(n+1)=8*n*[(n+1)/2]$，显然为 8 的倍数；
❑ 当 n 为偶数时，$n+1$ 为奇数，$4n(n+1)=8*n/2*(n+1)$，显然为 8 的倍数。
因此，对于大于 1000 的奇数来说，其平方后再减 1 所得差值一定是 8 的倍数。

3．完整程序

由问题分析可知，该定理成立。题目要求我们编程来验证该定理，由于不可能穷举出所有的奇数，因此我们对有限范围内的奇数来验证该定理的成立。

在程序中验证 1000～2000 范围内的所有奇数都具有该性质。该程序比较简单，只用一个循环结构就可以完成验证，下面直接给出完整的程序。

```
#include<stdio.h>
main()
{
    long int n;
    /*对1000~2000范围内的所有奇数进行验证*/
    for(n=1001;n<=1999;n+=2)
    {
        printf("%d:",n);                    /*输出当前的奇数n*/
        printf("(%ld*%ld-1)/8",n,n);
        printf("=%ld",(n*n-1)/8);           /*输出(n*n-1)/8的值*/
        printf("+%ld\n",(n*n-1)%8)    ;     /*输出(n*n-1)/8的余数*/
    }
}
```

程序中加粗的代码(n*n-1)%8 表示用当前奇数 n 的平方减 1 后的值再对 8 取余，如果这个值为 0，则表示 n*n-1 能被 8 整除，这就验证了我们的定理。

针对上面程序还需要说明的是整型变量的类型。

在 C 语言中包含 3 种整型变量：

（1）基本整型，使用 int 表示。

（2）短整型，使用 short int 表示，或简写为 short。

（3）长整型，使用 long int 表示，或简写为 long。

在 C 的标准中并没有具体规定上面 3 种类型所占的字节数，只要求 long 型数据的长度不应短于 int 型，short 型数据长度不应长于 int 型。具体如何实现，则由各个计算机系统自己来定义。

ANSI 标准中定义了 int 型数据的最小取值范围为 –32768~32767，这里所说的最小取值范围是指不能低于此值，但可以高于此值。

在本题中由于要求 1000～2000 范围内奇数的平方，显然已经超过了 int 型数据的取值范围，因此，在定义变量 n 时，应将其定义为 long int 型。

4．运行结果

在 VC 6.0 下运行程序，实现对 1000~2000 范围内所有奇数的验证。运行结果如图 10.10 所示，在图 10.10 中给出了 1953~1999 中所有奇数的验证过程。

图 10.10　运行结果

10.6　回文数的形成

1．问题描述

任取一个十进制正整数，将其倒过来后与原来的正整数相加，会得到一个新的正整数。

重复以上步骤，则最终可得到一个回文数。请编程进行验证。

2．问题分析

回文数是指这个数无论从左向右读还是从右向左读都是一样的，如 121,11 等。

回文数的这一形成规则目前还未得到数学上的验证，还属于一个猜想。有些回文数的形成要经过上百个步骤，因此此处仅做编程验证，并打印形成过程。

如输入正整数 78，则按照问题描述中回文数的形成规则，有如下回文数形成过程：

$$78+87=165$$
$$165+561=726$$
$$726+627=1353$$
$$1353+3531=4884$$

经过了 4 步，整数 78 形成了回文数 4884。

3．算法设计

根据问题分析可知，该算法应该包括如下几个功能：

（1）求正整数的反序数。

（2）判断一个正整数是否为回文数。

（3）形成回文数。

这几个功能，我们可以分别通过不同的函数来实现。

4．确定程序框架

（1）求输入正整数的反序数。

定义 reverse()函数，用于求输入正整数的反序数，代码如下：

```
long reverse(long int a)
{
    long int t;
    for(t=0;a>0;a/=10)
        t=t*10+a%10;      /*t 中存放的是 a 的反序数*/
    return(t);
}
```

（2）判断给定的正整数是否为回文数。

定义 palindrome()函数，用于判断某个正整数是否为回文数，代码如下：

```
palindrome(long int s)
{
    if(reverse(s)==s)     /*调用 reverse()函数判断变量 s 是否与其反序数相等*/
        return 1;         /*s 是回文数则返回 1 */
    else
        return 0;         /*s 不是回文数返回 0 */
}
```

上面代码中，调用了 reverse()函数判断变量 s 是否与其反序数相等，若相等，则 s 为回文数，palindrome 函数返回 1，否则，s 不是回文数，palindrome 函数返回 0。

（3）形成回文数。

在主函数中根据形成回文数的规则来生成回文数，代码如下：

```
while(!palindrome((m=reverse(n))+n))          /*判断当前的正整数 n 是否为回文数*/
{
    if(n>0&&m+n<n)                            /*超过界限，输出提示信息*/
    {
        printf("越界错误\n");
        break;
    }
    else                                      /*n 不是回文数*/
    {
        printf("[%d]:%ld+%ld=%ld\n",++count,n,m,m+n);   /*打印操作步骤*/
        n+=m;                                 /*n 加上其反序数*/
    }
}
```

上面代码中加粗的部分用来判断当前的正整数 n 是否为回文数，如果不是回文数则需要加上其反序数，将得到的新的正整数再赋值给 n。接着在 while 循环中再次判断 n 是否回文数，如果不是则再次执行生成回文数的操作步骤，直至 n 为回文数为止，此时退出 while 循环。

在 while 循环中，每次 n 与其反序数 m 相加时都将其打印出来，这样最后可看到回文数生成的完整过程。

程序流程图如图 10.11 所示。

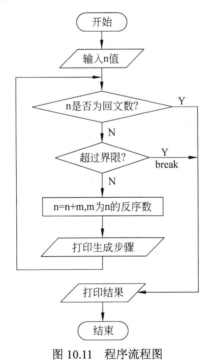

图 10.11 程序流程图

5. 完整程序

根据上面的分析，编写程序如下：

```
#include<stdio.h>
```

```
#define MAX 2147483647
/*求反序数*/
long reverse(long int a)
{
    long int t;
    for(t=0;a>0;a/=10)
        t=t*10+a%10;                 /*t 中存放的是 a 的反序数*/
    return(t);
}
/*判断是否回文数*/
palindrome(long int s)
{
    if(reverse(s)==s)               /*调用 reverse()函数判断变量 s 是否与其反序数相等*/
        return 1;                   /*s 是回文数则返回 1 */
    else
        return 0;                   /*s 不是回文数返回 0 */
}
main()
{
    long int n,m;
    int count=0;
    printf("请输入一个正整数: ");
    scanf("%ld",&n);
    printf("回文数的产生过程如下: \n");
    while(!palindrome((m=reverse(n))+n))    /*判断当前的整数 n 是否为回文数*/
    {
        if(n>0&&m+n<n)                       /*超过界限, 输出提示信息*/
        {
            printf("越界错误\n");
            break;
        }
        else                                /*n 不是回文数*/
        {
            printf("[%d]:%ld+%ld=%ld\n",++count,n,m,m+n);  /*打印操作步骤*/
            n+=m;                           /*n 加上其反序数*/
        }
    }
    printf("[%d]:%ld+%ld=%ld\n",++count,n,m,m+n);
}
```

注意，变量 m、n 都是 long int 类型的，因此它们的和也是 long int 类型的，而 long int 的取值范围为-2147483648~2147483647，因此，$m+n$ 的最大值为 2147483647，如果 $m+n$ 的值超过了 2147483647，则会发生越界错误。判断越界的条件是 n>0&&m+n<n，此时将跳出 while 循环。

6. 运行结果

在 VC 6.0 下运行程序，结果如图 10.12 所示。

注意到，在图 10.12 的运行结果 1 中，我们随便输入了一个四位正整数 1993，对该整数共进行了 8 次生成回文数的操作步骤，最后得到的结果为 2322232，显然它是一个回文数，因此验证了该回文数操作规则。

类似地，图 10.12 的运行结果 2 中输入了四位正整数 1996，经过 5 步操作，最后也获得了回文数。读者可以输入其他的四位正整数，来对本题中给出的回文数的操作规则进行验证。在图 10.12 的运行结果 3 中显示了出现越界错误的情况。

（a）运行结果 1

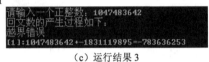

（b）运行结果 2

（c）运行结果 3

图 10.12　运行结果

第11章 趣味图形

C语言不仅可以处理字符和数值，还可以绘制图形。本章分为两部分，第一部分通过C语言的基本语句实现绘图功能，第二部分将通过C语言的图形函数实现绘图功能。C语言的图形函数可以方便地绘制直线、圆和圆弧等基本图形，这些基本图形又可以组合出复杂的图形。

本章简要介绍了C语言的绘图功能和常用图形函数，通过本章内容的学习，相信读者也能使用C语言绘制出美丽的图形。本章主要内容如下：

- ❑ 绘制余弦曲线；
- ❑ 绘制空心圆；
- ❑ 绘制空心菱形；
- ❑ 画直线；
- ❑ 画圆和圆弧；
- ❑ 画彩色图形；
- ❑ 填充彩色图形；
- ❑ 图形模式下显示字符。

11.1 绘制余弦曲线

1．问题描述

在屏幕上用"*"显示0～360度的余弦函数cos(x)曲线。

2．问题分析

此问题关键在于余弦曲线在0～360度的范围内，一行要显示两个点。考虑到cos(x)的对称性，将屏幕的行方向定义为x，列方向定义为y，则0～180度的图形是左右对称的。若将图形的总宽度定义为62列，计算出x行0～180度时y点的坐标m，那么在同一行与之对称的180～360度的y点的坐标就应为62-m。程序中利用反余弦函数acos计算坐标(x, y)的对应关系。

3．算法设计

该程序的核心部分如下：

（1）for(y=1;y>=-1;y-=0.1)　/*y为列方向，值从1到-1（余弦的值），步长为0.1*/

（2）m=acos(y)*10;　　　　　/*计算出y对应的弧度m，乘以10为图形放大倍数*/

（3）for(x=1;x<m;x++)　　　/*0～180 度的图形*/

（4）for(;x<62-m;x++)　　　/*根据 cos 的对称性，y 点的坐标就应为 62-m，180～360 度对应的图形*/

4．确定程序框架

程序流程图如图 11.1 所示。

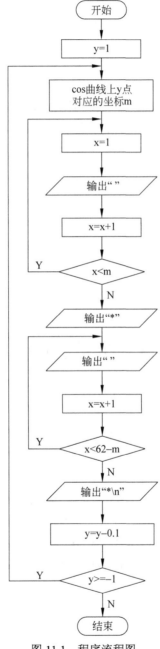

图 11.1　程序流程图

5. 完整程序

根据上面的分析，编写程序如下：

```c
#include<stdio.h>
#include<math.h>
int main()
{
    double y;                  /*y 对应的弧度为 m*/
    int x,m;                   /*定义行方向为 x, 列方向为 y*/
    for(y=1;y>=-1;y-=0.1)      /*y 为列方向,值从 1 到-1,步长为 0.1*/
    {
        m=acos(y)*10;   /*用反余弦计算出 y 对应的坐标 m,乘以 10 为图形放大倍数*/
        for(x=1;x<m;x++)       /*0~180 度的图形*/
            printf(" ");       /*其他处打印空白*/
        printf("*");           /*控制打印左侧的*号*/
        for(;x<62-m;x++)
            printf(" ");
                        /*根据 cos 的对称性,y 点的坐标就应为 62-m,180~360 度对应的图形*/
        printf("*\n");              /*控制打印同一行中对称的右侧*号*/
    }
    return 0;
}
```

6. 运行结果

在 TC 3.0 下运行程序，运行结果如图 11.2 所示。

7. 拓展训练

在屏幕上显示 0~360 度的 cos(x)曲线与直线 f(x)=45*(y-1)+31 的迭加图形。其中 cos(x)图形用"*"表示，f(x)用"+"表示，在两个图形相交的点上则用 f(x)图形的符号。

图 11.2 运行结果

11.2 绘制空心圆

1. 问题描述

在屏幕上用"*"画一个空心的圆。

2. 问题分析

该问题可以利用圆的左右对称性来解决。圆的方程为：

$$X^2+Y^2=R^2$$

其中 R 为圆的半径。根据圆的方程可以计算出圆上每一点所在行和所在列的对应关系。

3. 算法设计

首先设计屏幕图形，如果预计图形在屏幕上打印 20 行，那么就定义圆的直径为 20,

则圆的半径为 10，即圆的方程为 $X^2+Y^2=10^2$。

因为图形不是从中心开始打印而是从边沿开始打印，所以 Y 从 10 变化到-10，而根据圆的方程可知 $X=\sqrt{100-Y^2}$，据此可求出 X 的变化范围。最后再对求得的 X 值根据屏幕行宽进行必要的调整从而得到应打印的屏幕位置。

4．确定程序框架

程序流程图如图 11.3 所示。

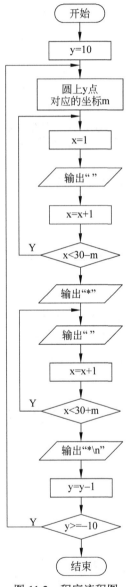

图 11.3　程序流程图

5．完整程序

根据上面的分析，编写程序如下：

```
#include<stdio.h>
#include<math.h>
main()
{
    double y;
    int x,m;
    for(y=10;y>=-10;y--)
    {
        /*计算行 y 对应的列坐标 m，2.5 是屏幕纵横比调节系数因为屏幕的行距大于列距,
        /*不进行调节显示出来的将是椭圆*/
        m=2*sqrt(100-y*y);
        for(x=1;x<30-m;x++)
            printf(" ");                 /*控制图形左侧空白*/
        printf("*");                      /*圆的左侧*/
        for(;x<30+m;x++)
            printf(" ");                 /*控制图形的空心部分*/
        printf("*\n");                    /*圆的右侧*/
    }
}
```

6．运行结果

在 VC 6.0 下运行程序，结果如图 11.4 所示。

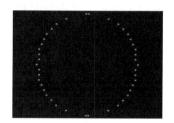

图 11.4　运行结果

7．拓展训练

实现函数 $y=x^2$ 的图形与圆的图形叠加显示。

11.3　绘制空心菱形

1．问题描述

编程打印下列空心菱形图案，如图 11.5 所示。

2．问题分析

该问题要求绘制空心菱形，在此基础上，还可以添加其他的要求，比如尽可能少地使用 printf 语句，或者由键盘输入正数 n，并绘制出有 2*n+1 行的空心菱形图案。

那么针对此类问题我们究竟应该从何入手分析呢？观察图 11.5 可知，图中每一行和每一列的星号和空格所出现的位置并非杂乱无章的，而是都呈现出一定的规律。这样，就

0	1	2	3	4	5	6	7	8	9
1					*				
2				*		*			
3			*				*		
4		*						*	
5	*								*
1		*						*	
2			*				*		
3				*		*			
4					*				

图 11.5　空心菱形

可将绘制空心菱形的问题转化为找出这些星号和空格，与它们所在行列之间存在的某种规律。只要这个规律找到了，那么我们的问题就迎刃而解了。

下面我们以第 5 行（*n*=5）作为对称轴的空心菱形为例来寻找规律。观察图形和累积经验告诉我们，空心菱形应该分上下两个部分来打印，那么菱形的上下两部分和行列之间有什么联系呢？我们仔细来观察图 11.5，首先标示出每一行和每一列的行号和列号，其次我们寻找上半部分之间的联系。

图 11.5 中 1～5 行的规律如表 11.1 所示，其中行号用 i 表示，列号用 j 表示。

表 11.1　上部分 1-5 行规律表

行　　号	星号所在的列	
i	j	
1	5	5
2	4	6
3	3	7
4	2	8
5	1	9
行列关系	6-i	4+i
与 n 值关系	n+1-i	n-1+i

根据表 11.1，我们不难写出以下语句：

```
if(j=n+1-i||j=n-1+i)
    printf("*");
else
    printf("");
```

再结合行列的循环关系有：

```
for(i=1;i<=n;i++)
{
    for(j=1;j<=n+i-1;j++)
        if(j==n+1-i||j==n-1+i)
            printf("*");
        else
            printf("");
```

```
        printf("\n");
}
```

接下来，我们观察图 11.5 中 6～9 行的规律。为了使寻找到的规律中，和行列号建立的关系数值相对简单且小，我们假定行号重新从 1 开始排列，即我们寻找的是下半部分的 1～4 行的规律，具体如表 11.2 所示。

表 11.2　下部分 1-4 行规律表

行　　号	星号所在的列	
i	j	
1	2	8
2	3	7
3	4	6
4	5	5
行列关系	i+1	9-i
与 n 值关系		2n-1+i

根据表 11.2，我们不难写出以下语句：

```
if(j=i+1||j=2*n-1-i)
    printf("*");
else
    printf("");
```

再结合行列的循环关系有：

```
for(i=1;i<n;i++)
{
    for(j=1;j<=2*n-1-i;j++)
        if(j==i+1||j==2*n-1-i)
            printf("*");
        else
            printf("");
    printf("\n");
}
```

找到空心菱形的规律后，程序就很容易编写了，只需要在核心代码的基础上再将程序补充完整即可。

3. 确定程序框架

程序流程图如图 11.6 所示。

4. 完整程序

根据上面的分析，编写程序如下：

```
#include<stdio.h>
main()
{
    int i,j,n;                    /*初始化变量*/
    printf("请输入菱形对称轴的行数:");
    scanf("%d",&n);
```

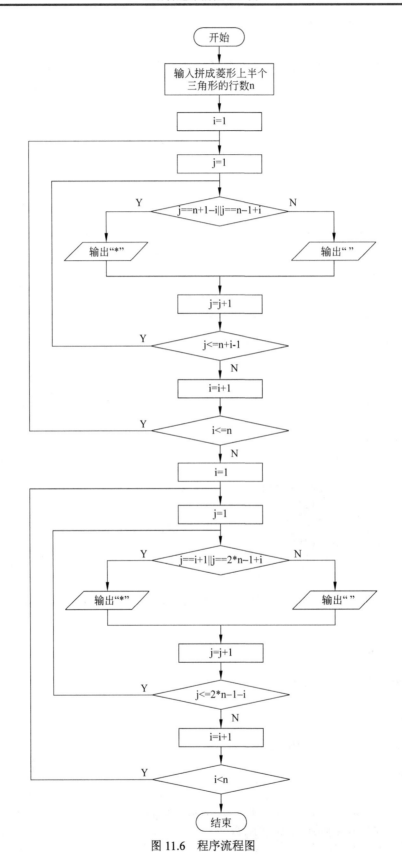

图 11.6　程序流程图

```
/*外层循环控制行数,从控制台输入的参数 n 即为菱形上半个三角形的行数*/
for(i=1;i<=n;i++)
{
    for(j=1;j<=n+i-1;j++)
        if(j==n+1-i||j==n-1+i)
            printf("*");
        else
            printf(" ");
        printf("\n");
}
/*打印下半个三角形*/
for(i=1;i<n;i++)
/*外层循环控制行数,由于下半个三角形比上面的少一行,所以循环变量 i 的最大值为 n-1*/
{
    for(j=1;j<=2*n-1-i;j++)
        if(j==i+1||j==2*n-1-i)
            printf("*");
        else
            printf(" ");
        printf("\n");
}
}
```

5. 运行结果

在 VC6.0 下运行程序,屏幕上提示"请输入菱形对称轴的行数:",此处输入 5,则打印出以第 5 行为对称轴的空心菱形,如图 11.7 所示。

图 11.7 运行结果

11.4 画 直 线

1. 问题描述

使用 Turbo C 中提供的绘图函数,编程绘制图 11.8。

2. 问题分析

一幅复杂的图形,通常都可以由点、直线、三角形、矩形、平行四边形、圆、椭圆和圆弧等基本图形组成。而其中的三角形、矩形、平行四边形又可以由直线组成。

在 Turbo C 中提供了丰富的图形函数,所有图形函数的原型都包含在 graphics.h 中,利用这些函数可以画出直线、矩形、

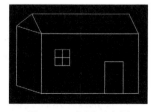

图 11.8 房屋示意图

圆、圆弧、椭圆等基本图形。将这些基本图形组合起来，就可以绘制出美丽的图画。

注意：从本节开始，我们介绍 Turbo C 中的图形函数，程序的运行环境需要使用 Turbo C 3.0。

图 11.8 中所示的房屋，可以看作由矩形、平行四边形和三角形组成，因此，使用 Turbo C 中的画直线函数和画矩形函数可以方便地画出该房屋。

（1）画直线函数 line()

line()函数用于在指定位置画一条指定长度的直线。该函数的调用形式如下：

```
line(x1,y1,x2,y2);
```

line()函数的功能为在指定位置画一条直线。

参数说明：line()函数包含 4 个参数，其中参数"x1，y1"指定直线始点的坐标，参数"x2，y2"指定直线终点的坐标。一般情况下，x1、y1、x2、y2 是整型数据。

例如，要在点(20,30)与(50,100)之间画一条直线，可以使用如下语句：

```
line(20,30,50,100);
```

该函数存在如下特殊情况，
- ❑ 如果 x1 与 x2 相等，y1 与 y2 不相等，则 line()函数在屏幕上画一条竖直线。
- ❑ 如果 y1 和 y2 相等，x1 与 x2 不相等，则 line()函数在屏幕上画一条水平线。
- ❑ 如果 x1 与 x2 相等，y1 与 y2 也相等，则 line()函数在屏幕上画一个点。

（2）画矩形函数 rectabnle()

rectabnle()函数可以在指定位置画一个指定大小的矩形。该函数的调用形式如下：

```
rectabnle(x1,y1,x2,y2)
```

rectabnle()函数的功能为在指定位置画一个矩形。

参数说明：rectabnle()函数包含 4 个参数，其中参数"x1，y1"指定矩形左上角顶点的坐标，参数"x2，y2"指定矩形右下角顶点的坐标。一般情况下，x1、y1、x2、y2 是整型数据。

例如，要在屏幕上以点(20,30)为矩形左上角顶点，以点(50,100)为矩形右下角顶点，画一个矩形，则可以使用如下语句：

```
rectangle(20,30,50,100);
```

在 rectangle()函数中，如果 x1 与 x2 相等，y1 与 y2 不相等，则画一条竖线。如果 x1 与 x2 不相等，y1 与 y2 相等，则画一条横线。

也可以使用画直线函数来绘制矩形，使用画矩形函数来绘制直线。

3．设置屏幕显示模式

字符和图形是两类不同的显示对象，它们对屏幕的要求是不同的。为在屏幕上显示这两类不同的对象通常需要使用不同的显示模式。

因此，我们先讲解 C 语言中屏幕显示模式的基础知识及设置屏幕显示模式的方法，以便正确地绘制图形。

（1）屏幕显示模式概述

屏幕显示模式指的是数据在屏幕上的显示方式。C 语言中屏幕显示模式分为文本模式和图形模式两种。文本模式通常用于显示文本，而图形模式则用于显示图形。C 语言中默认的屏幕显示模式为文本模式。

① 屏幕坐标系

显示器的屏幕上规则地排列着许多细小的发光点，这些发光点的明暗和色彩的不同组合，就组成了屏幕上多种多样的画面。

为了便于指定屏幕上显示内容的位置，我们取屏幕的左上角为坐标原点，第一行所在位置为 x 轴，第一列所在位置为 y 轴，建立如图 11.9 所示的屏幕直角坐标系。

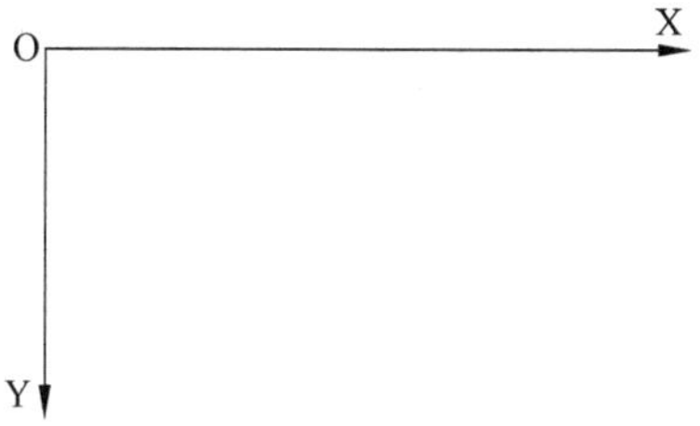

建立屏幕直角坐标系后以后，就可以使用有序数对 (x,y) 来表示屏幕上点的位置。(x,y) 即为屏幕上点的坐标，其中，x 指定点的列坐标，y 指定点的行坐标。

图 11.9　屏幕坐标系

这样，屏幕左上角点的坐标即为 $(0,0)$，而屏幕上其他点的坐标则与屏幕显示模式有关，同一个点的坐标可能随着屏幕显示模式的改变而改变。

注意：

❑ 屏幕直角坐标系与数学中的平面直角坐标系是不同的。

❑ 在数学中建立平面直角坐标系后，平面上任意一点的位置都可以使用一个有序实数对来表示。建立屏幕直角坐标系后，屏幕上任意一点的位置可以使用一个有序整数对来表示。

❑ 屏幕直角坐标系的坐标原点在屏幕的左上角，y 轴的正方向向下，坐标轴的单位与屏幕显示模式有关。

② 文本模式

如果显示数据的最小单位是一个字符，则该显示模式为文本模式。在文本模式下，屏幕一般被划分为 25 行 80 列，即整个屏幕上可以显示 25×80 个字符。

在文本模式下，行的编号依次是 0、1、2、…、24，列的编号依次是 0、1、2、…、79。即行坐标 y 的取值范围是在 0～24 之间的正整数，列坐标 x 的取值范围是在 0～79 之间的正整数。屏幕左上角点的坐标为 $(0,0)$，屏幕右下角点的坐标为 $(79,24)$。

③ 图形模式

显示器屏幕上的每个发光点称为一个像素。如果显示数据的最小单位是一个像素，则称该显示模式为图形模式。在图形模式下，一个显示器屏幕上像素的数目由显示器的分辨率所决定，如果分辨率是 640×480，则屏幕被划分为 480 行 640 列，即每行有 640 个像素，每列有 480 个像素。常用的显示器分辨率有 640×480，800×600，1024×768 等，分辨率越高，像素越多，所显示的图形就越精确、越光滑。

一个显示器可以使用多种分辨率，用户可以按照需要方便地设置分辨率。在分辨率为 640×480 的显示器屏幕上，列的编号依次为 0、1、2、…、639，行的编号依次为 0、1、2、…、479。即列坐标 x 的取值范围为 0～639 之间的正整数，行坐标 y 的取值范围为 0～479 之间的正整数。屏幕左上角点的坐标仍然是 $(0,0)$，屏幕右下角点的坐标为 $(639,479)$。

④ 测试 x 轴坐标的最大值

由于不同类型显示器的分辨率不同，因此在图形模式下屏幕上点的多少也不同。

测试图形屏幕 x 轴坐标的最大值可以使用 getmaxx() 函数，该函数的一般形式为：

```
getmaxx()
```

getmaxx()函数的功能为返回图形模式下屏幕 x 轴坐标的最大值。

⑤ 测试 y 轴坐标的最大值。

测试图形屏幕 y 轴坐标的最大值使用 getmaxy()函数，该函数的一般形式为：

```
getmaxy()
```

getmaxy()函数的功能为返回图形模式下屏幕 y 轴坐标的最大值。

（2）设置和关闭图形模式

使用 C 语言的图形函数在屏幕上绘图时需要先将屏幕设置成某种图形模式，再调用相应的绘图函数就可以绘制图形了。

① 图形驱动程序

可以根据需要将屏幕设置为不同的图形模式，此时需要根据显示器的类型调用不同的图形驱动程序。图形驱动程序的符号和意义如表 11.3 所示。

表 11.3　图形驱动程序

符 号 常 量	数 值	意 义
DETECT	0	自动测试显示卡类型，选择相应的驱动程序
CGA	1	CGA 彩色显示器
EGA	3	EGA 彩色显示器
EGAMONO	5	EGA 单色显示器
VGA	9	VGA 彩色显示器

在程序中调用驱动程序时，除了使用符号常量以外，还可以使用数值进行调用。例如，对于 VGA 彩色显示器，可以使用符号 VGA 或数值 9 来调用其驱动程序。

② 图形模式

显示器类型不同，显示模式一般也不同。因此，在绘制图形之前，还必须根据显示器的实际情况将显示器设置成所需的图形模式。常见 CGA、EGA 和 VGA 显示器的图形模式如表 11.4 所示。

表 11.4　图形模式

显示器类型	图形模式符号常量	数 值	分 辨 率	色 调
CGA	CGAC0	0	320×200	C0
	CGAC1	1	320×200	C1
	CGAC2	2	320×200	C2
	CGAC3	3	320×200	C3
	CGAHI	4	640×200	2 色
EGA	EGALO	0	640×200	16 色
	EGAHI	1	640×350	16 色
EGAMONO	EGAMONOHI	0	640×350	2 色
VGA	VGALO	0	640×200	16 色
	VGAMED	1	640×350	16 色
	VGAHI 2	2	640×480	16 色

从表 11.4 中可以看出，不同类型的显示器有不同的图形模式。同一种类型的显示器也可能有几种图形模式，每种图形模式对应一种分辨率。与调用图形驱动程序相似，我们也使用表中的符号和数值指定图形模式。例如，对于分辨率为 640×480 的 VGA 显示器，可以使用符号 VGAHI 或数值 2 指定其图形模式。

③ 设置图形模式

在 C 语言中绘图时，首先要将屏幕的显示模式设置为所需要的图形模式。默认情况下显示模式为文本模式。

设置屏幕为图形模式可以使用 initgraph()函数，该函数的调用形式是：

```
initgraph(&驱动程序,&图形模式,路径);
```

函数功能：调用指定的图形驱动程序，设置屏幕的图形模式。

参数说明如下：

❑ 驱动程序：指定调用的图形驱动程序。"驱动程序"用表 11.3 中的符号或数值表示。例如对 VGA 显示器，在函数中既可以使用符号 VGA，也可以使用数值 9 来指定驱动程序。注意书写时在驱动程序前面应该加上 "&" 符号。

❑ 图形模式：指定屏幕的图形模式。"图形模式"用表 11.4 中的符号或数值表示。例如对分辨率为 640×480 的 VGA 显示器，在函数中既可以使用符号 VGAHI，又可以使用数值 2 指定图形模式。注意书写时在驱动程序前面应该加上 "&" 符号。

❑ 路径：指定存放图形驱动程序的路径。如果图形驱动程序存放在当前盘的当前文件夹中，则可以使用空字符串" "表示该路径；如果图形驱动程序存放在 D 盘的\TC 文件夹中，则可以使用字符串"d:\\tc"来表示该路径。

设置图形模式时还存在以下两种情况：

a）用户指定图形模式

如果已知所使用的显示器类型和图形模式，那么设置屏幕为图形模式非常简单。例如，对于分辨率为 640×480 的 VGA 显示器，可以使用如下语句将屏幕设置成图形模式：

```
int drive,mode;
drive=VGA;
mode=2;
initgraph(&drive,&mode,"d:\\tc");
```

上面代码中第 1 行定义了两个整型变量，第 2 行和第 3 行分别给这两个变量赋值，赋值后 drive 变量中存放表示 VGA 驱动程序的符号常量 VGA，mode 变量中存放表示 VGA 高分辨率显示模式的数值 2。第 4 行调用了 initgraph()函数将屏幕设置为图形模式。参数"d:\\tc"指定驱动程序存放的位置是 D:\TC 文件夹。

b）自动测试并设置图形模式

如果不能确定所使用的显示器类型和图形模式，则可以使用自动测试的方法来设置屏幕为图形模式，这种方法是 initgraph()函数最常用的一种用法。

自动测试并设置屏幕为图形模式可以使用以下语句：

```
int drive,mode;
drive=DETECT;
initgraph(&drive,&mode,"d:\\tc");
```

其中第 2 条语句给变量 drive 赋值为 DETECT，使程序能自动测试显示器，并选择相应的驱动程序设置图形模式。

④ 关闭图形模式

在图形模式下调用图形函数绘制图形结束后，通常还需要关闭图形模式，以恢复系统的默认状态。关闭图形模式时使用的是 closegraph()函数，该函数的调用形式为：

```
closegraph( );
```

函数功能：关闭图形模式，将屏幕恢复为文本模式。

了解了常用的绘图函数后，下面我们来总结使用 C 语言绘图的基本步骤。

使用 C 语言的绘图函数在屏幕上作图有 3 个基本步骤：

（1）设置屏幕为图形模式。

（2）调用作图函数绘制图形。

（3）关闭图形模式。

例如，下面代码便使用绘图函数在屏幕上画一个圆。

```
#include "graphics.h"
main( )
{
    int drive,mode;
    drive=DETECT;
    initgraph(&drive,&mode,"d:\\tc");          /*设置图形模式*/
    cleardevice( );                            /*清屏*/
    circle(300,200,60);                        /*画一个圆*/
    getch( );
    closegraph( );                             /*关闭图形模式*/
}
```

运行上面的程序后，将在黑色的屏幕上画出一个白色的圆圈。

4．算法设计

前面我们介绍了 Turbo C 中提供的一些绘图函数，有了这些函数作为基础，下面就来分析本节我们要解决的问题。

要绘制图 11.8 中的房屋，首先将房屋分解，这个房屋主要由 3 个矩形（房屋的正面、门和窗）、两个平行四边形（房屋的侧面、屋顶）、一个三角形和两条直线（窗户中的线条）组成。

将房屋分解后问题就转化为如何画出这些基本图形，根据前面我们介绍的内容可知，矩形可以调用 rectangle()函数画出，平行四边形、三角形和直线可以调用 line()函数画出。

最后根据使用 C 语言绘图的 3 个基本步骤，就可以完成绘制房屋的程序。

5．完整程序

根据上面的分析，编写程序如下：

```
#include "graphics.h"
main( )
{
    int drive,mode;
    drive=DETECT;
```

```
    initgraph(&drive,&mode,"C:\\TC30\\BGI");        /*设置图形模式*/
    rectangle(225,250,480,400);                     /*画正面*/
    rectangle(390,320,440,400);                     /*画门*/
    rectangle(260,290,300,330);                     /*画窗户*/
    line(260,310,300,310);
    line(280,290,280,330);
    line(200,200,455,200);                          /*画屋顶*/
    line(455,200,480,250);
    line(200,200,225,250);
    line(160,230,200,200);
    line(160,230,225,250);                          /*画左面*/
    line(160,230,160,380);
    line(160,380,225,400);
    getch( );
    closegraph( );                                  /*关闭图形模式*/
}
```

11.5   画圆和圆弧

1．问题描述

使用 Turbo C 中提供的绘图函数绘制图 11.10 所示的笑脸。

2．问题分析

分析图 11.10 所示的"笑脸"图形可知，该图形可以分解为 1
个大圆、2 个小圆、3 条直线和 2 条圆弧。因此现在要解决的问题
是如何在屏幕上画出圆、圆弧等曲线。

Turbo C 中提供了画圆、画圆弧、画椭圆和椭圆弧等曲线的功
能，这些功能都对应有相应的函数。利用 Turbo C 中的画圆函数、
画圆弧函数和画直线函数就可以解决该问题。

图 11.10   笑脸

下面先介绍解决该问题所要用到的函数。

（1）画圆函数 circle()

circle()函数可以在指定位置画一个指定大小的圆。该函数的调用形式为：

```
circle(x,y,半径);
```

circle()函数的功能为在指定位置画一个圆。

参数说明：circle()函数包含 3 个参数，其中参数 x、y 指定圆心的坐标，参数"半径"
指定圆的半径。

例如，在屏幕上画一个圆心在(200,100)，半径为 30 的圆，可以使用如下语句：

```
circle(200,100,30);
```

（2）画圆弧函数 arc()

arc()函数可以在指定位置画一个指定大小的圆弧。该函数的调用形式为：

```
arc(x,y,起始角,终止角,半径);
```

arc()函数的功能为在指定位置画一个圆弧。

arc()函数包含 5 个参数，各参数作用说明如下：

❑ x，y：指定圆心的坐标。

❑ 起始角：指定圆弧开始的角度。

❑ 终止角：指定圆弧结束的角度。它们的取值范围一般是 0°～360°，如果起始角是 0°，终止角是 360°，则函数 arc()画一个圆。

❑ 半径：指定圆弧的半径。

例如，要在屏幕上以(200,100)为圆心，起始角为 0°，终止角为 180°，半径为 30 画一条圆弧，可以使用语句：

```
arc(200,100,0,180,30);
```

（3）画椭圆或椭圆弧线函数 ellipse()

ellipse()函数可以在指定位置画一个指定大小的椭圆或椭圆弧线，该函数的调用形式为：

```
ellipse(x,y,起始角,终止角,横轴,纵轴);
```

ellipse()函数功能为在指定位置画一个椭圆或椭圆弧线。

ellipse()函数包含 6 个参数，各参数作用说明如下：

❑ x，y：指定椭圆中心的坐标。

❑ 起始角：指定图形开始的角度。

❑ 终止角：指定图形结束的角度。起始角与终止角的取值范围一般为 0°～360°。

❑ 横轴：指定椭圆横轴的长度。

❑ 纵轴：指定椭圆纵轴的长度。当横轴长度和纵轴长度不等时，画椭圆或椭圆弧线。当横轴长度和纵轴长度相等时，画圆或圆弧线。

例如，在屏幕上画一个中心坐标为(200，100)，起始角度为 0°，终止角度为 360°，横轴半径为 50，纵轴半径为 30 的椭圆，可以使用如下语句：

```
ellipse(200,100,0,360,50,30);
```

又如，在屏幕上画一条中心坐标为(200，100)，起始角度为 0°，终止角度为 180°，横轴半径为 50，纵轴半径为 30 的椭圆弧线，可以使用如下语句：

```
ellipse(200,100,0,180,50,30);
```

3．算法设计

图 11.10 所示的"笑脸"使用 1 个大圆表示脸，2 个小圆表示眼睛，3 条直线组成鼻子，2 条圆弧组成嘴。显然，大圆和小圆可以调用画圆函数 circle()画出，圆弧可以调用画圆弧函数 arc()画出，直线可以调用画直线函数 line()画出。下面就可以根据 C 语言作图的 3 个基本步骤完成该程序。

4．完整程序

根据上面的分析，编写程序如下：

```
#include "graphics.h"
main( )
{
    int drive,mode;
    drive=DETECT;
    initgraph(&drive,&mode,"c:\\TC30\\BGI");      /*设置图形模式*/
    circle(150,100,80);                           /*画脸*/
    circle(120,80,15);                            /*画左眼*/
    circle(180,80,15);                            /*画右眼*/
    line(145,105,140,125);                        /*画鼻子*/
    line(155,105,160,125);
    line(140,125,160,125);
    arc(150,80,235,305,60);                       /*画圆弧(嘴的上线)*/
    arc(150,110,210,330,40);                      /*画圆弧(嘴的下线)*/
    getch( );
    closegraph( );                                /*关闭图形模式*/
}
```

11.6　画彩色图形

1．问题描述

在白色屏幕上画一个绿色圆圈和蓝色圆圈。

2．问题分析

在 Turbo C 中可以使用彩色显示器所提供的颜色资源，在屏幕上画出各种彩色图形。

（1）颜色简介

彩色显示器提供了丰富多彩的颜色，使用 Turbo C 可以在彩色显示器上绘制出各种彩色图形。常见的 EGA 和 VGA 显示器的颜色说明如表 11.5 所示。

表 11.5　颜色定义

颜　色	符号常量	数值	颜　色	符号常量	数值
黑色	BLACK	0	蓝色	BLUE	1
绿色	GREEN	2	青色	CYAN	3
红色	RED	4	洋红色	MAGENTA	5
棕色	BROWN	6	淡灰色	LIGHTGRAY	7
深灰色	DARKGRAY	8	淡蓝色	LIGHTBLUE	9
淡绿色	LIGHTGREEN	10	淡青色	LIGHTCYAN	11
淡红色	LIGHTRED	12	淡洋红色	LIGHTMAGENTA	13
黄色	YELLOW	14	白色	WHITE	15

在表示颜色时既可以使用符号常量也可以使用数字。例如，可以使用字符常量 GREEN 或数字 2 来表示绿色。

（2）设置屏幕颜色

在屏幕上绘图时，只要屏幕本身的颜色与所绘图形的颜色不相同，就可以正常显示出所绘制的图形。屏幕本身的颜色称为背景色，而屏幕上所显示对象的颜色称为前景色。只要正确地设置出背景色和前景色，Turbo C 就可以按照所设置的颜色画出图形。下面就介绍与设置屏幕颜色相关的一些函数。

① 设置前景色

前景色决定屏幕上显示对象的颜色。由于 Turbo C 中的作图函数使用的都是当前的前景色，因此如果想使用某种特定的颜色画图，就要在调用作图函数前事先将前景色设置好。

前景色可以使用 setcolor()函数来设置，该函数的调用形式为：

```
setcolor(颜色代码);
```

setcolor()函数功能为设置图形屏幕的前景色。

参数说明：该函数只有一个参数“颜色代码”，该参数用于指定显示对象的颜色。

对 EGA 或 VGA 显示器，可以使用表 11.5 中的数字或符号来指定颜色。例如，要设置前景色为绿色，可以使用如下语句：

```
setcolor(2);
```

或

```
setcolor(GREEN);
```

② 设置背景色

背景色决定屏幕的颜色。背景色可以使用 setbkcolor()函数来设置，该函数的调用形式为：

```
setbkcolor(颜色代码);
```

setbkcolor 函数功能为设置图形屏幕的背景色。

参数说明：该函数只有一个参数“颜色代码”，该参数用于指定屏幕的颜色。

对 EGA 或 VGA 显示器，可以使用表 11.5 中的数字或符号指定颜色。例如，设置背景色为红色，可以使用如下语句：

```
setbkcolor(4);
```

或

```
setbkcolor(RED);
```

③ 以背景色清屏

在调用 setbkcolor()函数设置完背景色以后，并不能马上改变当前屏幕的颜色，必须再调用 cleardevice()函数后，屏幕颜色才会变成设置的背景色。

Cleardevice()函数的调用形式为：

```
cleardevice();
```

函数功能：清除图形屏幕的显示信息，使用当前背景色填充整个屏幕，并将图形输出位置移到屏幕右上角顶点。

3．完整程序

根据上面的分析，编写程序如下：

```
#include "graphics.h"
main( )
{
    int drive,mode;
    drive=DETECT;
    initgraph(&drive,&mode,"c:\\TC30\\BGI");    /*设置图形模式*/
    setbkcolor(WHITE);                          /*设置背景色为白色*/
    cleardevice( );                             /*以背景色清屏*/
    setcolor(GREEN);                            /*设置前景色为绿色*/
    circle(240,300,60);                         /*画一个圆*/
    setcolor(BLUE);                             /*设置前景色为蓝色*/
    circle(360,300,60);                         /*画一个圆*/
    getch( );
    closegraph( );                              /*关闭图形模式*/
}
```

4．运行结果

运行结果如图 11.11 所示。

图 11.11　运行结果

11.7　填充彩色图形

1．问题描述

在淡蓝色的屏幕上画一个半径为 30 的红色填充的圆。

2．问题分析

前面介绍的作图函数只能画出图形的边框线，而不能为图形填充颜色。为了能够绘制出彩色的图形，Turbo C 中还专门提供了一些用于填充图形的函数，下面对这些函数做介绍。

（1）设置填充模式

① 填充的图案

Turbo C 中可以使用图案或颜色来填充图形。填充图形的颜色如表 11.5 所示，填充图形的图案如表 11.6 所示。

表 11.6　填充图案的说明

符 号 常 量	数值	意　　义
EMPTY_FILL	0	用背景色填充
SOLID_FILL	1	用单色填充
LINE_FILL	2	用直线填充
LTSLASH_FILL	3	用斜线填充
SLASH_FILL	4	用粗斜线填充
BKSLASH_FILL	5	用粗反斜线填充
LTBKSLASH_FILL	6	用反斜线填充
HATCH_FILL	7	用直方网格填充
XHATCH_FILL	8	用斜方网格填充
INTERLEAVE_FILL	9	用间隔点填充（线）
WIDE_DOT_FILL	10	用稀疏点填充
CLOSE_DOT_FILL	11	用密集点填充
USER_FILL	12	用自定义式样填充

在填充图案时既可以使用符号常量也可以使用数字。例如，可以使用字符 SOLID_FILL 或数字 1 来表示使用单色填充，而使用字符 LINE_FILL 或数字 2 来表示用直线填充。

② 设置填充模式的函数

要绘制一个填充的图形，首先要设置填充模式，然后再调用填充图形的函数。设置填充模式，就是指定使用什么图案或什么颜色来填充图形。如果不设置填充模式，C 语言中默认使用白色进行单色填充。

设置填充模式可以使用 setfillstyle()函数。该函数的调用形式为：

```
setfillstyle(图案, 颜色);
```

setfillstyle()函数功能为设置填充模式。

setfillstyle()函数包含两个参数，其参数说明如下：

❑ 颜色：指定填充图形时使用的颜色。"颜色"可以使用表 11.5 中的字符或数值设置。

❑ 图案：指定填充图形的图案，"图案"的取值如表 11.6 所示。

例如，如果要设置填充图案为单色填充，填充颜色为红色，则可以使用语句：

```
setfillstyle(1,4);
```

或

```
setfillstyle(SOLID_FILL,RED);
```

调用 setfillstyle()函数设置填充模式后，再调用下面介绍的画填充图形的函数，即可画出使用指定图案和颜色填充的图形。

（2）填充基本图形的函数

① 填充矩形的函数

前面介绍过的 rectangle()函数可以画出矩形的边框，但它不能为矩形来填充颜色。如果想画一个填充的矩形，应该使用 bar()函数，该函数的调用形式如下：

```
bar(x1,y1,x2,y2);
```

bar()函数功能：画一个填充的矩形。

参数说明：bar()函数包含 4 个参数，其中(x1,y1)指定矩形左上角顶点的坐标，(x2,y2)指定矩形右下角顶点的坐标。一般情况下，它们都是整型数据。

例如，以(80,50)为左上角顶点，以(200,100)为右下角顶点，画一个填充矩形，可以使用下列语句：

```
bar(80,50,200,100);
```

注意：bar()函数与 rectangle()函数的功能不同，bar()函数用于画填充的矩形，而 rectangle()函数只能画出矩形边框。

下面程序是在屏幕上画出一个填充矩形。

```
#include "graphics.h"
main( )
{
    int drive,mode;
    drive=DETECT;
    initgraph(&drive,&mode,"c:\\TC30\\BGI");          /*设置图形模式*/
    setcolor(RED);                                    /*设置前景色为红色*/
    setbkcolor(LIGHTBLUE);                            /*设置背景色为淡蓝色*/
    cleardevice( );
    setfillstyle(SOLID_FILL, YELLOW);                 /*设置填充模式为单色填充黄色*/
    bar(80,50,200,100);                               /*画填充的矩形*/
    getch( );
    closegraph( );                                    /*关闭图形模式*/
}
```

② 填充三维条形图的函数

调用 bar()函数可以画出一个填充的矩形，而调用 bar3d()函数则可以画出一个填充的三维条形图。bar3d()函数的调用形式如下：

```
bar3d(x1,y1,x2,y2,深度,顶);
```

bar3d()函数的功能为画一个填充的三维条形图。

bar3d()函数包含 6 个参数，各个参数的作用说明如下。

❑ x1，y1：指定条形图左上角顶点的坐标，"x2，y2"指定条形图右下角顶点的坐标。

❑ 深度：指定条形图的深度。

❑ 顶：指定是否为条形图画一个顶。如果"顶"不等于 0，bar3d()函数将为条形图画一个矩形顶，否则不画矩形顶。

❑ bar3d()函数用当前前景色画出条形图的边线。如果设置其"深度"和"顶"都为 0，则画一个有边框的填充矩形。

例如，在屏幕上以点(100,50)为左上角顶点，以点(300,200)为右下角顶点，画一个深度为 20 的有顶填充的三维条形图，可以使用下列语句：

```
bar3d(100,50,300,200,20,1);
```

③ 填充椭圆的函数

画填充的椭圆可以使用 fillellipse()函数,该函数的调用形式如下:

```
fillellipse(x,y,横轴,纵轴);
```

fillellipse()函数功能为画一个填充的椭圆。

fillellipse()函数包含 4 个参数,各个参数的作用说明如下。

❑ x,y:指定椭圆中心的坐标。

❑ 横轴:指定椭圆横轴的半径,"纵轴"指定椭圆纵轴的半径。如果横轴与纵轴相等,则画一个填充的圆。

❑ fillellipse()函数用当前前景色画出椭圆的边框。

例如,在屏幕上以点(300,200)为椭圆的中心,横轴半径为 100,纵轴半径为 80,画一个填充的椭圆,则可以使用下列语句:

```
fillellipse(300,200,100,80);
```

④ 填充扇形的函数

画填充的扇形可以使用 pieslice()函数,该函数的调用形式为:

```
pieslice(x,y,起始角,终止角,半径)
```

pieslice()函数功能为画一个填充的扇形。

pieslice()函数包含 5 个参数,各参数作用说明如下:

❑ "x,y"指定扇形圆心的坐标。

❑ "起始角"指定扇形开始的角度,"终止角"指定扇形结束的角度。

❑ "半径"指定扇形半径的长度。

例如,在屏幕上以点(300,200)为圆心,起始角为 30,终止角为 150,半径为 60,画一个填充的扇形,可以使用下列语句:

```
pieslice(300,200,30,150,60);
```

3. 算法设计

使用问题分析中介绍的函数可以完成图形的绘制。为画出红色填充的圆,我们可以调用 fillellipse()函数,并设置函数中"横轴"和"纵轴"两个参数值相等。又由于 fillellipse()函数使用当前的前景色画出椭圆的边框,因此程序中应该将前景色设置为与填充圆的颜色相同。下面就可以根据 C 语言作图的 3 个基本步骤完成该程序。

4. 完整程序

根据上面的分析,编写程序如下:

```
#include "graphics.h"
main( )
{
    int driver,mode;
    driver=DETECT;
    initgraph(&driver,&mode,"c:\\TC30\\BGI");          /*设置图形模式*/
```

```
    setcolor(RED);                                  /*设置前景色*/
    setbkcolor(LIGHTBLUE);                          /*设置背景色*/
    cleardevice( );
    setfillstyle(SOLID_FILL,RED);                   /*设置填充模式*/
    fillellipse(320,400,30,30);                     /*画一个填充的圆*/
    getch( );
    closegraph( );                                  /*关闭图形模式*/
}
```

5．运行结果

在 Turbo C 3.0 下运行程序，结果如图 11.12 所示。

图 11.12　运行结果

11.8　图形模式下显示字符

1．问题描述

使用 Turbo C 提供的绘图函数绘制图 11.13。

2．问题分析

由图 11.13 可知，除了要在屏幕上绘制填充的彩色
图形以外，还要在图形模式下输出文本信息。绘制填充
的彩色图形的方法在 11.7 节中已经做过介绍，下面介绍
怎样在图形模式下输出文本信息。

（1）指定当前输出位置

要在屏幕上的指定位置输出文本，需要先指定输出

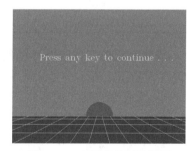

图 11.13　C 语言绘制的图画

字符的起始位置。在图形模式下改变当前输出位置使用 moveto()函数，该函数的调用形
式为：

```
moveto(x,y);
```

moveto()函数功能为改变当前输出位置到指定的点。

参数说明：moveto()函数包含两个参数 x、y，用于指定当前输出位置的坐标。

例如，在图形模式下，要把当前输出位置移动到点(150,200)，可以使用语句：

```
moveto(150,200);
```

（2）图形模式下输出文本

① 图形模式下输出文本的函数

在图形模式下输出字符通常使用 outtext()函数。outtext 函数经常与 moveto()函数联合使用，实现从指定位置开始输出字符的功能。outtext()函数的调用形式为：

```
outtext(字符串);
```

outtext()函数功能为在图形模式下输出指定的文本字符。

参数说明：outtext()函数只有一个"字符串"参数，该参数用于指定输出的文本字符。outtext()函数从当前位置开始输出字符。

例如，在图形模式下，要从点(50,80)开始输出字符 program，可以使用下列语句：

```
moveto(50,80);                    /*指定输出位置*/
outtext("program");              /*输出字符*/
```

要注意的是，outtext()函数不能正确处理中文字符，并且输出的字符也不太美观。所以，该函数常常与文本字体设置函数一起使用，以输出美观的英文字符。

② Turbo C 提供的英文字体

Turbo C 中可以使用多种字体输出英文字符。常用的字体如表 11.7 所示。

表 11.7　常用字体

符 号 常 量	数　　值	意　　义
DEFAULT_FONT	0	8×8 位图字体
TRIPLEX_FONT	1	三重矢量字体
SMALL_FONT	2	小号矢量字体
SANS_SERIF_FONT	3	无衬线矢量字体
GOTHIC_FONT	4	哥特矢量字体

设置字符的字体时既可以使用符号常量也可以使用数值。例如，可以使用 SMALL_FONT 或数值 2 表示小号矢量字体。

③ 设置字符格式的函数

设置文本字符的字体和大小可以使用 settextstyle()函数，该函数的调用形式为：

```
settextstyle(字体,方向,大小);
```

settextstyle()函数的功能为设置在图形模式下显示的字体。

settextstyle()函数包含 3 个参数，各个参数的作用说明如下。

❑ 字体：设置显示字符的字体。设置字体时可以使用表 11.7 所示的字符常量或数值。

❑ 方向：指定显示字符的方向是水平的（从左向右）还是垂直的（逆时针旋转 90 度）。指定显示字符的方向时可以使用表 11.8 所示的常量字符和数值。

表 11.8　显示方向

符 号 常 量	数　　值	意　　义
HORIZ_DIR	0	从左向右
VERT_DIR	1	从底向上

❑ 大小：指定显示字符的大小，当"大小"取数值 1、2、3、…、10 时，输出字符的点阵大小依次为：8×8、16×16、24×24、…、80×80。

例如，设置输出字体为 8×8 位图字体，按水平方向显示，字符大小为 24×24 点阵，则可以使用语句表示如下：

```
settextstyle(0,0,3);
```

或

```
settextstyle(DEFAULT_FONT,HORIZ_DIR,3);
```

3. 完整程序

根据上面的分析，编写程序如下：

```
#include "graphics.h"
main( )
{
    int drive,mode;
    drive=DETECT;
    initgraph(&drive, &mode,"c:\\TC30\\BGI");   /*设置屏幕为图形模式*/
    cleardevice( );                             /*清除图形屏幕显示信息*/
    /*画太阳*/
    setcolor(12);                               /*设置前景色为淡红色*/
    circle(320,380,50);                         /*画太阳的圆弧*/
    setfillstyle(SOLID_FILL,LIGHTRED);          /*设置填充模式*/
    floodfill(320,375,12);                      /*填充太阳*/
    /*画草地*/
    setbkcolor(7);                              /*设置背景色为淡灰色*/
    setfillstyle(SOLID_FILL,GREEN);             /*设置填充模式为单色填充绿色*/
    bar(0,380,639,479);                         /*画一个填充的矩形(草地)*/
    setcolor(14);                               /*设置前景色为黄色*/
    line(0,380,639,380);                        /*画草地上的横线*/
    line(0,390,639,390);
    line(0,410,639,410);
    line(0,440,639,440);
    line(0,479,639,479);
    line(0,400,60,380);                         /*画草地上的左斜线*/
    line(0,430,130,380);
    line(0,479,200,380);
    line(120,479,245,380);
    line(210,479,280,380);
    line(280,479,310,380);
    line(360,479,330,380);                      /*画草地上的右斜线*/
    line(430,479,360,380);
    line(520,479,395,380);
    line(639,479,450,380);
    line(639,430,520,380);
    line(639,400,590,380);
    settextstyle(1,0,4);                        /*设置显示的字体和字型*/
    moveto(100,150);
    outtext("Press any key to continue . . .");   /*输出字符*/
    getch( );
    closegraph( );                              /*关闭图形模式*/
}
```

第 12 章　其他趣味问题

在前面各章中我们介绍了趣味算法、趣味数学问题、趣味整数、趣味分数、趣味素数、趣味逻辑推理、趣味游戏、趣味数组、趣味函数递归、定理与猜想及趣味图形等各类趣味问题，本章在前面各章的基础上再介绍几个趣味问题，这几个问题用到了数组、文件、结构体等知识点，读者可以进一步巩固前面各章所学到的内容。本章主要内容如下：

- ❑　双色球；
- ❑　填表格；
- ❑　求出符合要求的素数；
- ❑　约瑟夫环；
- ❑　数据加密问题；
- ❑　三色旗；
- ❑　统计学生成绩。

12.1　双　色　球

1．问题描述

编写程序模拟福利彩票的双色球开奖过程，由程序产生出 6 个红色球和 1 个蓝色球。要求：

（1）每期开出的红色球号码不能重复，但蓝色球可以是红色球中的一个。

（2）红色球的范围是 1～33，蓝色球的范围是 1～16。

（3）输出格式为：

红色球：x x x x x x　蓝色球：x

2．问题分析

由问题描述可知，该问题是编程来模拟福利彩票中双色球开奖过程，因此需要随机生成 6 个红色球号码和 1 个蓝色球号码，显然需要使用 C 语言中的随机函数。

由题目要求可知"每期开出的红色球号码不能重复"，而使用随机函数并不能保证每次产生的随机数都不相同，因此在程序设计时需要判断每次新生成的红色球号码是否和已生成的红色球号码相同，如果有重复，则需要重新生成新的红色球号码。

3．算法设计

随机生成 6 个不同红色球号码的功能可使用循环结构来实现。我们使用数组来保存生成的 6 个红色球号码。在循环体中需要判断每次新生成的红色球号码是否与已生成的红色球号码重复。

由于蓝色球号码只有一个，而且可以与红色球的号码重复，因此可以直接使用随机函数来生成蓝色球号码，并保存在变量中。

4．确定程序框架

（1）产生随机数

产生 1～33 范围内的随机整数，代码如下：

```
srand((unsigned)time(NULL));              /*使用 srand()函数播种子*/
tmp=(int)((1.0*rand()/RAND_MAX)*33+1);
                                          /*使用 rand()函数产生 1~33 范围内的随机数*/
```

类似地，可使用 rand()函数产生 1～16 范围内的随机数：

```
tmp=(int)((1.0*rand()/RAND_MAX)*16+1);
                                          /*使用 rand()函数产生 1~16 范围内的随机数*/
```

（2）随机产生红色球号码

定义 red 数组来保存产生的红色球号码。由题意可知，需要随机产生 6 个红色球号码，因此可以使用 red 数组中下标为 0～5 的 6 个元素来保存红色球号码。

随机产生红色球号码的过程可使用 while 循环结构，循环变量为 i，i 初值为 0，循环判断条件为 $i<6$，在循环体中随机生成不同的红色球号码。需要注意的是，因为红色球号码是随机生成的，因此有可能两次 while 循环中产生的红色球号码恰好相同，这就要求在循环体中必须有相应的代码来判断每次新生成的红色球号码是否与已生成的红色球号码不相同。如果不相同，则在 red 数组的相应位置保存该新生成的红色球号码，否则应该重新生成新的红色球号码。代码如下：

```
/*随机生成 6 个红色球号码*/
while(i<6)
{
    tmp=(int)((1.0*rand()/RAND_MAX)*33+1);  /*随机生成一个红色球号码*/
    for(j=0;j<i;j++)
        /*判断已生成的红色球号码是否与当前 while 循环中产生的随机红色球号码相同，
        /*如果相同，则重新生成新的红色球号码，否则在 red[i]中保存新生成的红色球号码*/
        if(red[j]==tmp)
            break;
        if(j==i)
        {
            red[i]=tmp;           /*将新生成的红色球号码保存在 red 数组中*/
            i++;
        }
}
```

程序流程图如图 12.1 所示。

5．完整程序

根据上面的分析，编写程序如下：

```
#include<stdio.h>
```

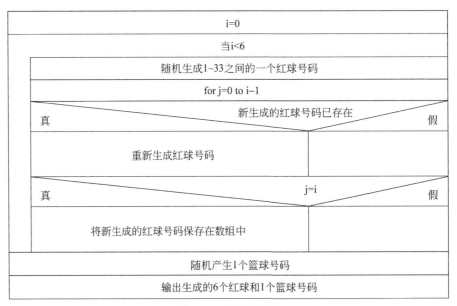

图 12.1　程序流程图

```
#include<stdlib.h>
#include<time.h>
main()
{
    int red[6];  /*定义 red 数组,保存随机生成的 6 个红色球号码,号码范围为 1~33 */
    int blue;    /*定义 blue 变量,保存随机生成的 1 个蓝色球号码,号码范围为 1~16 */
    int i,j;
    int tmp;
    srand((unsigned)time(NULL));          /*播种子*/
    i=0;
    /*随机生成 6 个红色球号码*/
    while(i<6)
    {
        tmp=(int)((1.0*rand()/RAND_MAX)*33+1);
        for(j=0;j<i;j++)
/*判断已生成的红色球号码是否与当前 while 循环中产生的随机红色球号码相同,如果相同,
/*则重新生成新的红色球号码,否则在 red[i]中保存新生成的红色球号码*/
if(red[j]==tmp)
        break;
        if(j==i)
        {
            red[i]=tmp;          /*将新生成的红色球号码保存在 red 数组中*/
            i++;
        }
    }
    blue=(int)((1.0*rand()/RAND_MAX)*16+1);          /*随机产生篮色球号码*/
    printf("红色球: ");
    for(i=0;i<6;i++)                              /*输出红色球号码*/
        printf("%d ",red[i]);
    printf(" 蓝色球: %d\n",blue);                /*输出蓝色球号码*/
}
```

程序分析:

有关随机数问题的说明。

为了使程序在每次执行时都能生成一个新的随机数序列，可以通过为随机数生成器提供一粒新的随机种子来实现。函数 srand()（来自 stdlib.h）就可以为随机数生成器播散种子。只要种子不同，rand()函数就会产生不同的随机数序列。因此，srand()称为随机数生成器的初始化器。

标准 C 库中的函数 rand()可以生成 0～RAND_MAX 之间的一个随机数，其中 RAND_MAX 是 stdlib.h 中定义的一个整数，它与系统有关。

RAND_MAX 是 VC 中在 stdlib.h 库函数中使用宏定义的一个字符常量，其定义如下：

```
#define RAND_MAX 0X7FFF
```

RAND_MAX 的值为 32767。

下面介绍产生随机数的方法。

通常在产生随机小数时可以使用 RAND_MAX。

产生一定范围内的随机数：

① 产生 0～N 之间的随机数：

```
rand()%N
```

例如：假设取值范围是 0～5，则想产生 0～5 之间的随机数可以使用 rand()%5。

② 产生 1～N 之间的随机数：

```
rand()%N+1
```

例如：假设取值范围是 1～5，则想产生 1～5 之间的随机数可以使用 rand()%5+1。

③ 产生 0.1～0.N 内的浮点数：

```
rand()%N×0.1
```

例如：假设浮点数取值范围为 0.1～0.5，则想产生 0.1～0.5 之间的随机数可以使用 rand()%5×0.1。

程序中产生随机数的方法是：

```
(1.0*rand()/RAND_MAX)*33+1
```

该表达式表明产生的是 1～33 之间的浮点数，即为 double 类型的数，而我们需要的是 int 类型的变量，因此可使用强制类型转换，将 double 类型转换为 int 类型，即：

```
(int)((1.0*rand()/RAND_MAX)*33+1)
```

6. 运行结果

在 VC 6.0 下运行程序，运行 3 次，每次都生成不同的红色球和蓝色球的序列，程序运行 3 次的结果如图 12.2 所示。

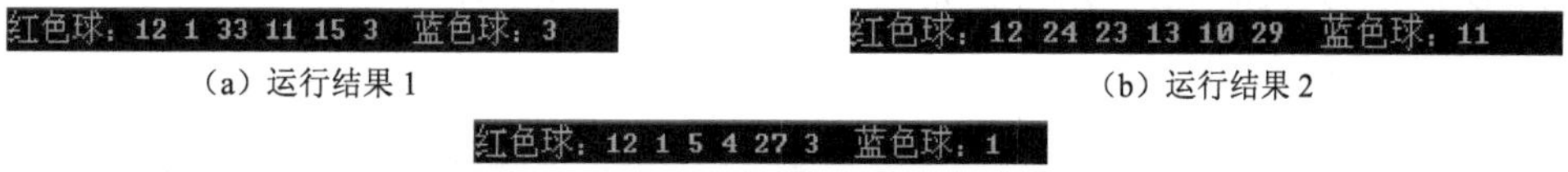

红色球: 12 1 33 11 15 3　蓝色球: 3　　　　红色球: 12 24 23 13 10 29　蓝色球: 11

（a）运行结果 1　　　　　　　　　　　　　　（b）运行结果 2

红色球: 12 1 5 4 27 3　蓝色球: 1

（c）运行结果 3

图 12.2　运行结果

12.2 填 表 格

1．问题描述

将 1、2、3、4、5 和 6 填入下表中，要求每一列右边的数字比左边的数字大且每一行下面的数字比上面的数字大。编程求出按此要求填表共有几种填写方法？

2．问题分析

根据题目要求可知，数字 1 必然位于表中第 1 行第 1 列的单元格中，而数字 6 则必然位于表中第 2 行第 3 列的单元格中，其他几个数字则按照题目要求使用试探法来分别找到合适的位置。

3．算法分析

根据前面的分析，在实现时可以定义一个一维数组 a[6]。数组元素 a[0]～a[2]位于表格中的第 1 行，数组元素 a[3]~a[5]位于表格中的第 2 行，具体如表 12.1 所示。

表 12.1　数组元素分布

a[0]	a[1]	a[2]
a[3]	a[4]	a[5]

显然，a[0]=1，a[5]=6。又根据题意可知：

（1）a[1]应该大于 a[0]，则 a[1]的取值从 a[0]+1 开始试探，最大不会超过 5。

（2）a[2]应该大于 a[1]，则 a[2]的取值从 a[1]+1 开始试探，最大不会超过 5。

（3）a[3]位于表格中的第 2 行第 1 列，则它应该大于 a[0]，因此 a[3]的取值从 a[0]+1 开始试探，最大不会超过 5。

（4）a[4]位于表格中的第 2 行第 2 列，则它应该大于左侧的 a[3]和第 1 行中的 a[1]，因此当 a[1]> a[3]时，a[4]初值为 a[1]+1，即从 a[1]+1 开始试探，最大不会超过 5；当 a[1]< a[3]时，a[4]初值为 a[3]+1，即从 a[3]+1 开始试探，最大不会超过 5。

4．确定程序框架

在 main()函数中构建一个四重循环，在该四重循环中对 a[1]~ a[4]的取值进行试探。每重循环的循环变量初始值及循环条件在算法分析中已经讨论过。

（1）循环结构如下：

```
for(a[1]=a[0]+1;a[1]<=5;++a[1])                /*a[1]大于a[0]*/
    for(a[2]=a[1]+1;a[2]<=5;++a[2])            /*a[2]大于a[1]*/
        for(a[3]=a[0]+1;a[3]<=5;++a[3])        /*第2行的a[3]大于a[0]*/
```

```
for(a[4]=a[1]>a[3]?a[1]+1:a[3]+1;a[4]<=5;++a[4])
                               /*第2行a[4]大于左侧a[3]和上边a[1]*/
{
        判断是否满足题意，如果满足则打印结果
}
```

上面代码中加粗的部分使用了条件表达式来保证 a[4]必须同时大于左侧的 a[3]和上面一行中的 a[1]。

（2）定义函数 judge()来判断 a[1]～a[4]的取值是否符合题意，judge()函数代码如下：

```
int judge(int b[])
{
    int i,l;
    for(l=1;l<4;l++)
        for(i=l+1;i<5;++i)
            if(b[l]==b[i])
                return 0;    /*判断a[1]~a[4]的取值是否有重复，若有重复则返回0*/
            return 1;        /*若a[1]~a[4]的取值各不相同，则返回1*/
}
```

该程序的流程图如图 12.3 所示。

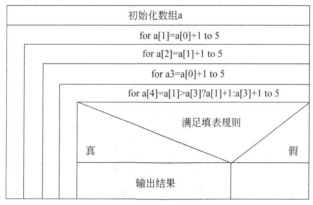

图 12.3　程序流程图

5．完整程序

根据上面的分析，编写程序如下：

```
#include<stdio.h>
int judge(int b[]);
void print(int u[]);
int count;                                          /*计数器*/
int main()
{
    static int a[]={1,2,3,4,5,6};                   /*初始化数组*/
    printf("满足条件的结果为:\n");
    for(a[1]=a[0]+1;a[1]<=5;++a[1])                 /*a[1]必须大于a[0]*/
        for(a[2]=a[1]+1;a[2]<=5;++a[2])            /*a[2]必须大于a[1]*/
            for(a[3]=a[0]+1;a[3]<=5;++a[3])      /*第二行的a[3]必须大于a[0]*/
                /*第二行的a[4]必须大于左侧a[3]和上边a[1]*/
                for(a[4]=a[1]>a[3]?a[1]+1:a[3]+1;a[4]<=5;++a[4])
                    if(judge(a)) print(a);         /*如果满足题意,打印结果*/
    printf("\n");
```

```
}
int judge(int b[])
{
    int i,l;
    for(l=1;l<4;l++)
        for(i=l+1;i<5;++i)
            if(b[l]==b[i])
                return 0;      /*判断a[1]~a[4]的取值是否有重复，若有重复则返回0*/
            return 1;          /*若a[1]~a[4]的取值各不相同，则返回1*/
}
/*打印结果*/
void print(int u[])
{
    int k;
    printf("\n 结果%d:",++count);
    for(k=0;k<6;k++)
        if(k%3==0)              /*输出数组a的前3个元素作为第1行*/
            printf("\n%d ",u[k]);
        else                   /*输出数组a的后3个元素作为第2行*/
            printf("%d ",u[k]);
    printf("\n");
}
```

6. 运行结果

在 VC 6.0 下运行程序，结果如图 12.4 所示。由图 12.4 可知，满足条件的结果共有 5 组，即有 5 种符合题意的填表方法。

图 12.4　运行结果

12.3　求出符合要求的素数

1. 问题描述

编写程序实现将大于某个整数 n 且紧靠 n 的 k 个素数存入某个数组中，同时实现从 infile.txt 文件中读取 10 对 n 和 k 值，分别求出符合要求的素数，并将结果保存到 outfile.txt 文件中。

2．问题分析

解决该问题首先要能够判断出某个数是否为素数，同时还应该熟练掌握 C 语言中文件的相关知识。判断某个数是否为素数的方法在第 5 章中已经详细介绍过了，这里对 C 语言的文件概念做下简单的概述。

文件指的是存储在外部介质中的数据集合。C 语言中将文件看作是一个字符或字节序列，根据数据的组织形式不同，可以分为 ASCII 文件和二进制文件两种。ASCII 文件又称为文本文件，在该文件中的每个字节存放一个 ASCII 代码，即代表了一个字符，而二进制文件则将内存中的数据按照其在内存中的存储形式原样输出到磁盘上来存放。

使用 ASCII 码形式输出字符可以方便地对字符进行处理，但其占用的存储空间较多。而使用二进制形式来输出数据可以节省更多的存储空间且不需要进行二进制与 ASCII 字符之间的转换，但是一个字节并不对应一个字符，因此不能直接输出字符形式。

3．算法设计

该问题可根据题意直接编程，程序中应该能够判断某个数是否为素数，该功能可通过定义函数来实现。还需要实现对文件的操作，也可以通过定义相应功能的函数来实现。

4．确定程序框架

（1）判断是否为素数

定义函数 isPrime()，形式参数为 n，当函数返回值为 0 时，表示 n 不是素数，函数返回值为 1 时，则 n 为素数。

```
int isPrime(int n)
{
    int i;
    for(i=2;i<n;i++)
        if(n%i==0)
            return 0;          /*n 不是素数*/
        return 1;              /*n 是素数*/
}
```

（2）求出紧靠 n 的 k 个素数，并存放到数组中

定义函数 num()，其形参为 n，k 和数组 array。

```
void num(int n,int k,int array[])
{
    int i=0;
    for(n=n+1;k>0;n++)
        if(isPrime(n))          /*调用函数 isPrime()判断 n 是否是素数*/
        {
            array[i++]=n;       /*若 n 是素数，则将 n 存入数组 array 中*/
            k--;
        }
}
```

（3）实现文件操作

定义 filedata()函数，实现文件的操作。在该函数中，实现了对 infile.txt 文件的读操作，

从 infile.txt 文件中读取 10 对 *n* 和 *k* 值，再调用 num()函数分别求出符合要求的素数，最后将结果保存到 outfile.txt 文件中。因为 outfile.txt 文件不存在，因此先生成 outfile.txt 文件，再对其进行写操作。

filedata()函数代码如下：

```
void filedata()
{
    int n,k,array[1000],i;
    FILE *rf,*wf;
    rf=fopen("infile.txt","r");              /*读 infile.txt 文件*/
    wf=fopen("outfile.txt","w");             /*写 outfile.txt 文件*/
    /*从 infile.txt 文件中读取 10 对(n,k)值*/
    for(i=0;i<10;i++)
    {
        fscanf(rf,"%d%d",&n,&k);
        num(n,k,array);                      /*调用 num()函数*/
        for(n=0;n<k;n++)
            fprintf(wf,"%d ",array[n]);      /*打印结果*/
        fprintf(wf,"\n");
    fclose(rf);                              /*关闭 infile.txt 文件*/
    fclose(wf);                              /*关闭 outfile.txt 文件*/
}
```

该程序的流程图如图 12.5 所示。

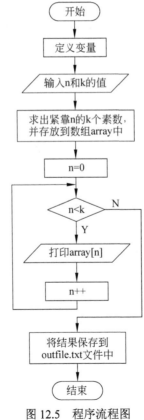

图 12.5　程序流程图

5. 完整程序

根据上面的分析，编写完整程序如下：

```
#include<stdlib.h>
#include<stdio.h>
int isPrime(int n)
{
    int i;
    for(i=2;i<n;i++)
        if(n%i==0)
            return 0;                    /*n 不是素数*/
        return 1;                        /*n 是素数*/
}
void num(int n,int k,int array[])
{
    int i=0;
    for(n=n+1;k>0;n++)
        if(isPrime(n))                   /*调用函数 isPrime()判断 n 是否是素数*/
        {
            array[i++]=n;                /*若 n 是素数,则将 n 存入数组 array 中*/
            k--;
        }
}
void filedata()
{
    int n,k,array[1000],i;
    FILE *rf,*wf;
    rf=fopen("infile.txt","r");          /*读 infile.txt 文件*/
    wf=fopen("outfile.txt","w");         /*写 outfile.txt 文件*/
    /*从 infile.txt 文件中读取 10 对(n,k)值*/
    for(i=0;i<10;i++)
    {
        fscanf(rf,"%d%d",&n,&k);         /*读文件*/
        num(n,k,array);                  /*调用 num()函数*/
        for(n=0;n<k;n++)
            fprintf(wf,"%d ",array[n]);  /*写文件*/
        fprintf(wf,"\n");
    }
    fclose(rf);                          /*关闭 infile.txt 文件*/
    fclose(wf);                          /*关闭 outfile.txt 文件*/
}
void main()
{
    int n,k,array[1000];
    system("cls");
    printf("输入整数 n 和 k: ");
    scanf("%d%d",&n,&k);
    num(n,k,array);                      /*调用 num()函数*/
    for(n=0;n<k;n++)
        printf("%d ",array[n]);          /*打印出 array 数组中的每个值*/
    printf("\n");
    filedata();                          /*调用 filedata 函数*/
    return;
}
```

6．运行结果

在 VC 6.0 下运行程序，当输入整数 $n=17$，$k=5$ 时，打印出紧靠 17 的 5 个素数：19、23、29、31 和 37，运行结果如图 12.6 所示。

同时，程序还从 infile.txt 文件中读取了 10 对 n 和 k 值，infile.txt 文件图标如图 12.7 所示，infile.txt 文件中保存的 10 对 n 和 k 值如图 12.8 所示。对这 10 对 n 和 k 值分别求出符合要求的素数，并存放在 outfile.txt 文件中。outfile.txt 文件由程序来生成，它的图标如图 12.9 所示，文件内容如图 12.10 所示。

输入整数n和k：17 5
19 23 29 31 37

图 12.6　运行结果

infile.txt
文本文档
1 KB

图 12.7　infile.txt 文件图标

```
17 5
20 3
12 7
35 5
10 2
46 3
56 8
19 4
28 6
69 5
```

图 12.8　infile.txt 文件内容

outfile.txt
文本文档
1 KB

图 12.9　outfile.txt 文件图标

```
19 23 29 31 37
23 29 31
13 17 19 23 29 31 37
37 41 43 47 53
11 13
47 53 59
59 61 67 71 73 79 83 89
23 29 31 37
29 31 37 41 43 47
71 73 79 83 89
```

图 12.10　outfile.txt 文件内容

7．问题拓展

该问题涉及了 C 语言中文件的内容。在本部分，我们就 C 语言中文件的相关知识再做下总结。

（1）文件的打开

在 C 语言中使用 fopen()函数来实现打开文件。fopen()函数的调用方式为：

```
FILE * fp;
Fp=fopen(文件名，文件使用方式);
```

例如，在本题程序中的下面语句就调用了 fopen()函数实现打开文件：

```
FILE *rf,*wf;
rf=fopen("infile.txt","r");                    /*读 infile.txt 文件*/
```

加粗的语句表示要打开名为 infile.txt 的文件，使用文件的方式为"读"方式。fopen()函数的返回值是一个指向 infile.txt 文件的指针，在加粗的语句中将这个指针赋给了 rf，这样 rf 指针就和文件 infile.txt 联系起来了。

常用的文件使用方式如表 12.2 所示。

表 12.2　常用文件使用方式

文件使用方式	含　义
r（只读方式）	为输入打开一个文本文件
w（只写方式）	为输出打开一个文本文件
a（追加方式）	向文本文件的尾部增加数据
r+（读写方式）	为读或写而打开一个文本文件
w+（读写方式）	为读或写而创建一个新的文本文件
a+（读写方式）	为读或写而打开一个文本文件

需要说明的是，使用 r+、w+ 和 a+ 方式打开的文件既可以用来输入数据，也可以用来输出数据。其中，使用 r+ 方式打开文件时该文件必须已经存在。使用 w+ 方式会新建一个文件，先向该文件中写数据，然后便可以读取文件中的数据。使用 a+ 方式打开的文件，原来的文件不会被删除，而是将文件位置指针移到文件末尾，可以添加也可以读。

（2）文件的关闭

在使用完一个文件后应及时将其关闭，以免文件被误用。所谓的"关闭"实际上是使文件指针变量不再指向该文件，这样便不能再通过该指针来引用文件了。

在 C 语言中使用 fclose() 函数来关闭文件。fclose() 函数的调用方式为：

```
fclose(文件指针);
```

例如，在本题程序中的下面语句就调用了 fclose() 函数实现关闭文件：

```
fclose(rf);              /*关闭 infile.txt 文件*/
fclose(wf);              /*关闭 outfile.txt 文件*/
```

fclose() 函数是有返回值的，当正确地执行了文件的关闭操作后，该函数返回值为 0，否则会返回 EOF，即 -1。

（3）文件的读写

C 语言中提供了 fscanf() 和 fprintf() 两个函数用于文件的读写操作。这两个函数的调用方式为：

```
fscanf(文件指针,格式字符串,输入表列);
fprintf(文件指针,格式字符串,输出表列);
```

例如，在本题程序中的下面语句就调用了 fscanf() 和 fprintf() 两个函数实现文件的读写操作：

```
fscanf(rf,"%d%d",&n,&k);                /*读文件*/
num(n,k,array);                         /*调用 num() 函数*/
for(n=0;n<k;n++)
    fprintf(wf,"%d ",array[n]);         /*写文件*/
fprintf(wf,"\n");
```

fscanf() 和 fprintf() 两个函数都是格式化读写函数，它们与 scanf() 函数和 printf() 函数的作用类似。

此外，fputc() 函数可以将一个字符写到文件中，而 fgetc() 函数可以从指定的文件中读入一个字符。fread()函数和 fwrite()函数可以一次读入或写入一组数据。

12.4 约瑟夫环

1. 问题描述

17 世纪的法国数学家加斯帕在《数目的游戏问题》中讲了一个故事：15 个教徒和 15 个非教徒在深海上遇险，必须将一半的人投入海中，其余的人才能幸免于难。于是想了一个办法：将 30 个人围成一个圆圈，从第 1 个人开始依次报数，每数到第 9 个人就将他扔入大海，如此循环进行直到仅剩 15 个人为止。问怎样排法，才能使每次投入大海的都是非教徒。

2. 问题分析

约瑟夫问题的求解方法很多，这里仅给出一种实现方法。

问题描述中说"将 30 个人围成一个圆圈"，据此可以考虑使用一个循环的链来表示。

3. 算法设计

我们使用结构体数组来构成一个循环链表。链表中的每个结点都有两个成员，其中一个成员用于标记某个人是否被扔下海，为 0 表示被扔下海，为 1 则表示还在船上；另一个成员用于存放指向下一个人的指针，以便构成环形的循环链。程序从第一人开始对还未扔下海的人进行计数，每数到 9 时，就将结构体中的标记改为 0，表示该人已经被扔下海了，如此循环计数直到有 15 个人被扔下海为止。

4. 确定程序框架

（1）定义结构体数组

```
struct node
{
    int flag;     /*是否被扔下海的标记。为 1 表示没有被扔下海，为 0 表示已被扔下海*/
    int next;     /*指向下一个人的指针 (下一个人的数组下标) */
} array[31];
```

上面代码定义了结构体数组 array，该数组有 31 个元素，其中每个元素都是一个 struct node 类型的数据。数组中的 0 号元素未使用，1～30 号元素分别表示题中所述的 30 个人。

（2）初始化结构体数组

结构体数组的初始化代码如下：

```
for(i=1;i<=30;i++)              /*初始化结构数组*/
{
    array[i].flag=1;           /*flag 标志置为 1，表示人在船上*/
    array[i].next=i+1;         /*next 值为数组中下一个元素的下标，即指向下一个人*/
}
array[30].next=1;              /*第 30 个人的指针指向第一个人以构成环*/
```

上面代码使用 for 循环完成对结构体数组的初始化工作。初始情况下，由于 30 个人都在船上，因此数组中每个元素的 flag 成员的值都置为 1，next 成员的值设置为数组中下一个元素的下标，即指向下一个人。需要注意的是，array 数组中第 30 个元素的 next 成员值需要重新指定为 1，用于指向第一个人以构成环。

（3）计数 15 次，每到第 9 个人就将其扔入大海

实现核心功能的代码如下：

```
j=30;                   /*变量 j 指向已经处理完毕的数组元素，从 array[i]指向的人开始计数*/
for(i=0;i<15;i++)       /*循环变量 i 作为计数器，记录已扔下海的人数，共 15 个人*/
{
    for(k=0;;)          /*循环变量 k:作为计数器，决定哪个人被扔下海，计数到 9 为止*/
        if(k<9)
        {
            进行计数，每数到第 9 个人就将他扔入大海
        }
        else break;             /*计数到 9 则停止计数*/
        array[j].flag=0;        /*将标记置 0，表示该人已被扔下海*/
}
```

上面程序中循环变量 *i* 作为计数器，用于记录已扔下海的人数。循环变量 *k* 作为计数器，用于找到每次被扔下海的那个人，计数到 9 为止。每次循环找到被扔下海的那个人后就将其 flag 标记置 0。

该程序流程图如图 12.11 所示。

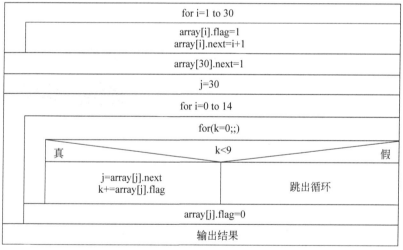

图 12.11 程序流程图

5. 完整程序

根据上面的分析，编写程序如下：

```
#include<stdio.h>
struct node
{
    int flag;   /*是否被扔下海的标记。为 1 表示没有被扔下海，为 0 表示已被扔下海*/
    int next;   /*指向下一个人的指针(下一个人的数组下标)*/
}array[31];     /*30 个人，0 号元素没有使用*/
int main()
```

```
{
    int i,j,k;
    printf("最终结果为(s:被扔下海,b:在船上):\n");
    for(i=1;i<=30;i++)          /*初始化结构数组*/
    {
        array[i].flag=1;        /*flag 标志置为 1，表示人在船上*/
        array[i].next=i+1;      /*next 值为数组中下一个元素的下标，即指向下一个人*/
    }
    array[30].next=1;       /*第 30 个人的指针指向第一个人以构成环*/
    j=30;           /*变量 j 指向已经处理完毕的数组元素，从 array[i]指向的人开始计数*/
    for(i=0;i<15;i++)       /*循环变量 i 作为计数器，记录已扔下海的人数，共 15 个人*/
    {
        for(k=0;;)          /*循环变量 k 作为计数器，决定哪个人被扔下海,计数到 9 为止*/
            if(k<9)
            {
                j=array[j].next;        /*修改指针，取下一个人*/
                k+=array[j].flag;       /*进行计数。已扔下海的人标记为 0*/
            }
            else break;                 /*计数到 9 则停止计数*/
            array[j].flag=0;            /*将标记置 0，表示该人已被扔下海*/
    }
    for(i=1;i<=30;i++)                  /*输出结果*/
        printf("%c",array[i].flag? 'b':'s');    /*s：被扔下海，b：在船上*/
    printf("\n");
}
```

6. 运行结果

在 VC 6.0 下运行程序，结果如图 12.12 所示，其中 s 表示数组中该位置代表的人将会被扔进海里，b 表示数组中该位置代表的人会呆在船上。

```
最终结果为<s:被扔下海,b:在船上>:
bbbbsssssbbsbbbsbssbbsssbssbbs
```

图 12.12　运行结果

7. 拓展训练

思考题：有 n 个人围成一圈，顺序排号。从第 1 个人开始报数（从 1～3 报数），凡是报到 3 的人就退出圈子，问最后留下的是原来第几号的那个人。

12.5　数据加密问题

1. 问题描述

某个公司采用公用电话来传递数据，传递的数据是四位整数，且要求在传递过程中数据是加密的。数据加密的规则如下：

将这个 4 位整数的每一位数字都加上 5，接着用每位数字分别除以 10 并求出余数，最后使用求得的 4 个余数来替换原来每位上的数字。

要求通过程序实现数据加密的过程。

2．问题分析

解决该问题只要按照题目中给出的数据加密规则编程即可。

3．算法设计

该问题需要进行数据拆分，将拆分后各位的数据存放在一个一维数组中。

对拆分后的各位数据应用加密规则时，可使用 for 循环结构来实现。

4．确定程序框架

（1）数据拆分

定义变量 n，用于存放要传递的数据。定义数组 s[4]，用于存放拆分后的各位数字。
拆分的代码如下：

```
s[0]=n%10;                    /*将个位存入s[0]*/
s[1]=n%100/10;                /*将十位存入s[1]*/
s[2]=n%1000/100;              /*将百位存入s[2]*/
s[3]=n/1000;                  /*将千位存入s[3]*/
```

（2）数据加密

数据加密过程采用两个 for 循环来实现，具体如下：

```
for(i=0;i<=3;i++)
{
    s[i]+=5;                  /*加5*/
    s[i]%=10;                 /*除以10取余*/
}
/*数字交换，1、4位交换，2、3位交换*/
for(i=0;i<=3/2;i++)
{   /*数据交换*/
    t=s[i];
    s[i]=s[3-i];
    s[3-i]=t;
}
```

该程序流程图如图 12.13 所示。

5．完整程序

根据上面的分析，编写完整程序如下：

```
#include<stdio.h>
main()
{
    int n,i,s[4],t;
    scanf("%d",&n);           /*将要传递的数据存放到变量n中*/
    s[0]=n%10;                /*将个位存入s[0]*/
    s[1]=n%100/10;            /*将十位存入s[1]*/
    s[2]=n%1000/100;          /*将百位存入s[2]*/
    s[3]=n/1000;              /*将千位存入s[3]*/

  for(i=0;i<=3;i++)
  {
```

读入n值
s[0]=n%10
s[1]=n%100/10
s[2]=n%1000/100
s[3]=n/1000

for i=1 to 3
s[i]=s[i]+5 s[i]=s[i]%10

for i=0 to 1
t=s[i] s[i]=s[3−i] s[3−i]=t

输出加密后的数据

图 12.13　程序流程图

```
    s[i]+=5;                    /*加 5*/
    s[i]%=10;                   /*除以 10 取余*/
}
/*数字交换，1、4 位交换，2、3 位交换*/
for(i=0;i<=3/2;i++)
{    /*数据交换*/
    t=s[i];
    s[i]=s[3-i];
    s[3-i]=t;
}
/*输出加密后的数据*/
for(i=3;i>=0;i--)
    printf("%d",s[i]);
printf("\n");
}
```

6. 运行结果

在 VC 6.0 下运行程序，结果如图 12.14 所示。在图 12.14 的运行结果 1 中，输入的数据为 1356，加密后的数据为 1086。在图 12.14 的运行结果 2 中，输入的数据为 8295，加密后的数据为 0473。

（a）运行结果 1

（b）运行结果 2

图 12.14　运行结果

7. 问题拓展

本题中的数据拆分还可以使用循环结构来实现。下面代码使用了 do-while 循环结构来拆分数据，拆分后的数据同样保存到 s 数组中。

```
do{
    s[i]=n%10;
    n=n/10;
    i++;
}while(n%10>0&&i<4);
```

该题还可进行修改，如要求用电话传输的数据位数小于 8 位，且数据加密规则为：

将这个 4 位整数的每一位数字都加上 5，然后用每位数字分别除以 10 并求出余数，接着使用求得的 4 个余数来替换原来每位上的数字，最后将第一位和最后一位数字交换。

此时需要定义数组 s[8] 并定义变量 count 用于记录输入的数据位数。完整的程序代码如下：

```
#include<stdio.h>
main()
{
    int n,i,s[8],t,count=0;
    scanf("%d",&n);
    i=0;
    /*数据拆分*/
    do{
        s[i]=n%10;
        n=n/10;
        i++;
        count++;                    /*记录输入的数据位数*/
    }while(n%10>0&&i<8);
 for(i=0;i<=count;i++)
 {
    s[i]+=5;
    s[i]%=10;
 }
    /*交换第一位和最后一位数字*/
    t=s[0];
    s[0]=s[count-1];
    s[count-1]=t;
 /*输出加密后的数据*/
 for(i=count-1;i>=0;i--)
    printf("%d",s[i]);
 printf("\n");
}
```

程序运行结果如图 12.15 所示。在图 12.15 中，输入了 5 位数 12345，加密后的数据为 07896。

图 12.15　运行结果

12.6　三　色　旗

1. 问题描述

假设有一条绳子，上面有红、白、蓝 3 种颜色的旗子。开始时绳子上旗子的颜色并没有顺序，现在要对旗子进行分类，并按照蓝、白、红的顺序排列。需要注意的是只能在绳子上进行移动，并且一次只能调换两面旗子，问如何移动才能使旗子移动的次数最少？

2．问题分析

由问题描述可知，只在一条绳子上移动，而且一次只能调换两面旗子，因此只要保证在移动旗子时，从绳子的开头开始，遇到蓝色的旗子向前移，遇到白色的旗子留在中间，而遇到红色的旗子则向后移。如果让移动次数最少的话，则可以使用 3 个指针 b、w、r 分别作为蓝旗、白旗和红旗的指针。

3．算法设计

整个绳子可以分为 3 个部分，蓝旗部分、白旗部分和红旗部分，在排序未完成时，还有未处理部分，如图 12.16 所示。

如果 w 指针指向的当前旗子为白色，图 12.16 中阴影部分为 w 指针当前所指向的旗子，则 w 指针增 1，表示白旗部分增 1。

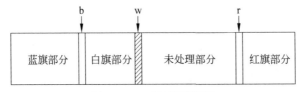

图 12.16　三色旗示意图

如果 w 指针指向的当前旗子为蓝色，则将 b 指针与 w 指针所指向的旗子交换，同时 b 指针与 w 指针都增 1，表示蓝旗部分与白旗部分都多了一个元素。

如果 w 指针指向的当前旗子为红色，则将 w 指针与 r 指针所指向的旗子交换，同时 r 指针减 1，即 r 指针前移，表示未处理的部分减 1。

开始时，r 指向绳子中最后一个旗子，之后 r 指针不断前移，当其位于 w 指针之前时，即 r 值小于 w 值时，则此时全部旗子处理完毕，可以结束比较和移动。

假设绳子上旗子的颜色为如下序列：

red　white　blue　white　white　blue　red　blue　white　red

初始情况下 3 个指针的位置为：

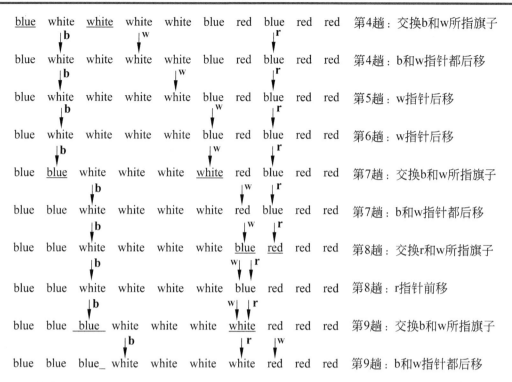

4．确定程序框架

（1）定义字符数组

定义字符数组表示绳子上的各个旗子的颜色，用大写字母'R'、'W'和'B'分别代表红色、白色和蓝色。

```
char color[] = {'R', 'W', 'B', 'W', 'W', 'B', 'R', 'B', 'W', 'R', '\0'};
```

（2）指针移动和交换旗子

移动时需要通过一个 while 循环来判断移动过程是否结束，在 while 循环体中根据旗子的不同颜色进行不同的处理。

移动过程的核心代码如下：

```
while(w<=r)
    {
    if(遇到的是白旗)
        w++;                        /*白旗指针自增 1*/
    else if(遇到的是蓝旗)
      {
        交换蓝旗指针和白旗指针所指向的旗子颜色
        b++;                        /*蓝旗指针自增 1*/
        w++;                        /*白旗指针自增 1*/
      }
    else                            /*遇到是红旗*/
      {
        while(w < r && 红旗指针指向的当前旗子是红色)
            r--;                    /*红旗指针自减 1*/
        交换红旗指针和白旗指针所指向的旗子颜色
        r--;
```

```
        }
    }
```

该程序流程图如图 12.17 所示。

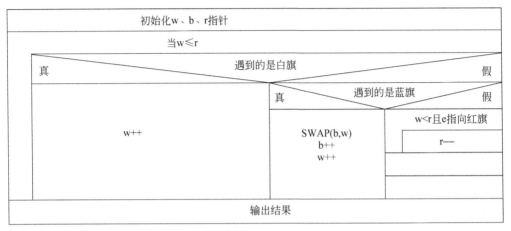

图 12.17　程序流程图

5. 完整程序

根据上面的分析，编写程序如下：

```c
#include <stdio.h>
#include <stdlib.h>
#include <string.h>
#define BLUE 'B'
#define WHITE 'W'
#define RED 'R'
/*交换旗子*/
#define SWAP(x,y){ char temp; \
        temp=color[x]; \
        color[x]=color[y]; \
        color[y]=temp; }
main()
{
    char color[] = {'R','W','B','W','W', 'B','R','B','W','R','\0'};
                                        /*定义字符数组*/
    int w=0;                            /*白旗的指针*/
    int b=0;                            /*蓝旗的指针*/
    int r=strlen(color)-1;              /*红旗的指针*/
    int i;
    /*打印出移动前绳子上旗子的颜色*/
    for(i=0;i<strlen(color);i++)
        printf("%c ", color[i]);
    printf("\n");
    /*移动过程*/
    while(w<=r)
    {
        /*遇到的是白旗*/
        if(color[w]==WHITE)
            w++;                        /*白旗指针自增 1*/
        /*遇到的是蓝旗*/
        else if(color[w]==BLUE)
```

```
        {
            SWAP(b,w);                      /*交换蓝旗指针和白旗指针所指向的旗子*/
            b++;                            /*蓝旗指针自增 1*/
            w++;                            /*白旗指针自增 1*/
        }
        /*遇到的是红旗*/
        else
        {
            /*移动红旗指针使其指向当前最靠前的非红旗位置*/
            while(w<r&&color[r]==RED)
                r--;                        /*红旗指针自减 1*/
            SWAP(r,w);                      /*交换红旗指针和白旗指针所指向的旗子颜色*/
            r--;                            /*红旗指针自减 1*/
        }
    }
    /*打印出移动后绳子上旗子的颜色*/
    for(i=0;i<strlen(color);i++)
        printf("%c ",color[i]);
    printf("\n");
}
```

6．运行结果

在 VC 6.0 下运行程序，结果如图 12.18 所示。

由运行结果可见，程序执行后，绳子上 3 种颜色的旗子已
经按照蓝、白、红的顺序排列了。

RWBWWBRBWR
BBBWWWWRRR

图 12.18　运行结果

12.7　统计学生成绩

1．问题描述

有 5 个学生，每个学生有 3 门课的成绩需要统计。要求从键盘输入学生的学号、姓名
及三门课程的成绩，计算出平均成绩，并将原有的数据和计算出的平均分数存放在磁盘文
件"stud"中。

2．问题分析

该问题是统计学生信息，要统计的信息包括学生的学号、姓名及三门课程的成绩，以
及计算出的平均成绩，显然 C 语言中的结构体可用于存放学生的信息。

题目中还要求将学生信息保存到文件中，这就需要打开文件、向文件中写以及关闭文
件一系列操作。

3．算法设计

先定义结构体数组，用来存放 5 个学生的信息。再通过 for 循环读入 5 个学生的信息，
最后通过文件操作将 5 个学生的信息保存到文件中。

4．确定程序框架

（1）定义结构体

定义结构体 struct student 用于保存学生信息，该结构体如下：

```
struct student
{
    char num[6];                    /*学号*/
    char name[8];                   /*姓名*/
    int score[3];                   /*三门课程成绩*/
    float avr;                      /*平均成绩*/
};
```

因为有 5 个学生，所以需要用到结构体数组，定义如下：

```
struct student stu[5];
```

也可以直接定义一个结构体数组。

```
struct student
{
    char num[6];                    /*学号*/
    char name[8];                   /*姓名*/
    int score[3];                   /*三门课程成绩*/
    float avr;                      /*平均成绩*/
} stu[5];
```

（2）将学生信息保存到文件 stud 中

```
fp=fopen("stud","w");              /*打开文件*/
    for(i=0;i<5;i++)
    {
        if(fwrite(&stu[i],sizeof(struct student),1,fp)!=1)
                                    /*将学生信息写入文件*/
            printf("file write error\n");  }
        fclose(fp);                /*关闭文件*/
```

该程序的流程图如图 12.19 所示。

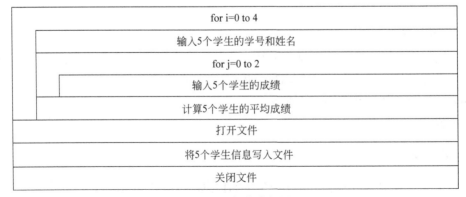

| for i=0 to 4 |
| 输入5个学生的学号和姓名 |
| for j=0 to 2 |
| 输入5个学生的成绩 |
| 计算5个学生的平均成绩 |
| 打开文件 |
| 将5个学生信息写入文件 |
| 关闭文件 |

图 12.19　程序流程图

5．完整程序

根据上面的分析，编写程序如下：

```c
#include<stdio.h">
struct student
{
    char num[6];                              /*学号*/
    char name[8];                             /*姓名*/
    int score[3];                             /*三门课程成绩*/
    float avr;                                /*平均成绩*/
}stu[5];                                      /*定义结构体数组*/
main()
{
    int i,j,sum;
    FILE *fp;                                 /*文件指针*/
    /*输入5个学生信息*/
    for(i=0;i<5;i++)
    {
        printf("\n 请输入第%d 个学生的信息:\n",i+1);
        printf("stuNo:");
        scanf("%s",stu[i].num);
        printf("name:");
        scanf("%s",stu[i].name);
        sum=0;
        /*求出平均成绩*/
        for(j=0;j<3;j++)
        {
            printf("score %d:",j+1);
            scanf("%d",&stu[i].score[j]);
            sum+=stu[i].score[j];
        }
        stu[i].avr=sum/3.0;
    }
    fp=fopen("stud","w");                     /*打开文件*/
    for(i=0;i<5;i++)
    {
        if(fwrite(&stu[i],sizeof(struct student),1,fp)!=1)
                                              /*将学生信息写入文件*/
            printf("file write error\n");
    }
    fclose(fp);                               /*关闭文件*/
}
```

6．运行结果

在 VC 6.0 下运行程序，运行结果如图 12.20 所示。
生成的 stud 文件如图 12.21 所示。

```
请输入第1个学生的信息：
stuNo:12
name:张三
score 1:89
score 2:75
score 3:72

请输入第2个学生的信息：
stuNo:15
name:李四
score 1:76
score 2:83
score 3:85

请输入第3个学生的信息：
stuNo:29
name:王五
score 1:68
score 2:71
score 3:78

请输入第4个学生的信息：
stuNo:35
name:李明
score 1:86
score 2:88
score 3:91

请输入第5个学生的信息：
stuNo:36
name:王立
score 1:72
score 2:69
score 3:80
```

图 12.20　运行结果

stud
文件
1 KB

图 12.21　stud 文件